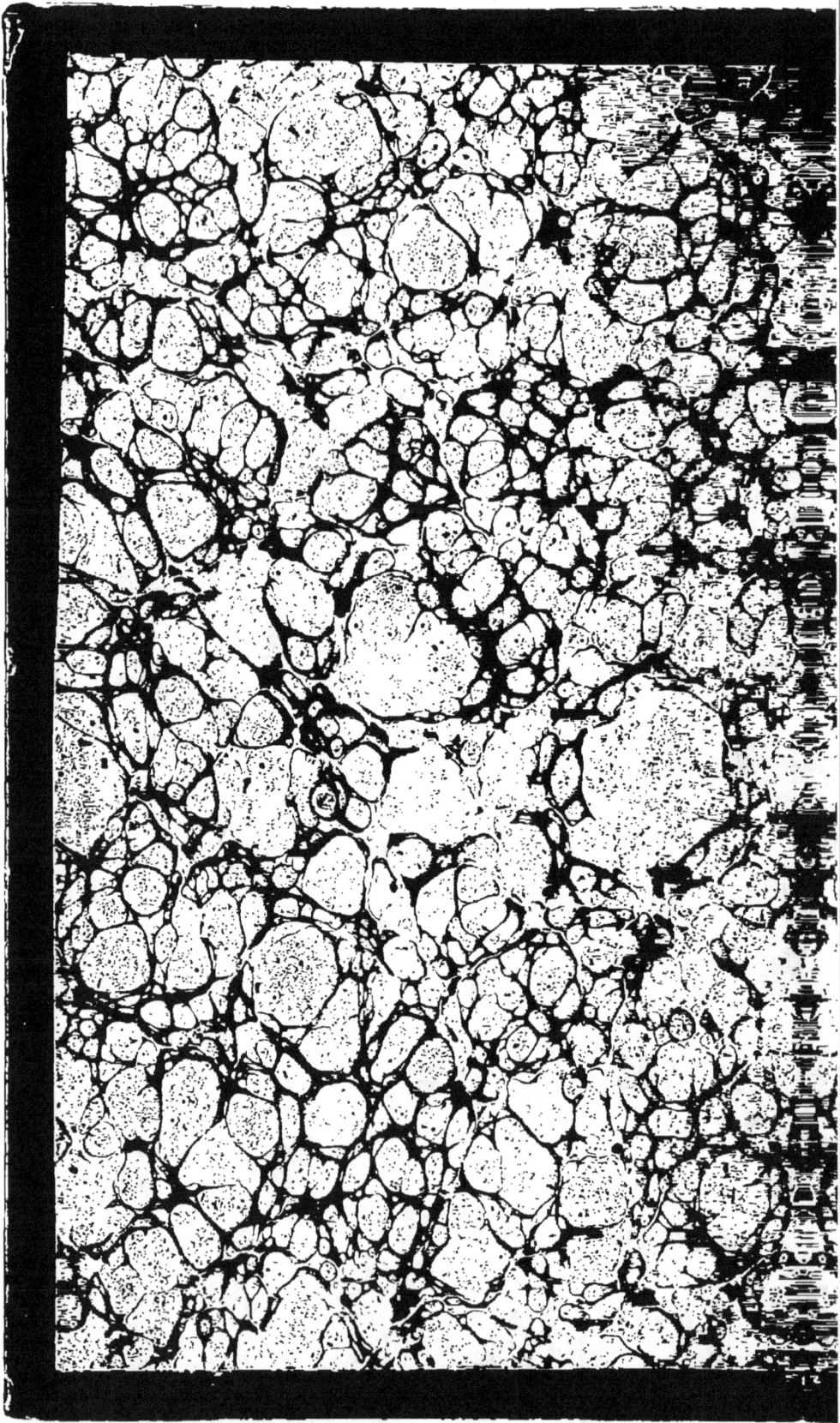

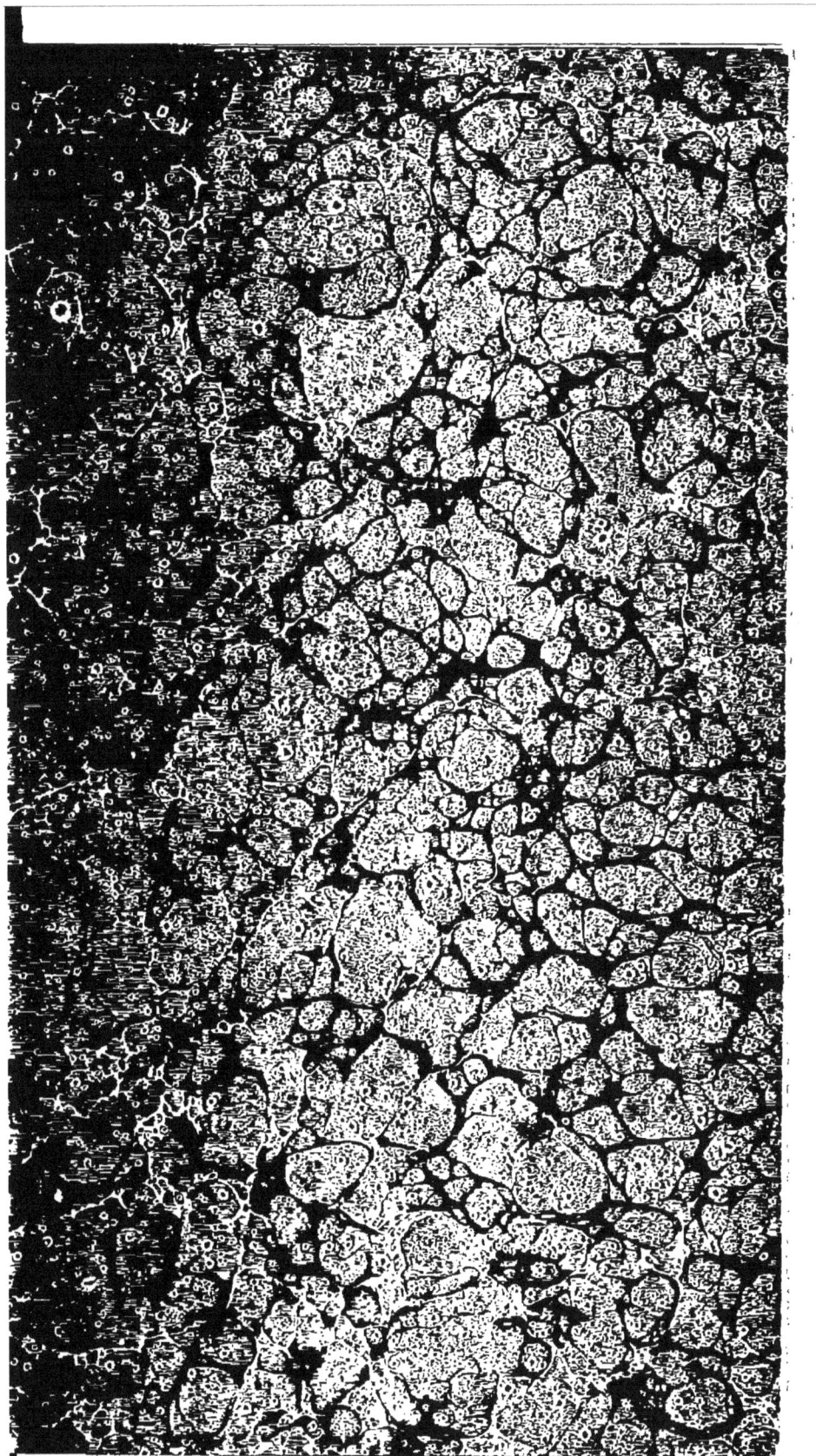

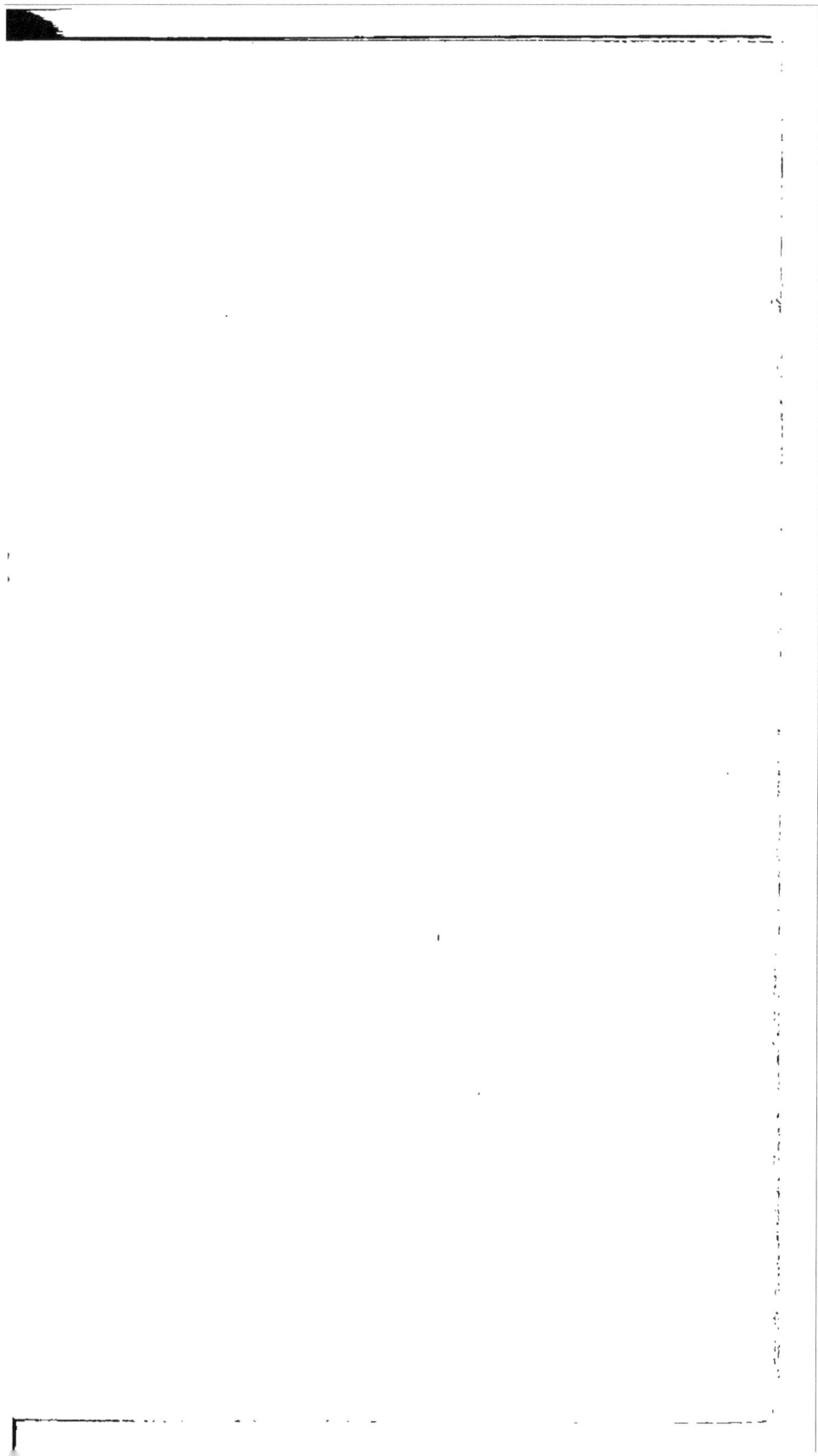

25-30

NOTICE

SUR LES

SYSTÈMES DE MONTAGNES.

Au dépôt des publications de la librairie P. Bertrand,

Chez MM. TREUTTEL et WÜRTZ, à Strasbourg.

IMPRIMERIE DE L. MARTINET,
RUE MIGNON, 2.

NOTICE

SUR LES

SYSTÈMES DE MONTAGNES,

PAR

L. ÉLIE DE BEAUMONT,

De l'Académie des sciences, Membre du Sénat,
Inspecteur général des Mines, etc.

—

TOME I.

(Extrait du tome XII du Dictionnaire universel d'Histoire naturelle,
dirigé par M. Ch. d'Orbigny.)

PARIS,

CHEZ P. BERTRAND, LIBRAIRE-ÉDITEUR,
RUE SAINT-ANDRÉ-DES-ARCS, 53.

1852.

AVERTISSEMENT.

—

Plus d'un lecteur sera probablement surpris de voir paraître un ouvrage de la nature de celui-ci, dans un format aussi peu usité pour la publication des travaux scientifiques, et aussi peu commode pour l'impression des tableaux numériques qui s'y trouvent en assez grand nombre. Peut-être ne sera-t-il pas entièrement inutile de donner ici quelques explications à ce sujet.

Lorsque M. Charles d'Orbigny commença, en 1841, la publication du *Dictionnaire universel d'histoire naturelle*, il voulut bien me proposer d'y concourir par quelques articles relatifs à la géologie. Occupé alors, avec M. Dufrénoy, de la publication de la *Carte géologique de la France*, je ne pus promettre qu'une collaboration éloignée et peu active ; j'appréciais cependant trop bien ce qu'il y avait d'honorable pour moi à voir mon nom associé à ceux des savants éminents qui prenaient part à la rédaction du *Dictionnaire* pour refuser complétement M. d'Orbigny, et je crus pouvoir prendre l'engagement de lui fournir l'article MONTAGNES, dont le tour ne devait venir que dans un laps de plusieurs années.

Cependant, en 1846, lorsqu'il fut question de mettre sous presse le huitième volume du *Dictionnaire*, qui devait renfermer l'article MONTAGNES, je me trouvai dans l'impossibilité de joindre aucun travail considérable à celui qu'exigeait de moi la rédaction du second volume de l'*Explication de la carte géologique de la France*. Je fis part de mon embarras à M. d'Orbigny, qui consentit à renvoyer à une époque ultérieure la publication de l'article que je lui avais promis, en mettant dans le *Dictionnaire* ce renvoi : MONTAGNES. — Voyez *Sou-lèvements* et *Révolutions du globe.*

Plus tard, et par des motifs semblables, il voulut bien mettre encore dans le onzième volume : RÉVOLUTIONS DU GLOBE. Voyez *Systèmes de montagnes.* — SOULÈVEMENTS. Voyez *Systèmes de montagnes.*

L'article SYSTÈMES DE MONTAGNES devait prendre place après l'article SYSTÈMES CRISTALLINS, et faire partie du douzième volume destiné à paraître, au plus tard, en 1849.

En 1848, lorsque le second volume de l'*Explication de la carte géologique de la France* eut été livré au public, je dus nécessairement songer à remplir mon engagement envers M. d'Orbigny.

Des circonstances particulières m'avaient déjà permis de m'y préparer. En terminant mon cours à l'École des mines, au mois d'avril 1847, j'avais présenté, avec plus de détails que dans mes cours antérieurs, le tableau des *Principaux systèmes de montagnes*, et j'avais signalé plusieurs systèmes de montagnes très anciens , dont jusqu'alors je ne m'étais que peu occupé. Le 17 mai 1847, j'avais lu à la Société géologique de France une *Note sur les systèmes de montagnes les plus anciens de l'Europe* , qui avait paru dans le *Bulletin* au commencement de 1848 (2ᵉ série, t. IV, p. 864).

Les matériaux que j'avais réunis , joints à cette publication préliminaire, me firent espérer que je pourrais rédiger promptement l'article SYSTÈMES DE MON-TAGNES, et le réduire à une étendue proportionnée à celles des autres articles du *Dictionnaire*. Malheureusement les circonstances ne me permirent pas de rédiger l'article en entier avant d'en livrer le commencement à l'impression, et les premières feuilles parurent au mois de novembre 1848, avant que le manuscrit des feuilles suivantes fût écrit. Je fus donc obligé de l'écrire au fur et à mesure de l'impression , et ce mode de travail ne me permit pas d'être aussi court que je l'aurais désiré. Les recherches et les calculs assez nombreux auxquels je dus me livrer me prirent d'ailleurs beaucoup plus de temps que je ne l'avais prévu en commençant.

De là, il résulta que M. d'Orbigny se trouva dans l'obligation de mettre sous presse les articles subséquents du *Dictionnaire*, après avoir réservé à l'article SYSTÈMES DE MONTAGNES un espace déterminé qu'il devait remplir exactement.

Je croyais cet espace suffisant ; mais ayant sans doute mal calculé la proportion de mon écriture à l'impression du *Dictionnaire*, et ayant d'ailleurs été conduit à admettre un nouveau système de montagnes, le *Système du Tatra*, je fus étonné d'apprendre au mois d'août 1849 que je touchais à la fin de l'espace qui m'était assigné. Il me devint impossible d'y faire tenir autre chose que la fin du chapitre relatif au *Système du Tatra* et celui du *Système du Sancerrois*. L'article SYSTÈMES DE MONTAGNES du *Dictionnaire* s'arrêta donc aux passages qui forment la page 528 du présent ouvrage, et qui parurent, avec la 137e livraison du *Dictionnaire*, le 1er septembre 1849.

Les matériaux que j'avais réunis pour

a*

les chapitres relatifs aux systèmes subséquents, et pour les remarques générales qui devaient les suivre, ne pouvaient plus recevoir d'emploi dans le *Dictionnaire*; mais, désirant ne pas les avoir réunis en vain, je continuai à les élaborer et à les faire imprimer au fur et à mesure.

Lorsque l'article *Système des montagnes* commença à paraître dans le *Dictionnaire*, M. P. Bertrand, libraire-éditeur, voulut bien me proposer d'en faire faire, pour son compte, un tirage à part dans l'imprimerie de M. Martinet, où le *Dictionnaire* s'imprimait. J'acceptai cette proposition, et, croyant que l'article aurait une étendue très limitée, j'engageai M. Bertrand à faire couper tout simplement les colonnes du *Dictionnaire*, de manière à composer des pages in-18, dont la réunion me paraissait devoir composer un petit volume d'une épaisseur proportionnée au format, et propre, peut-être par les chiffres qu'il contiendrait en grand nombre, à servir quelquefois de *Vade-mecum* aux géologues dans leurs voyages.

Ce tirage à part marcha constamment à la suite de celui du *Dictionnaire;* et lorsque l'espace assigné à l'article *Systèmes de montagnes* se trouva rempli, M. Martinet, dont la parfaite obligeance ne m'a jamais fait défaut, voulut bien consentir à ce que l'impression du tirage à part fût continuée dans son imprimerie, où elle a toujours été l'objet des soins les plus intelligents.

Je pus ainsi poursuivre mon travail, à partir du mois de septembre 1849, sans être gêné désormais par la crainte de manquer d'espace, ni par celle d'entraver la marche d'une publication considérable. Dans les premiers mois de 1850, j'étais arrivé à la page 820, et je croyais être sur le point de terminer mon livre, déjà beaucoup plus gros que je ne m'y étais attendu, par la reproduction de quelques remarques publiées précédemment, dans ma note de 1847, sur les relations angulaires qui existent entre les orientations de différents *Systèmes de montagnes.* Mais une étude nouvelle de ces relations angulaires m'engagea presque à mon insu dans une série de recherches dont je continuai à faire imprimer les résultats au fur et à mesure que je les obtins. Quelques uns de ces résultats ont été publiés dans deux notes consignées dans les *comptes rendus* de l'Académie des sciences (séances du 9 septembre 1850 et du 11 août 1851). Leur réunion a donné à l'ouvrage une étendue de plus en plus disproportionnée à son malencontreux format, et cette étendue s'est encore accrue par la nécessité d'y joindre quelques planches et d'y ajouter une table alphabétique des matières. Il est devenu impossible de le brocher sans le diviser en trois volumes, quoiqu'il ait été imprimé avec une pagination continue.

Telle est l'histoire de cette publication dont le format atteste, comme on voit, l'origine en grande partie imprévue.

Cet imprévu ne m'a pas empêché de mettre tous les soins dont je suis capable à n'y rien admettre, dont l'exactitude ou la probabilité ne m'ait pas paru suffisante.

Un coup d'œil jeté sur la Table alpha-

bétique des matières montrera que j'ai
pris soin de citer les auteurs dans les
travaux desquels j'ai puisé des docu-
ments. Si, par inadvertance, j'ai omis
quelques citations de ce genre, j'en fais
ici mes excuses aux personnes dont les
noms ont été omis. Je m'empresserai de
réparer cet oubli aussitôt que j'en trou-
verai l'occasion.

Peut-être sera-t-on surpris de ne pas
trouver citées dans mon ouvrage toutes
les personnes auxquelles on doit la con-
naissance de faits orographiques remarquables, et particulièrement M. le colonel
(aujourd'hui feldmarschall - lieutenant)
de *Hauslab*. Je regrette que la nécessité
d'omettre un très grand nombre de faits
particuliers m'ait privé du plaisir de citer
les remarques ingénieuses et pleines d'intérêt que M. de Hauslab a publiées sur
l'orographie des États autrichiens, et de
beaucoup d'autres contrées. Je dois faire
remarquer toutefois que les points de
vue de M. de Hauslab sont généralement
différents de ceux que j'ai poursuivis.
Dans un article publié dans le *Bulletin*

de la *Société géologique de France*, 2ᵉ série, t. VIII, p. 178 (20 janvier 1851), il compare la disposition de certaines chaînes de montagnes à celle d'un *octaèdre*; mais cet octaèdre serait *irrégulier* (p. 183), et n'aurait pas pour centre le centre de la terre ; d'où il résulte que les remarques curieuses que je viens de rappeler, justes sans doute en elles-mêmes, quant aux alignements de montagnes signalés, n'ont, dans la manière dont elles sont formulées, qu'un rapport en quelque sorte *nominal* avec les aperçus dont je me suis moi-même occupé dans une partie de mon travail. D'ailleurs *la terre n'est pas un cristal*; la *symétrie pentagonale* diffère essentiellement de la *symétrie quadrilatérale*, base de la cristallisation. (Voyez page 1221 et ailleurs dans l'ouvrage.)

La Table des matières m'a montré que le nom de M. Cuvier ne se trouve pas dans mon livre, et que ceux de M. Brochant, de M. Brongniart et de plusieurs autres de mes maîtres et de mes amis ne se sont présentés que rarement sous ma plume, Je ne crois pas avoir à m'en excuser, car mon travail, j'ose l'espérer, porte assez l'empreinte de leurs idées, pour me permettre de dire avec Tacite : *Eo præfulgebant quod non videbantur.*

Il peut encore être bon de rappeler que les premières feuilles de mon ouvrage sont imprimées depuis près de quatre ans, et que les dernières l'ont été au mois de janvier dernier. La publication n'a été retardée jusque aujourd'hui que par l'exécution de la Table alphabétique des matières.

Paris, le 12 août 1852.

L. E. D. B.

NOTICE

SYSTÈMES DE MONTAGNES.

—

Les montagnes qui accidentent et diversi-
fient la surface du globe n'y sont pas répandues au hasard comme les étoiles dans le
ciel. Elles forment des groupes ou *Systèmes*
dans chacun desquels une analyse rigoureuse fait distinguer les éléments d'une ordonnance générale, dont les constellations
célestes ne présentent aucune trace.

Les montagnes ne sont pas généralement
isolées : le plus souvent elles tiennent l'une à
l'autre, de manière à ce qu'on ne puisse
faire le tour entier de l'une d'elles sans
monter à une hauteur égale à la moitié ou
au tiers de la hauteur moyenne de leurs
cimes.

Ces montagnes, dont les bases se joignent
et semblent se pénétrer, forment par leur

assemblage ces protubérances allongées auxquelles on donne le nom de *chaînes de
montagnes*. Les chaînes de montagnes sont
rectilignes, ou susceptibles d'être décom-
posées en éléments rectilignes, auxquels on
donne le nom de *Chaînons*.

Les différents Chaînons de montagnes que
présente une vaste contrée se rallient généralement à un nombre limité d'orientations,
dont chacune se répète, comme à plaisir,
dans un grand nombre de chaînons de
montagnes et d'accidents topographiques de
diverses natures.

Chaque groupe de chaînons de montagnes et d'accidents topographiques, caractérisé par l'une de ces orientations fréquemment répétées, est ce que nous appelons un
Système de montagnes.

Les différentes montagnes et les divers
accidents topographiques de la surface du
globe se rattachent à un grand nombre de
Systèmes de montagnes. Leur nombre total
est encore indéterminé.

Le but du présent article est de faire
connaître ceux de ces *systèmes* qui ont été
le mieux étudiés, d'analyser le principe
d'unité qui se révèle dans chacun d'eux, de
remonter même à leur histoire et à la cause
première de leur existence.

Les *Systèmes de montagnes* sont à la fois
les traits les plus délicats et les plus généraux du relief de la surface du globe. Ils sont
à la fois la quintessence de la topographie,
et les traces les plus caractéristiques des
bouleversements que la surface du globe a
éprouvés. Ils sont le lien mutuel entre le
jeu quotidien des éléments déterminé par le
relief actuel du sol, et les événements passés
qui ont façonné ce relief. En cherchant à
coordonner les éléments du vaste ensemble
de caractères par lesquels la main du temps
a gravé l'histoire du globe sur sa surface,
on a trouvé que les montagnes sont les
lettres majuscules de cet immense manuscrit, et que chaque *Système de montagnes*
en comprend un chapitre.

Les deux grandes conceptions d'une suite
de révolutions violentes et de la formation
des chaînes de montagnes par voie de soulèvement ayant été successivement introduites dans la Géologie, il était naturel de
se demander si elles sont indépendantes
l'une de l'autre; si des chaînes de montagnes ont pu se soulever sans produire sur
la surface du globe de véritables révolutions;
si les convulsions qui n'ont pu manquer
d'accompagner le surgissement de masses
aussi puissantes et d'une structure aussi

tourmentée que les hautes montagnes, n'auraient pas été la même chose que les révolutions de la surface du globe constatées
d'une autre manière par l'observation des
dépôts de sédiment et des races aujourd'hui
perdues, dont ils recèlent les débris ; si les
lignes de démarcation qu'on observe dans
la succession des terrains, et à partir de
chacune desquelles le dépôt des sédiments
semble avoir recommencé sous des in-
fluences nouvelles, ne seraient pas tout simplement les résultats des changements opérés dans les limites et le régime des mers
par les soulèvements successifs des montagnes.

L'expression *Terrains de sédiment*, dans
laquelle on résume, en quelque sorte, l'a-
nalyse des connaissances que l'observation
nous a fait acquérir sur les masses les plus
répandues à la surface de notre planète, entraîne si naturellement avec elle l'idée d'*horizontalité*, que ce n'est jamais sans sur-
prise qu'on entend parler pour la première
fois de couches de sédiment observées dans
une position verticale ou voisine de la verticale. Stenon, en 1667, soutenait déjà que
toutes les couches de sédiment inclinées
sont des couches redressées ; et depuis les
observations de Saussure sur les poudingues

de Valorsine, en Savoie, les géologues s'accordent généralement à penser que les couches de sédiment qu'on voit fréquemment dans les pays de montagnes, inclinées sous de très grands angles ou placées verticalement, et dont certaines parties se trouvent même dans une situation renversée, n'ont pu être formées dans cette position ; mais qu'elles y ont, au contraire, été placées par suite de phénomènes qui se sont passés plus ou moins longtemps après l'époque de leur dépôt originaire.

Il n'y a que peu de contrées où ces phénomènes se soient produits assez tard pour agir sur toutes les couches de sédiment qui y existent aujourd'hui. Le long de presque toutes les chaînes, on voit, lorsqu'on les observe avec attention, les couches les plus récentes s'étendre horizontalement jusque vers le pied des montagnes, comme on conçoit qu'elles doivent le faire, si elles ont été déposées dans des mers ou dans des lacs dont ces mêmes montagnes ont en partie formé les rivages ; d'autres couches, au contraire, se redressant et se contournant plus ou moins sur les flancs des montagnes, s'élèvent en quelques points jusqu'à leurs crêtes. Dans chaque chaîne, en particulier, ou au moins *dans chaque chaînon*, la série des couches de sédiment se divise ainsi en deux classes distinctes. La place variable d'une chaîne à une autre qu'occupe, dans la série générale des couches, le point de partage de ces deux classes, est même une des choses qui particularisent le mieux chacune de ces chaînes ; et, tandis que la position des couches anciennes redressées fournit la meilleure preuve du soulèvement des montagnes qui en sont en partie composées, les âges géologiques des deux classes de couches fournissent le moyen le plus sûr de déterminer l'âge des montagnes elles-mêmes ; il est, en effet, évident que la date de l'apparition de la chaîne est intermédiaire entre la période du dépôt des couches qui y sont redressées et celle du dépôt des couches qui s'étendent horizontalement au pied de ses pentes.

Rien n'est plus essentiel à remarquer que la constante netteté de la séparation de ces deux séries de couches dans chaque chaîne ou au moins dans chaque chaînon. Ce résultat d'observation a déjà en sa faveur la sanction d'une longue expérience. Il y a longtemps, en effet, qu'on est dans l'usage de se servir d'un défaut de parallélisme observé entre la stratification d'un système de terrains et celle du système qui le supporte, comme fournissant une ligne de démarcation, la

plus nette qu'on puisse trouver entre deux
formations de sédiment consécutives. Cette
notion, développée dans les leçons des
professeurs les plus célèbres, est devenue,
pour ainsi dire, vulgaire, et c'était même
déjà sur un fait de ce genre, généralisé à la
vérité outre mesure, que Werner avait établi
sa principale division dans la série des terrains.

Il résulte de cette distinction toujours
tranchée et sans intermédiaire entre les couches redressées et les couches horizontales,
que le phénomène du redressement s'est
opéré dans un espace de temps compris entre les périodes de dépôt de deux formations
superposées, et qui lui-même n'a vu se dé-
poser dans le lieu de l'observation aucune
série régulière de couches. Si on n'observait
les dernières couches redressées et les premières couches horizontales que dans les
points où leur stratification est discordante,
on pourrait croire qu'il s'est écoulé un laps
de temps quelconque entre le dépôt des unes
et des autres. Mais il arrive, au contraire,
très souvent qu'en suivant les unes et les
autres jusqu'à des distances plus ou moins
considérables des lieux où la discordance de
stratification se manifeste, on trouve les
secondes posées sur les premières en strati-

fication parfaitement concordante, et même
liées à elles par un passage plus ou moins
graduel, qui prouve que le changement sur-
venu dans la nature du dépôt s'est opéré
sans que le phénomène de la sédimentation
ait été suspendu. L'intervalle pendant lequel
la discordance de stratification observée a
été produite, a donc été extrêmement court.

En examinant avec attention les groupes
de montagnes même les plus compliqués, on
parvient ordinairement à les décomposer en
un certain nombre d'éléments ou de *chaînons* diversement entre-croisés les uns avec
les autres, dans toute l'étendue de chacun
desquels la position de la ligne de démarcation entre les couches inclinées et les couches horizontales est la même. Le plus souvent la ligne de démarcation relative à ceux
de ces différents chaînons qui sont parallèles
entre eux, est semblablement placée, et elle
change lorsqu'on passe à ceux qui ne sont
pas dirigés dans le même sens. On peut donc
dire, d'une manière générale, que chacun des
systèmes de chaînons parallèles a été produit
d'un seul jet et pour ainsi dire d'un seul
coup.

Il est évident qu'une pareille convulsion
a dû modifier, au moins dans les contrées
voisines des points qui en ont été le théâtre,

la formation lente et progressive des terrains
de sédiment, et que quelque chose d'anomal
doit s'observer, sur une assez grande étendue,
dans le point de la série de ces terrains qui
correspond au moment auquel un redressement de couches a eu lieu. Les géologues
qui, depuis Werner, ont étudié avec le plus
de soin les terrains de sédiment, et les na-
turalistes qui ont examiné les débris d'animaux et de végétaux qu'ils renferment, ont,
en effet, généralement remarqué qu'entre
différents termes de la série de ces terrains,
des variations brusques se manifestent à la
fois dans le gisement, l'allure et même la
nature locale des couches, et dans les fossiles
végétaux et animaux qui y sont enfouis.
D'après des observations qui n'embrassaient
pas un assez grand espace, on avait d'abord
supposé plus générales qu'elles ne le sont
quelques unes de ces variations dont on a aussi
trop cherché quelquefois à atténuer la valeur.
Lorsque deux formations semblent passer
insensiblement l'une à l'autre, il n'y a jamais qu'une très petite épaisseur de couches
dont la classification puisse rester incertaine,
et lorsque certaines espèces de fossiles sont
communes à deux groupes de couches superposés en stratification discordante, elles ne
forment, en général, qu'une fraction, sou-

vent même peu considérable, du nombre
total des espèces de chacun des deux groupes. C'est ce qu'on voit par la comparaison
que M. Deshayes a établie entre les catalo-
gues des espèces de coquilles trouvées dans
les trois groupes qu'il distingue dans les terrains tertiaires et le catalogue des espèces
actuellement vivantes, comparaison dont les
résultats sont d'autant plus frappants que
les analogues vivants de certaines espèces de
chacun des trois groupes tertiaires se trouvent aujourd'hui dans des mers séparées.
M. de Humboldt a su peindre avec un rare
bonheur ce résultat général des observations
des géologues, lorsqu'il a enrichi notre langue des expressions *formation indépendante,
horizon géognostique.*

Aussi tout annonce qu'entre les périodes
des diverses formations, il y a eu pour le
moins des déplacements considérables dans
les lieux d'habitation de certains groupes
d'êtres organisés, en même temps que dans
les lieux de dépôts de certains sédiments;
et il suffit que, par suite de pareils déplacements, il se trouve dans la série des assises superposées de l'échelle géologique,
des points beaucoup plus remarquables que
les autres par les changements qu'ils indiquent dans les dépôts et dans les habitants

d'une même contrée, pour qu'il y ait lieu d'être frappé de l'accord de cet ordre de faits avec la considération des résultats nécessaires des soulèvements successifs des chaînes de montagnes.

Les fractures opérées dans la croûte extérieure du globe ont déterminé l'élévation et le redressement des couches dont cette croûte se compose, et les arêtes de ces couches brisées et redressées sont devenues les crêtes de ces aspérités de la surface du globe qu'on nomme chaînes de montagnes ; d'où il résulte que les expressions : direction moyenne d'un Système de fractures, direction moyenne d'un Système de couches redressées, direction d'un Système de montagnes, sont à peu près synonymes. Il n'y a d'exception que dans les cas où des fractures se sont produites dans un terrain où la plupart des couches étaient déjà fortement dérangées. Ces sortes de croisements ont généralement donné lieu à des complications dont on doit souvent chercher à faire abstraction dans la recherche des lois générales du phénomène du redressement des couches.

Parmi les résultats d'observation qui rendent impossible de considérer les dislocations de couches qui caractérisent les pays

de montagnes, comme les résultats de phénomènes locaux qui se seraient répétés d'une
manière successive et irrégulière, on doit
placer au premier rang la constance des
directions moyennes suivant lesquelles les
couches de sédiment se trouvent redressées
sur des étendues souvent immenses.

L'examen pratique des montagnes a fait
connaître aux mineurs, depuis un temps
immémorial, le principe de la constance des
directions, et c'est même un de ceux dont
ils se servent le plus utilement pour la con-
duite de leurs travaux de recherche. C'est
par suite de l'observation de la constance
de direction des couches houillères de certaines parties de la Belgique, que des recherches ont été tentées en 1717, au milieu
des terrains plats de la Flandre française,
sur la direction prolongée des couches exploitées à Mons ; tentative d'où est résultée
l'ouverture des importantes mines de Va-
lenciennes et d'Aniche.

Le phénomène si remarquable de la constance des directions s'est, pour ainsi dire,
graduellement agrandi par les recherches
des géologues qui, depuis Saussure et Pallas,
ont observé d'un œil attentif la structure
des montagnes. De jour en jour, on a plus
positivement reconnu qu'une des choses qui

distinguent le plus fondamentalement les
chaînes des montagnes, quand on les compare les unes aux autres, c'est la direction
que le phénomène auquel est dû le redressement des couches leur a imprimé, en déterminant la direction de la plupart de leurs
crêtes. Depuis 1792, M. de Humboldt a
fait remarquer des concordances et des op-
positions également remarquables entre les
directions de chaînes éloignées ou voisines.
Depuis longtemps aussi, M. Léopold de Buch
a montré que les chaînes de montagnes de
l'Allemagne se divisent au moins en quatre
systèmes, nettement distingués les uns des
autres par les directions qui y dominent.

L'existence d'une distinction si tranchée
conduisait d'elle-même à concevoir que les
divers systèmes de montagnes ont pu être
produits par des phénomènes indépendants
les uns des autres, tandis que l'étroite liaison que présentent le plus souvent entre
elles, aussi loin qu'on puisse les suivre, les
dislocations dirigées dans le même sens,
devait naturellement faire supposer qu'elles
ont toutes été produites par une même action mécanique. Déjà, en combinant les observations faites dans un grand nombre de
mines métalliques, Werner était arrivé à
cette belle conclusion que, dans un même

district, tous les filons d'une même nature
doivent leur origine à des fentes parallèles
entre elles, ouvertes en même temps et remplies ensuite durant une même période.
Cette notion de la contemporanéité des
fractures parallèles entre elles et de la différence d'âge des fractures de directions
différentes, ayant ainsi été établie par l'illustre professeur de Freyberg, pour le cas
particulier des fentes où se sont amassés
les filons métalliques, rien n'était plus naturel que de songer à la généraliser et à
l'étendre à toutes les dislocations que présente l'écorce minérale de notre globe.

Dans le cas où cette induction serait
exacte, le nombre des phénomènes de dislocation que le sol de chaque contrée aurait
éprouvés, serait à peu près égal à celui des
directions de chaînes de montagnes réellement distinctes et indépendantes les unes
des autres qu'on pourrait y distinguer. Ce
nombre n'est jamais très grand, il est à peu
près du même ordre que celui des changements de nature et de gisement que présentent les dépôts de sédiment de chaque
contrée, changements qui les ont fait distinguer, depuis Werner, en un certain
nombre de formations, et qui ont été considérés comme étant chacun le résultat d'un

grand phénomène physique. Il devenait donc naturel de chercher à rapprocher l'une de l'autre ces deux manières d'énumérer les changements que la surface de notre planète a éprouvés, et il suffisait presque de songer à ce rapprochement pour être conduit à l'idée que les deux séries parallèles de faits intermittents dont on retrouve ainsi les termes successifs par deux voies différentes, doivent rentrer l'une dans l'autre. Mais pour sortir à cet égard des aperçus généraux et vagues, il était nécessaire de mettre en rapport un certain nombre des lignes de démarcation que présente la série des dépôts de sédiment européens, avec un pareil nombre de systèmes de chaînes de montagnes européennes. C'est ce que j'ai essayé de faire dans les recherches dont cet article présente le résumé.

La circonstance que, dans chaque contrée, les couches de sédiment inclinées et les crêtes que ces couches constituent, ne présentent pas indifféremment toutes sortes d'orientations, mais se coordonnent à un nombre limité de directions générales, circonstance dont toutes les cartes un peu exactes présentent des exemples frappants, m'a paru constituer, dans l'étude des montagnes, un fait d'une importance analogue

à celle que présente, dans l'étude des dépôts de sédiment successifs, le fait de l'indépendance des formations. J'ai cherché à
mettre ces deux grands faits en rapport l'un
avec l'autre, et je crois avoir constaté leur
coïncidence dans un assez grand nombre
d'exemples, pour pouvoir conclure que l'indépendance des formations de sédiment successives est une conséquence et même une
preuve de l'indépendance des Systèmes de
montagnes diversement dirigés.

L'indication d'une tendance générale au
parallélisme que présenteraient les rides et
les fractures de l'écorce terrestre produites
à une même époque, semble au premier
abord n'avoir pas besoin de commentaire,
surtout lorsqu'on se borne à l'appliquer,
comme nous aurons à le faire d'abord, aux
accidents observés dans le sol d'une contrée
assez peu étendue pour que la courbure
de la terre y soit peu sensible. Cependant,
comme on ne voit rien qui limite la distance
à laquelle il serait possible de suivre des
accidents constamment soumis à une même
loi, on sent bientôt la nécessité d'analyser
cette première notion d'un certain parallélisme avec assez d'exactitude, pour que l'é-
tendue de l'espace sur lequel ce parallélisme pourrait exister, ne soit jamais dans

le cas d'en mettre la définition en défaut.

Pour cela, il faut avant tout se rappeler que lorsqu'on trace un alignement quelconque sur la surface de la terre, avec un cordeau, avec des jalons ou de toute autre manière, la ligne qu'on détermine est la plus courte qu'on puisse tracer entre les points extrêmes auxquels elle s'arrête, et qu'abstraction faite de l'effet du léger aplatissement que présente la sphéroïde terrestre, une pareille ligne est toujours un arc de grand cercle.

Deux grand cercles se coupant nécessairement en deux points diamétralement opposés, ne peuvent jamais être parallèles dans le sens ordinaire de ce mot ; mais deux arcs de grand cercle d'une étendue assez limitée pour que chacun d'eux puisse être représenté par une de ses tangentes, pourront être considérés comme parallèles, si deux de leurs tangentes respectives sont parallèles entre elles. C'est ainsi que tous les arcs de méridien qui coupent l'équateur sont réellement parallèles entre eux aux points d'intersection. En général, deux arcs de grands cercles peu étendus, sans être même infiniment petits, pourront être dits parallèles entre eux s'ils sont placés de telle manière qu'un troisième grand cercle les coupe

2*

l'un et l'autre à angle droit dans leur point milieu. Par la même raison, un nombre quelconque d'arcs de grands cercles n'ayant chacun que peu de longueur, pourront être dits parallèles à un même *grand cercle de comparaison*, si chacun d'eux en particulier satisfait a la condition ci-dessus énoncée par rapport à un élément de ce grand cercle auxiliaire. Pour cela il est nécessaire et il suffit que les différents grands cercles qui couperaient à angle droit chacun de ces petits arcs dans son milieu, aillent se rencontrer eux-mêmes aux deux extrémités opposées d'un même diamètre de la sphère. Si cette condition est remplie, et si en même temps tous les petits arcs de grands cercles dont il s'agit sont éloignés des deux points d'intersection de leurs perpendiculaires, s'ils sont concentrés dans le voisinage du grand cercle qui sert d'équateur à ces deux pôles, ils pourront être considérés comme formant sur la surface de la sphère un Système de traits parallèles entre eux. Les différents sillons d'un même champ ou de deux champs voisins ne peuvent jamais à la rigueur, s'ils sont rectilignes, présenter d'autre parallélisme que celui qui vient d'être défini, et cette définition a l'avantage d'être indépendante de la distance à laquelle ces deux champs se trouvent placés.

Le problème fondamental que présente un pareil système de petits arcs observés sur la surface du globe, où ils sont tracés par des crêtes de montagnes ou par des affleurements de couches, consiste à détermi-miner le *grand cercle de comparaison*, à l'un des éléments duquel chacun des petits arcs observés est parallèle.

Les petits arcs déterminés par l'observation, dont nous venons de parler, peuvent généralement être considérés comme étant eux-mêmes des sécantes infiniment petites, ou des tangentes par rapport à autant de petits cercles résultant de l'intersection de la surface de la sphère avec des plans parallèles au *grand cercle de comparaison*, qui forme l'équateur de tout le système. Chacun de ces petits arcs est un parallèle par rapport à l'équateur du système; il a les mêmes pôles que lui, et ces pôles sont les deux points où se coupent tous les grands cercles perpendiculaires aux petits arcs qui constituent le *Système de traits parallèles* déterminé par l'observation.

Le problème auquel donne lieu un pareil *Système de traits parallèles observé sur la surface du globe* se réduit, comme nous venons de le dire, à déterminer ses deux pôles, ou, ce qui revient au même, son équateur, c'est-à-dire le *grand cercle de comparaison*, auquel chacun des petits arcs observés peut être considéré comme parallèle. Cette détermination serait facile, et elle pourrait se faire d'après deux, ou du moins d'après quelques observations seulement, si la condition du parallélisme était rigoureusement satisfaite ; mais, comme elle ne l'est, en général, qu'approximativement, la détermination du *grand cercle de comparaison* ne peut plus résulter que de la moyenne d'un grand nombre d'observations combinées entre elles, et tant que les observations ne sont pas très multipliées et répandues sur un grand espace, on ne peut que marcher vers cette détermination par des approximations successives.

Pour parvenir à disséquer et à analyser convenablement un ensemble d'observations aussi complexe que celui qu'on possède aujourd'hui sur les directions des roches stratifiées, il est indispensable de procéder avec méthode et précision. Dans la plupart des travaux de ce genre, dont j'ai publié les résultats, j'ai fait usage d'une *projection stéréographique sur l'horizon du Mont-Blanc*, que j'ai calculée et fait graver exprès dès les premières années de mes recherches, et dont je me suis constamment servi depuis lors dans mes cours. Mais on peut aussi résoudre les mêmes questions par une méthode trigonométrique, et par la voie du calcul.

La méthode graphique et la méthode trigonométrique ont chacune leurs avantages.

La méthode graphique en a un qui me paraît inappréciable, celui de parler aux yeux, qui, pour des tâtonnements géométriques, sont toujours les premiers et les plus délicats des instruments ; mais elle paraît, au premier abord, moins précise que l'autre, quoique, dans la réalité, sa précision soit au moins égale à celle des observations mêmes auxquelles on l'applique.

La méthode trigonométrique, plus lente, et réellement plus rigoureuse, donne surtout avec plus de sûreté le résultat moyen d'un grand nombre d'observations.

Il semble d'ailleurs qu'on se trouve plus naturellement porté à se servir de la méthode graphique, lorsqu'on a à combiner de grands traits orographiques fortement dessinés sur les cartes, et à suivre, au contraire, la voie du calcul, lorsqu'on a à réduire à une moyenne de nombreuses observations exprimées directement par des chiffres, telles que celles qu'on peut faire sur les roches stratifiées.

Rien n'empêche, au surplus, même lors-qu'on ne veut poursuivre jusqu'au bout que l'un des deux modes de discussion, de s'aider aussi de l'autre dans les tâtonnements préliminaires.

Une couche redressée ne l'a pas toujours été par un seul mouvement ; elle peut l'avoir été par deux ou plusieurs mouvements successifs opérés à des intervalles considérables. En pareil cas, la direction qu'elle affecte n'est celle d'aucun des systèmes auxquels correspondent les mouvements successifs que la couche a éprouvés, mais une combinaison de ces directions. M. Gras et M. Le Play ont montré comment la direction et l'inclinaison d'une couche qui a éprouvé deux redressements successifs, dépend de la direction et de l'amplitude de chacun des deux mouvements de rotation qui l'ont dé-rangée de sa position horizontale primitive, pour la placer dans sa position actuelle. Ces habiles ingénieurs ont donné des formules trigonométriques pour exprimer ces rela-tions, et M. Le Play y a ajouté une con-struction graphique qui conduit au même but (1). Il est indispensable d'avoir égard à

(1) E. Gras, *Statistique géologique du département de la*

ces considérations lorsqu'on veut discuter à quels systèmes de montagnes peuvent être rapportés les mouvements qu'a subis une couche redressée. Mais lorsqu'il s'agit de déterminer la direction d'un *Système de montagnes*, on peut négliger ces recherches de détail, parce qu'alors on a à combiner de nombreuses observations de direction sur lesquelles les mouvements accessoires produisent des effets opposés, qui se compensent et se détruisent quand on prend la moyenne.

Lorsqu'on possède un grand nombre d'observations de direction faites dans une contrée peu étendue, on peut aisément les assembler par groupes en dressant pour cette contrée une *rose des directions*, c'est-à-dire en construisant graphiquement autour d'un même point toutes les directions observées. On voit alors généralement ces directions *se masser* en un certain nombre de faisceaux, pour chacun desquels on prend la moyenne de toutes les directions qui s'y rapportent. On trouvera un exemple complet de l'application de cette méthode dans l'explication de la carte géologique de la France, t. I, p. 461 à 467.

Drôme, p. 21; F. Le Play, *Annales des mines*, 3e série, t. VI, p. 503 ; et *Voyage en Espagne*.

Le seul point délicat consiste à comparer et à combiner ensemble, sans erreur notable, des observations faites dans des contrées plus ou moins éloignées les unes des autres. Afin de parvenir à résoudre ce problème avec toute l'approximation dont il est susceptible, on peut remarquer que si tous les petits arcs à comparer satisfaisaient rigoureusement à la condition de parallélisme que nous avons définie, les tangentes menées à chacun d'eux dans son milieu seraient toutes parallèles au plan du *grand cercle de comparaison* qui est l'équateur de tout le Système.

Dans ce cas, si, par un point quelconque de l'espace, on tirait des lignes droites respectivement parallèles aux tangentes menées aux petits arcs dans leur milieu, toutes ces droites seraient comprises dans un même plan, que deux quelconques d'entre elles suffiraient pour déterminer; ce plan serait parallèle au plan du *grand cercle de comparaison*, équateur du Système, et serait perpendiculaire au diamètre de la sphère qui en joint les deux pôles.

Mais, en général, la condition de parallélisme que nous avons définie n'est pas rigoureusement remplie par les petits arcs observés, et, par suite, les tangentes qu'on peut

mener à chacun d'eux en son point milieu,
ne sont pas parallèles à un même plan ;
d'où il résulte que si, par un point quelconque, par exemple, par l'un des points de
la surface où l'on a observé, on mène des
droites qui soient respectivement parallèles
aux tangentes de tous les arcs observés, ces
droites ne seront pas comprises dans un
même plan. Elles se rapprocheront cependant d'un certain plan et elles formeront un
faisceau aplati, et d'autant plus aplati que
les petits arcs observés approcheront davantage de satisfaire à la loi de parallélisme. On
pourra par conséquent alors faire passer par
le point d'où partent toutes les droites qui
composent ce faisceau un plan qu'on dirigera
de manière à représenter ce qu'on pourrait
appeler la *section principale du faisceau*,
c'est-à-dire de manière que les sommes des
angles formés par les droites de part et
d'autre de ce plan soient égales entre elles
et les plus petites possibles. Il est évident
que le plan, ainsi déterminé, sera parallèle
au plan du *grand cercle de comparaison* auquel tous les petits arcs approcheront le plus
d'être parallèles et qui pourra être considéré
comme l'*équateur approximatif* de tout le
Système, et qu'il sera perpendiculaire à
l'axe des pôles de cet équateur qui seront

eux-mêmes les *pôles approximatifs* du Système.

Pour déterminer ce plan, qui est, en général, celui d'un petit cercle, il suffit de déterminer, pour le point de la surface de la sphère
qui forme le sommet du faisceau, une tangente à la sphère qui y soit comprise, et de
fixer en même temps l'angle formé avec ce
même plan par le rayon de la sphère qui
aboutit au sommet du faisceau.

Ces deux déterminations doivent être l'objet de deux opérations successives et distinctes.

Il faut, avant tout, élaborer les éléments
de la forme du faisceau dont la section principale détermine la position de tout le Système
sur la sphère terrestre.

Pour cela, on choisit parmi tous les points
où les observations ont été faites, un de ceux
qui approchent le plus d'être le centre de
figure du réseau formé par tous les points
d'observation. Au besoin, on prendrait même
un point où aucune observation n'aurait été
faite, mais qui serait le plus central possible
par rapport à l'ensemble du réseau. Cette
condition, qui, à la rigueur, n'est pas indispensable, devient cependant essentielle, ainsi
que nous le verrons plus tard, lorsque, pour
abréger les calculs, on se contente d'approximations.

Par le point qu'on a choisi pour être le sommet du faisceau, et que nous nommerons *centre de réduction*, on imagine des droites respectivement parallèles aux tangentes menées à chacun des petits arcs observés dans son point milieu, et on prolonge ces droites par la pensée à travers la sphère terrestre jusqu'à ce qu'elles reparaissent à la surface. Elles deviennent ainsi autant de *sécantes* de la sphère terrestre. Chacune d'elles sous-tend un arc de grand cercle qui part du sommet du faisceau, et dont la grandeur et la position peuvent être déterminées par la résolution de deux triangles sphériques dont nous aurons plus tard à nous occuper.

Si tous les petits arcs observés faisaient rigoureusement partie d'un même Système de traits parallèles, toutes les sécantes se trouveraient dans un même plan, et ce plan, qui déterminerait à lui seul tout le Système, pourrait être nommé le *plan directeur*.

Le *plan directeur* coupe le plan tangent à la sphère, au sommet du faisceau des sécantes, c'est-à-dire au point choisi comme *centre de réduction*, suivant une droite tangente à la sphère, qui représente, pour le sommet du faisceau, la direction du Système, et qu'on peut appeler la *tangente directrice*.

Le *plan directeur*, qui est généralement

celui d'un petit cercle, coupe le plan du grand cercle perpendiculaire à la tangente directrice, suivant une droite qui part du *centre de reduction*, et qui rencontre l'axe des pôles du Système. L'angle que forme cette droite avec le rayon de la sphère, qui aboutit lui-même au *centre de réduction*, est égal à celui qu'elle forme avec le plan du *grand cercle de comparaison*, équateur du Système, et pourrait être appelé *l'angle équatorial*.

L'angle équatorial E *, et l'angle* A *que la tangente directrice forme avec le méridien astronomique du centre de réduction*, déterminent à eux seuls tout le Système.

Ce sont ces deux angles A et E qu'il s'agit de déduire des observations, c'est-à-dire des directions des petits arcs observés et de leur position sur la sphère terrestre.

Si ces petits arcs étaient tous *exactement parallèles* à un même grand cercle de comparaison, les sécantes parallèles à deux d'entre eux suffiraient pour déterminer la position du *plan directeur* et, par conséquent, les deux angles cherchés A et E. Mais si, comme c'est le cas ordinaire, les petits arcs observés ne satisfont que d'une manière approximative à la condition du parallélisme avec un même grand cercle de comparaison, deux de ces petits arcs ne conduiront pas exactement au même *plan directeur* que deux autres, et on pourra déterminer autant de positions du *plan directeur* qu'il y aura de manières possibles de combiner deux à deux les petits arcs observés; c'est-à-dire que, si ces petits arcs observés sont au nombre de m, on aura $\dfrac{m.m-1}{2}$ positions différentes du *plan directeur*, et par conséquent $\dfrac{m.m-1}{2}$ valeurs de l'angle A, formé par la *tangente directrice* avec le méridien du *centre de réduction*, et $\dfrac{m.m-1}{2}$ valeurs de l'angle équatorial E. Les valeurs de A et de E, qui devront être employées, s'obtiendront par une moyenne.

On pourra cependant simplifier les calculs, sans en changer le résultat d'une manière considérable, en prenant d'abord la moyenne des $\dfrac{m.m-1}{2}$ valeurs de l'angle A formé par la tangente directrice avec le méridien du *centre de réduction*, ce qui déterminera la position du grand cercle perpendiculaire à la *tangente directrice;* puis projeter les m sécantes sur ce dernier plan et prendre la moyenne de leurs m positions, ce qui donnera la valeur de l'angle équatorial E.

Mais le calcul, exécuté même de cette

3*

manière, serait encore d'une excessive longueur, et on n'aurait que bien rarement
des observations de direction assez précises
pour justifier une aussi longue élaboration.
Il importe donc de simplifier ce travail autant qu'il soit possible de le faire, sans com-
promettre l'exactitude du résultat.

Or, une propriété très générale des Systèmes des petits arcs observés fournit un
moyen de simplification très satisfaisant.

Généralement, tous les petits arcs observés
sont compris dans une zone de peu de largeur, divisée en deux parties égales par un
grand cercle qui est le *grand cercle de com-*
paraison ou l'équateur du système.

Si donc on prend pour *centre de réduction*
un point compris dans la zone occupée par
les points d'observation, et aussi central
que possible par rapport à l'ensemble de ces
points, le dit sommet ne pourra être très
éloigné de la position encore inconnue du
grand *cercle de comparaison*, équateur du
système, et l'angle équatorial devra être
très petit. On pourra par conséquent, sans
commettre une très grande erreur, procéder d'abord pour obtenir au moins une
première détermination approximative de
l'angle A formé par la *tangente directrice*
avec le méridien astronomique du *centre*

de réduction, comme si l'*angle équatorial* E devait être nul, c'est-à-dire comme si le point choisi comme centre de réduction était placé sur le *grand cercle de comparaison*.

S'il en était réellement ainsi, et si les petits arcs observés satisfaisaient rigoureusement à la condition du parallélisme, l'une quelconque des sécantes déterminerait tout le Système, et les arcs de grands cercles, sous-tendus par les diverses sécantes, seraient des parties d'un même grand cercle qui serait le *grand cercle de comparaison*. L'angle formé par ce grand cercle avec le méridien astronomique du *centre de réduction* serait identique avec celui que forme la *tangente directrice* avec ce même méridien.

Si les petits arcs observés ne satisfont pas rigoureusement à la condition d'être parallèles à un même *grand cercle de comparaison*, chacun d'eux donnera une valeur différente de l'angle formé par la *tangente directrice* avec le méridien astronomique; et si les points d'observation sont en nombre m, on aura à prendre la moyenne de ces m valeurs.

Cette première moyenne déterminera l'orientation de la *tangente directrice*, orientation qui est le plus essentiel des deux éléments cherchés.

Après l'avoir obtenue, il restera à déterminer l'*angle équatorial* E formé par le *plan
directeur* avec le rayon de la sphère passant
par le *centre de réduction*, en projetant les
m sécantes sur le plan du grand cercle perpendiculaire à la *tangente directrice*.

La projection de chaque sécante se détermine par la résolution d'un triangle
sphérique rectangle, dont l'arc sous-tendu
par cette même sécante forme l'hypothénuse, et dont l'un des angles aigus est
l'angle formé par cet arc et par le grand
cercle perpendiculaire à la tangente directrice. Dans ce triangle rectangle on déterminera les deux côtés de l'angle droit qui
seront : ψ, l'arc mené perpendiculairement
de l'extrémité de la sécante sur le grand cercle perpendiculaire à la *tangente directrice;*
et α, l'arc de ce grand cercle, compris entre
le pied de la perpendiculaire et le sommet
du faisceau des sécantes. La valeur correspondante de l'angle équatorial E sera donnée par la formule :

$$\tan E = \frac{\sin. \alpha \cos. \psi}{1 - \cos. \alpha \cos. \psi}.$$

Si l'on a pris l'un des points d'observation
pour le *centre de réduction*, on aura pour ce
point $\alpha = 0$ $\psi = 0$ et la formule se réduira

à *tang* $E = \frac{0}{0}$. La valeur correspondante de E sera donc indéterminée, et on devra prendre simplement la moyenne des valeurs correspondantes aux $m - 1$ autres points. Il est naturel qu'il en soit ainsi, car le point qu'on a choisi pour le sommet du faisceau des sécantes ne peut donner lui-même de sécante, ainsi il ne fournit pas d'élément direct pour la détermination de l'angle E. Il n'influe sur la valeur de cet angle que par l'effet de la supposition qu'on a faite volontairement, que le grand cercle de comparaison passe par le point adopté comme *centre de réduction;* cette supposition se trouve introduite dans les calculs relatifs à tous les autres points.

Dans le cas où il n'y aurait qu'un seul point d'observation et où ce point aurait été pris pour *centre de réduction*, l'angle E resterait complétement indéterminé, et il est clair en effet que, dans ce cas, le *plan directeur* doit rester indéterminé. Cependant si, dans le cas où il n'y a qu'un seul point d'observation, on prenait un autre point pour centre de réduction, le calcul s'effectuerait sans difficulté; mais alors il y aurait une sécante, l'angle formé par le grand cercle perpendiculaire à la tangente directrice et par l'arc du grand cercle sous-tendu par la sécante serait droit ; l'angle α serait généralement nul , et l'angle ψ ne le serait pas : donc *tang* E serait 0, et l'angle E serait lui-même égal à 0 ; cela signifierait que le *plan directeur* passerait par le centre de la sphère, résultat qui ne fait que reproduire la supposition introduite arbitrairement, que le point pris pour *centre de réduction* est situé sur le *grand cercle de comparaison*, équateur du Système. Dans le cas seulement où la sécante sous-tendrait un arc de 90°, l'arc ψ serait lui-même de 90°, mais alors l'arc α serait indéterminé et par suite la valeur de *tang* E serait elle-même indéterminée. Tous ces résultats sont conformes à la nature des choses, et sont autant de confirmations de l'exactitude de la marche que j'ai indiquée.

Toutes les sécantes étant projetées sur un plan qui passe par le *centre de réduction*, sommet du faisceau, on tire dans ce plan, par le même sommet, une ligne dirigée de manière que la somme des angles formés au-dessus d'elle par les projections d'une partie des sécantes soit égal à la somme des angles formés au-dessous par les projections des autres sécantes. Cette ligne est la trace du *plan directeur*, c'est-à-dire du plan du petit cercle qui fixe sur la sphère la position de tout le Système auquel les petits arcs observés appartiennent approximativement.

Cette dernière ligne, qui passe au *centre de réduction*, forme, avec le rayon de la sphère qui part du même point, un angle E qui détermine là distance du petit cercle obtenu à l'équateur du Système. Cet angle, qui représente la latitude du petit cercle par rapport à cet équateur, a pour valeur la moyenne des m ou $m - 1$ valeurs de l'angle E; si l'on trouve que cette valeur est nulle, ou pour mieux dire, que la somme des valeurs de l'angle E, qui tombent au-dessus du centre de la sphère, est égale à celle des valeurs du même angle qui tombent au-dessous, on en conclura que le point pris pour *centre de réduction* avait été choisi de la manière la plus heureuse, c'est-à-dire qu'il se trouvait réellement sur le *grand cercle de comparaison*; mais généralement il n'en sera pas tout à fait ainsi, et la position moyenne de toutes les sécantes projetées passera au-dessus et au-dessous du centre de la sphère, et donnera une valeur approximative de l'*angle équatorial* E, de laquelle on déduira, d'une manière approximative aussi, la position du *grand cercle de comparaison*.

Si cet angle est petit, ce qui arrivera le

plus souvent, on pourra considérer l'opération comme terminée; mais si cet angle était un peu grand, on pourrait regarder seulement comme provisoire la position obtenue pour le *grand cercle de comparaison*, et recommencer toute l'opération en prenant pour *centre de réduction* un point situé sur ce grand cercle provisoire. On arriverait ainsi par des approximations successives, qu'on peut porter aussi loin qu'on le voudra, aux valeurs des deux angles cherchés.

De ces deux angles, ainsi que je l'ai déjà dit, le plus important à connaître et le plus facile à déterminer approximativement est l'angle A que forme la *tangente directrice* avec le méridien du centre de réduction. L'angle équatorial E est généralement très petit. Il a besoin, par conséquent, d'être déterminé avec précision; et il arrive bien souvent que les observations qui fixent les directions des petits arcs observés en différents points de la surface de la terre, ne sont pas assez précises pour que cette dernière détermination présente quelques chances d'exactitude. Comme les calculs numériques qu'elle exige sont fort longs, on fera bien de ne les entreprendre qu'autant que les observations de direction qu'on aura réunies paraîtront assez exactes pour mériter d'être

soumises à une élaboration aussi ardue. Il
ne faut pas perdre de vue que les angles α
et ψ, qui déterminent la valeur de l'angle
équatorial E, dépendent eux-mêmes des
différences entre la valeur moyenne de l'angle A et les valeurs particulières dont cette
valeur moyenne est déduite. On concevra,
d'après cela, que l'*angle équatorial* E devant
généralement être assez petit, il ne pourrait
être déterminé d'une manière véritablement
satisfaisante qu'autant que les observations
de direction seraient plus exactes et plus
nombreuses qu'elles ne le sont ordinairement.

Au reste, renoncer à déterminer cet angle,
c'est tout simplement se borner à admettre
que le *grand cercle de comparaison* doit
passer assez près du centre de réduction
pour que la distance à laquelle il en passe
et le sens dans lequel cette distance doit
être comptée importent peu à connaître;
or, cette supposition est souvent indiquée
par l'ensemble des observations, même de
celles qui ne peuvent entrer dans le calcul,
d'une manière assez évidente pour qu'on ne
puisse songer à s'en départir que par suite de
calculs basés sur des données rigoureuses.

On s'en tient alors à la première des deux
opérations que j'ai indiquées, et on consi-

I.   4

dère la *tangente directrice* qu'elle détermine, comme celle d'un grand cercle peu éloigné du véritable équateur du Système, et propre à le remplacer provisoirement. C'est en partie afin que cette substitution présente le moins de chances d'erreur possible que le *centre de réduction*, qui doit devenir un des points de cet équateur provisoire, doit être placé dans la position la plus centrale possible par rapport à l'ensemble des points d'observation.

L'opération doit toujours commencer par mener d'un *point central de réduction*, que l'adresse de l'opérateur consiste à choisir le mieux possible, des sécantes parallèles à tous les petits arcs observés, à déterminer les angles formés par le méridien astronomique du point qu'on a choisi comme *centre de réduction* avec les arcs du grand cercle que sous-tendent ces sécantes, et à prendre ensuite la moyenne de tous les angles ainsi déterminés.

Or, cette moyenne peut être obtenue très facilement avec une approximation suffisante.

En effet, pour déterminer le grand cercle qui, partant du point pris pour sommet du faisceau des sécantes, ou pour *centre de réduction*, renferme dans son plan la sécante

parallèle à un petit arc observé en un point
donné, il suffit de joindre ce dernier point
au *centre de réduction* par un arc du grand
cercle, qui forme la base d'un triangle sphérique, dont les deux autres côtés sont les
portions du méridien du *centre de réduction*
et du *point d'observation* considéré, compris
entre ces points et le pôle de rotation de la
terre. On résout ce triangle, et on connaît
ainsi l'angle formé, par l'arc de jonction des
deux points avec leurs méridiens respectifs ;
on peut aussi déterminer la longueur de
cet arc.

On résout ensuite le triangle sphérique
rectangle, dont ce même arc est l'hypothénuse, et dont l'un des côtés de l'angle droit
est la moitié de l'arc sous-tendu par la sécante, qui correspond au point d'observation qu'on a considéré. On arrive ainsi à
connaître la longueur de l'arc sous-tendu
par cette sécante, et l'angle formé par cet
arc et le méridien du point choisi comme
centre de réduction.

Ayant répété la même opération pour
tous les points d'observation, on connaît les
angles formés avec le méridien du *centre de
réduction* par tous les arcs sous-tendus par
les sécantes, et on n'a plus qu'à exécuter
un simple calcul arithmétique.

Lorsqu'on doit s'en tenir à cette première partie du travail, à celle qui détermine la *tangente directrice*, l'opération que
je viens d'indiquer peut recevoir, sans inconvénient, de grandes simplifications, qui
la rendent d'une pratique très facile.

On n'a plus besoin alors de connaître la
longueur de l'arc sous-tendu par chaque
sécante; il suffit de connaître l'angle qu'il
forme avec le méridien du *centre de réduction*. Cet angle lui-même n'a pas besoin
d'être calculé directement; on peut se borner à le supposer égal à celui que forme le
petit arc observé au point d'observation auquel la sécante correspond avec le méridien
de ce point, après avoir augmenté ou diminué cet angle d'une quantité égale à la
différence des angles alternes internes que
forme l'arc de jonction du *centre de réduction* et du *point d'observation* avec leurs méridiens respectifs.

Cette différence est connue par la résolution du triangle sphérique dont ces deux
points et le pôle de rotation de la terre
constituent les trois sommets, et c'est la
seule quantité pour la détermination de laquelle on ait besoin de recourir aux formules de la trigonométrie sphérique. Il est
vrai que cette simplification introduit une

inexactitude; l'angle formé par le méridien du *centre de réduction* avec chacun des arcs sous-tendus par les sécantes, se trouve augmenté ou diminué d'une quantité égale à l'excès sphérique (1) des trois angles du triangle sphérique rectangle dont la moitié de cet arc forme un des côtés de l'angle droit, et dont l'arc de jonction du *centre de réduction* avec le *point d'observation* correspondant forme l'hypothénuse. Mais il est aisé de voir que, dans la moyenne finale, les *excès sphériques* des triangles rectangles dont il s'agit doivent entrer les uns positivement, les autres négativement, et que si le *centre de réduction* est habilement choisi, ces *excès sphériques*, dont chacun en particulier est ordinairement peu considérable, à moins que les points d'observation n'en soient répartis sur un très grand espace, doivent se détruire sensiblement, et n'influer sur la moyenne que d'une quantité négligeable. L'opération se réduit alors tout simplement à joindre le *centre de réduction* avec les points d'observation par

(1) Voyez, pour la définition et le calcul de l'*excès sphérique* de la somme des trois angles d'un triangle sphérique, la Géométrie de Legendre, et les notes qui font suite à sa Trigonométrie (*Géométrie et Trigonométrie de Legendre* 10ᵉ édit., p. 225 et 424).

autant d'arcs de grands cercles, et à déterminer la différence des angles alternes
internes que ces arcs de jonction forment
avec les méridiens de leurs deux extrémités.

J'ai souvent employé, pour résoudre ce
problème, une méthode graphique dans laquelle je me sers de la *projection stéréographique sur l'horizon du Mont-Blanc*, dont
j'ai déjà parlé ci-dessus, mais on peut employer aussi la méthode trigonométrique qui
est très simple en elle-même, et qui est susceptible encore, dans la plupart des appli-
cations, de simplifications considérables.

Elle se réduit en principe à la résolution
d'une suite de triangles sphériques, dont chacun a pour base l'arc de grand cercle qui joint
le *centre de réduction* à l'un des points d'observation, et pour sommet, le pôle de rotation de la terre; il n'est pas même nécessaire,
pour notre objet actuel, de résoudre ces
triangles complètement : on n'a pas besoin
de connaître la longueur de leur base; il
suffit de calculer les angles qu'elle forme
avec les deux méridiens auxquels elle aboutit, ou même seulement la somme de ces angles, pour en déduire la *différence des angles
alternes internes qu'elle forme avec ces méridiens*, différence qui entre seule dans la
suite du calcul.

Or, pour connaître cette différence avec une approximation suffisante, il n'est pas non plus nécessaire d'effectuer les calculs relatifs à tous les triangles sphériques indiqués. Ces calculs exigeraient beaucoup de temps; mais on peut les abréger singulièrement, sans trop en diminuer la rigueur, au moyen du tableau suivant, que j'ai formé des résultats obtenus par la résolution de trente-neuf triangles, ayant tous pour sommet le pôle boréal de la terre, et pour leurs deux autres angles, différents points de l'Europe et de l'Afrique, pris à diverses latitudes, depuis la Laponie jusqu'à l'île de Ténériffe. Ayant eu l'idée de ranger les résultats suivant l'ordre des latitudes moyennes des deux sommets méridionaux de chaque triangle, j'ai vu que les irrégularités de leur marche n'étaient pas assez grandes pour empêcher de faire entre eux des interpolations approximatives d'une exactitude suffisante pour la pratique dans le plus grand nombre des cas. J'ai pensé dès lors que leur publication pourrait avoir son utilité, et j'ai cru devoir les insérer dans cet article.

Tableau présentant, pour différents points de l'Europe et de l'Afrique, la différence des angles alternes-internes formés par leur ligne de jonction avec leurs méridiens respectifs.

POINTS COMPARÉS.	LATITUDES.	LONGITUDES.	LATITUDE moyenne.	DIFFÉRENCE des longitudes.	DIFFÉRENCE des angles alt.-int.	Rapports entre les diff. des long. et des ang. alt. int.
Laponie	70° 0' 00" N.	25°50' 00" E.	62°17' 30"	28°59' 15"	25°42' 24"	1 : 0,89715
Keswick	54 55 00	5 9 15 O.				
Laponie	70 00 03	25 50 00 E.	60 2 59 ½	11 25 00	10 15 00	1 : 0,89489
Prague	50 5 49	12 5 00 E.				
Viborg	60 42 40	26 25 30 E.	60 4 57	10 42 51	9 17 00	1 : 0,86690
Stockholm	59 20 34	15 45 19 E.				
Gefle	60 59 45	14 48 15 E.	59 11 54 ½	5 10 45	4 27 2	1 : 0,85952
Gotheborg	57 44 4	9 57 50 E.				
Söderkoping	58 28 50	14 00 00 E.	58 10 7 ½	4 21 15	3 42 00	1 : 0,84970
Kongell	57 51 43	9 58 45 E.				
Viborg	60 42 40	26 25 30 E.	57 58 21	31 35 5	26 54 42	1 : 0,85206
Keswick	54 55 00	5 9 15 O.				
Christiania	59 55 20	8 28 50 E.	57 16 10	13 57 45	11 28 26	1 : 0,84186
Keswick	54 55 00	5 9 15 O.				
Stockholm	59 20 34	15 45 19 E.	56 57 47	20 52 32	17 34 24	1 : 0,84181
Keswick	54 55 00	5 9 15 O.				

Laponie.	70 00 00	25 50 00 E.	56 42 50	25 50 00	20 51 52	1 : 0,86084
Montagne Noire.	45 25 00	0 20 00 O.				
Grampians. . .	56 25 00	6 57 00 O.	55 50 00	1 28 00	1 42 52	1 : 0,82424
Keswick. . . .	54 55 00	5 9 00 E.				
Gotheborg. . .	57 44 4	9 57 20 O.	55 9 52	14 47 40	12 40 40	1 : 0,82701
Church-Stretton.	52 55 00	5 10 20 O.				
Viborg.	60 42 40	26 25 50 E.	54 52 57	55 15 25	27 29 52	1 : 0,82701
Brest.	48 25 1/4	6 49 55 O.				
Grampians. . .	56 25 00	6 57 00 O.	54 50 00	1 26 40	1 10 36	1 : 0,81462
Church-Stretton.	52 55 00	5 10 20 O.				
Stockholm. . .	39 20 54	15 45 19 E.	55 51 54	22 55 4	18 21 52	1 : 0,81410
Brest.	48 25 1/4	6 49 55 O.				
Grampians. . .	56 25 00	6 57 00 O.	55 45 9	18 42 00	15 5 20	1 : 0,80510
Prague. . . .	50 5 19	12 5 00 E.				
Keswick. . . .	54 55 00	5 9 45 O.	55 11 44	15 25 35	10 46 10	1 : 0,80214
Brocken. . . .	51 48 29	8 16 20 E.				
Grampians . . .	56 25 00	6 57 00 O.	52 52 1	2 16 54	1 48 40	1 : 0,79570
Saint-Malo . .	48 56 55	4 21 26 O.				
Keswick. . . .	54 55 00	5 9 15 O.	52 20 0	17 14 15	13 41 42	1 : 0,79615
Prague. . . .	50 5 19	12 5 00 E.				
Keswick. . . .	54 55 00	5 9 15 O.	52 15 00	10 59 15	8 26 24	1 : 0,79219
Ringer-Loch. .	49 55 00	5 50 00 E.				

POINTS comparés.	LATITUDES.	LONGITUDES.	LATITUDE moyenne.	DIFFÉRENCE des longitudes.	DIFFÉRENCE des angles alt.-int.	Rapports entre les diff. des long. et des ang. alt. int.
Keswick. . . .	54°33'00"N.	5° 9' 15"O.	52° 6'30"	18°56'17"	14°14'40"	1 : 0,79251
Budweis. . . .	49 38 00	15 26 34 E.				
Church-Stretton.	52 35 00	5 10 20 O.	51 6 50	18 37 14	14 52 54	1 : 0,78150
Budweis. . . .	49 38 00	15 26 34 E.				
Prague. . . .	50 5 19	12 5 00 E.	50 1 00	2 50 31	2 10 34	1 : 0,76767
Bayreuth. . . .	49 56 41	9 15 29 E.				
Bayreuth. . . .	49 56 41	9 15 29 E.	49 55 50 ½	5 45 29	2 52 55	1 : 0,76559
Binger-Loch. .	49 55 00	5 50 00 E.				
Prague. . . .	50 5 19	12 5 00 E.	49 22 11	16 26 26	12 28 24	1 : 0,75811
Saint-Malo. . .	48 59 5	4 21 26 O.				
Prague. . . .	50 5 19	12 5 00 E.	49 17 59 ½	18 15 00	15 35 10	1 : 0,76088
Morlaix. . . .	48 50 00	6 10 00 O.				
Binger-Loch. .	49 55 00	5 50 00 E.	49 17 1 ½	9 51 26	7 28 46	1 : 0,75878
Saint-Malo. .	48 59 5	4 21 26 O.				
Saint-Malo. .	48 59 5	4 21 26 O.	48 51 8 ½	2 28 9	1 51 00	1 : 0,74924
Brest. . . .	48 25 14	6 49 35 O.				
Keswick. . . .	54 33 00	5 9 15 O.	48 15 00 ½	11 55 2	8 44 22	1 : 0,75665
Ajaccio . . .	41 55 1	6 25 49 E.				

Lieu	Latitude	Longitude					Rapport
Church-Stretton	52 55 00	3 10 20 O.	47 55 45 ½	9 28 49	7 35		1 : 0,74511
Saint-Tropez	45 16 27	4 18 29 E.					
Prague	50 5 19	12 5 00 E.	46 45 9	12 25 00	9 4 56		1 : 0,75101
Montagne Noire	45 25 00	0 20 00 O.					
Prague	50 5 40	12 5 00 E.	46 40 55	7 46 51	5 59 00		1 : 0,72766
Saint-Tropez	45 16 27	4 18 29 E.					
Prague	50 5 19	12 5 00 E.	46 00 10	5 41 11	4 7 40		1 : 0,72590
Ajaccio	41 55 1	6 25 49 E.					
Prague	50 5 19	12 5 00 E.	45 55 25	14 50 00	10 59 8		1 : 0,71798
Constantinople	41 1 27	26 55 00 E.					
Brest	48 25 14	6 49 55 O.	45 24 45 ½	25 59 1	16 51 49		1 : 0,70515
Pic des Açores	58 26 12	50 48 56 O.					
Montagne Noire	45 25 00	0 20 00 E.	45 20 45 ½	4 58 29	3 11 28		1 : 0,69850
Saint-Tropez	45 16 27	4 18 29 E.					
Brest	48 25 14	6 49 55 O.	45 17 8 ½	20 4 5	15 55 26		1 : 0,69217
Messine	58 11 5	15 14 50 E.					
Brest	48 25 14	6 49 55 O.	45 1 15	28 50 54	19 44 42		1 : 0,69244
Cap Colonne	57 50 42	21 41 19 E.					
Messine	58 11 5	15 14 50 E.	57 29 11 ½	12 50 20	7 57 48		1 : 0,61015
Alger	56 47 20	0 44 10 O.					
Pic des Açores	58 27 12	50 48 56 O.	35 21 16 ½	11 49 57	6 32 40		1 : 0,58555
Pic de Ténérille	28 16 21	18 58 59 O.					

Les trois premières colonnes de ce tableau, vers la gauche, indiquent deux par
deux les points de l'Europe qui ont formé,
avec le pôle boréal, les trois sommets de
chaque triangle, ainsi que leurs latitudes et
leurs longitudes. Les deux colonnes suivantes indiquent la moyenne des latitudes,
et la différence des longitudes des deux
sommets de chaque triangle adjacents à sa
base. La sixième colonne indique la différence des angles alternes internes formés
par l'arc de grand cercle qui joint les deux
sommets méridionaux de chaque triangle
avec les méridiens de ces deux points, qui
forment les deux autres côtés du triangle.
Cette différence est le moyen de comparaison des orientations observées aux deux
sommets méridionaux.

Enfin, la septième et dernière colonne du
tableau indique le rapport qui existe, dans
chaque triangle, entre l'angle au pôle, qui
n'est autre que la *différence des longitudes*
des deux sommets méridionaux, et la *différence des angles alternes internes* formés par
l'arc de grand cercle qui joint ces deux
sommets avec leurs méridiens respectifs.

En examinant attentivement le tableau,
on verra que ce rapport décroît avec une
certaine régularité à mesur̃ ue la latitude

moyenne des deux sommets méridionaux du
triangle diminue, c'est-à-dire à mesure que
ce triangle s'allonge vers l'équateur et approche de devenir un demi-fuseau. Il est
aisé de concevoir qu'en effet le rapport dont
il s'agit doit suivre cette marche décroissante. Si le triangle était infiniment petit,
et que les deux sommets méridionaux fussent à une distance infiniment petite du
pôle, le rapport serait celui d'égalité, 1 à 1.
Si le triangle était équivalent à un demi-
fuseau, ce qui suppose que l'un des sommets méridionaux du triangle est aussi éloigné de l'équateur vers le S. que l'autre vers
le N., le rapport serait celui de 1 à 0. Si le
triangle était isocèle, ce qui suppose que
les deux sommets méridionaux sont à la
même latitude, le rapport s'obtiendrait par
la résolution de l'un des deux triangles rectangles dont le triangle isocèle se compose-
rait, et le rapport des tangentes des deux
angles serait égal à celui de l'unité au sinus
de la latitude. Enfin, dans le cas ordinaire
où les deux sommets méridionaux du triangle ont des latitudes inégales, le second
rapport a la valeur qu'il aurait s'ils étaient
ramenés l'un et l'autre à leur latitude
moyenne augmentée d'une petite quantité.
En effet, la différence entre la différence des

longitudes des deux sommets méridionaux du
triangle, et celle des angles alternes internes
formés par l'arc qui les joint avec leurs méridiens respectifs, est égale à l'*excès sphérique* des trois angles du triangle lui-même,
et la somme des deux côtés de ce triangle
qui aboutissent au pôle étant constante,
l'*excès sphérique* de ses trois angles, qui est
proportionnel à sa surface, est d'autant plus
grand que les deux côtés approchent plus
de l'égalité. Quand le milieu de la base se
trouve sur l'équateur, l'excès sphérique est
égal à l'angle au pôle, c'est-à-dire à la différence de longitude des deux côtés méridionaux; d'où il résulte que la différence
des angles alternes internes formés par la
base avec les deux méridiens est nulle, et
que le rapport est, comme nous venons de
le dire, celui de 1 à 0. Il en serait de même
si, la base étant oblique, elle avait son
point milieu sur l'équateur.

J'ai été étonné, au premier abord, de la
petitesse des irrégularités que présente dans
sa marche le rapport qui nous occupe; cár
il me paraissait naturel de croire que, pour
des points placés d'une manière aussi dispa-
rate que ceux qui entrent dans le tableau,
le rapport de la septième colonne aurait varié d'une manière plus irrégulière. D'un

autre côté, si l'on remarque que la marche
décroissante de ce rapport n'est pas complétement régulière et présente même des anomalies, on pourra s'étonner que j'aie consigné ici cette série irrégulière. J'aurais pu
en obtenir une parfaitement régulière en
considérant une suite de triangles isoscèles,
qui tous auraient eu le même angle au sommet, et dont chacun aurait eu ses deux
sommets méridionaux à la même latitude.
Chacun d'eux se serait décomposé en deux
triangles rectangles, et dans chacun de ceux-
ci on aurait pu calculer la différence des
angles alternes internes formés par la base
avec les méridiens extérieurs au moyen de
la formule : $tang\ C = sin\ a\ tang\ B$, où a
représente la latitude comptée, comme à
l'ordinaire, à partir de l'équateur, et B
l'angle au pôle; formule dans laquelle on
lit que, dans ce cas, le rapport de la septième colonne décroîtrait régulièrement du
pôle où il serait 1 : 1, à l'équateur où il
serait 1 : 0. Mais il n'y a aucune raison
pour remplacer une formule très simple par
un pareil tableau, qui, lui-même, n'aurait
pu être appliqué à des triangles non isoscèles, et même à des triangles isoscèles où
l'angle B aurait eu une valeur différente de
celle employée, que d'une manière approxi-

mative, et *sans qu'on pût apprécier le dégré de l'approximation ;* tandis que le tableau que je présente fait voir, d'un coup d'œil, de quel ordre est l'erreur, toujours assez peu considérable, que l'on est exposé à commettre pour des points de *latitudes différentes,* et tous renfermés dans l'étendue de l'Europe, en remplaçant le calcul d'un triangle sphérique par une simple proportion dont il fournit le rapport. Il demeure bien entendu que ce tableau, de même que la projection stéréographique dont j'ai déjà parlé, n'est qu'un instrument expéditif de tâtonnement, et que si l'on veut obtenir un résultat absolument rigoureux, il faut prendre le temps d'exécuter le calcul trigonométrique; mais, en pareille matière, on a plus à craindre d'être induit en erreur par les illusions qu'un simple calcul approximatif aurait fait disparaître, que par les inexactitudes que ce calcul pourrait renfermer.

Les géologues qui se livrent à des rapprochements entre les directions des différents accidents que présente l'écorce terrestre doivent toujours être en garde contre les illusions qui résultent de la forme sphérique de la terre, et de la manière dont elle est représentée sur les cartes géographiques.

Au moyen du tableau ci-dessus on pourra dissiper ces illusions , pour ainsi dire d'un trait de plume, et son emploi pourra être utile, non seulement pour les calculs qui me l'ont fait construire, mais pour une foule de tâtonnements géométriques relatifs à des comparaisons de directions.

La combinaison élémentaire sur laquelle ces tâtonnements reposent consiste essentiellement à examiner si deux petits arcs de grands cercles placés sur la sphère, à quelque distance l'un de l'autre, sont exactement ou à peu près parallèles entre eux.

Ces deux petits arcs, d'après la définition rappelée ci-dessus, seront exactement parallèles entre eux , si un même grand cercle les coupe l'un et l'autre perpendiculairement par leur point milieu ; mais ils seront déjà très voisins du parallélisme, si l'arc du grand cercle qui joint le milieu de l'un au milieu de l'autre est peu étendu et fait avec eux des angles alternes internes égaux. En effet, ils feront alors partie des deux côtés d'un fuseau de peu de largeur, dont le milieu de l'arc de jonction sera le centre ; ils occuperont sur les deux côtés de ce fuseau des positions symétriques ; et, prolongés l'un et l'autre jusqu'à l'équateur du fuseau, ils y seront exactement parallèles. Considérés dans les points mêmes où ils ont été observés, ils ne peuvent être parallèles l'un à l'autre que par l'intermédiaire d'un *grand cercle de comparaison*. Il est assez naturel de choisir pour *grand cercle de comparaison* l'un des deux arcs prolongé, et, dans ce cas, le défaut de parallélisme que les deux arcs présenteront dans les points où on les a observés, a pour mesure l'*excès sphérique* du triangle formé par l'arc de jonction des points milieu des deux arcs, par l'un des deux arcs prolongés, et par la perpendiculaire abaissée sur son prolongement du point milieu de l'autre arc. A moins que ce triangle ne soit très grand, ce qui suppose les deux points très éloignés l'un de l'autre, l'*excès sphérique* dont il s'agit sera toujours peu considérable; les deux petits arcs pourront donc, dans le plus grand nombre des cas, être considérés comme sensiblement parallèles, si l'arc qui joint leurs points milieu forme avec eux des angles alternes internes égaux.

Réciproquement, si, en un point donné, on veut tracer un petit arc de grand cercle parallèle à un autre petit arc de grand cercle existant en un autre point de la sphère, il suffit de joindre les deux points par un arc de grand cercle, et de tracer le nouvel arc de manière qu'il fasse avec l'arc de jonction le même angle que l'arc observé.

En opérant de cette manière pour transporter une direction d'un point à un autre, on se rapproche autant que possible du procédé par lequel on trace, par un point donné d'un plan, une parallèle à une droite donnée dans ce plan. On a égard à la convergence des méridiens vers le pôle de rotation de la terre, comme on aurait égard sur un plan à la convergence de rayons vecteurs vers un foyer; mais on fait abstraction, du reste, des effets de la courbure de la terre.

Pour se rendre raison de cette espèce de départ qu'on opère ainsi entre deux effets provenant l'un et l'autre d'une même cause, la sphéricité de la terre, il suffit d'imaginer qu'on détache le réseau des points d'observation de la partie de la sphère terrestre à laquelle il appartient pour l'appliquer, sans le déformer, sur la zone torride, de manière que la ligne équinoxiale le divise en deux parties égales. On pourra alors, sans commettre de bien grandes erreurs, considérer les méridiens comme des droites parallèles, et transporter une direction d'un point à un autre par le même procédé que si l'on opérait sur un plan. On pourra, par exemple, prendre un point de la ligne équinoxiale pour *centre de réduction*, et mener, par ce point, des droites formant avec le méridien du lieu les mêmes angles que chacun des petits arcs observés avec les méridiens respectifs de leurs points milieu, puis prendre la moyenne des directions ainsi transportées en un même point, comme on le ferait sur un plan. Or, la zone torride où la terre, abstraction faite de l'aplatissement dont nous ne tenons aucun compte, est courbe comme partout ailleurs, ne présente ici d'autre avantage que le parallélisme presque exact des méridiens, parallélisme qui dispense de considérer la différence des angles alternes internes que fait avec deux méridiens différents un arc du grand cercle qui les coupe. Mais la courbure de la terre est ici, comme partout ailleurs, la source d'une petite erreur, mesurée dans la comparaison de deux points, par l'*excès sphérique* de la somme des trois angles d'un triangle rectangle, dont l'hypothénuse est l'arc qui joint les deux points, et dont l'un des côtés de l'angle droit est la prolongation du petit arc observé.

On pourrait aussi imaginer que le réseau des points d'observation, après avoir été enlevé de la surface de la sphère terrestre, fût appliqué sans déformation sur la région polaire, de manière que son point central coïncidât avec le pôle qui deviendrait le *centre de réduction*. Chaque petit arc observé sur la surface de la sphère serait transporté au pôle de manière à y faire encore le même angle avec le méridien de son point milieu ; puis on prendrait la moyenne des directions de tous ces petits arcs transportés au pôle. Ce serait opérer comme si l'on avait substitué à la surface sphérique de la terre un plan qui lui serait tangent au pôle même. Les méridiens seraient censés développés sur des droites passant par le pôle, et les parallèles deviendraient des cercles ayant le pôle pour centre commun. Pour les points très voisins du pôle, cette substitution n'entraînerait que des erreurs insensibles ; mais, à mesure qu'on s'éloignerait du pôle, l'inexactitude serait de plus en plus grande. Dans le transport de tous les petits arcs observés au pôle, exécuté ainsi, comme si l'on opérait sur un plan, il y aurait réellement un petit défaut de parallélisme entre l'arc transporté et celui qui aurait servi de point de départ, et ce défaut de parallélisme aurait toujours pour mesure l'*excès sphérique* du triangle rectangle dont l'arc de jonction du point d'observation au *centre de réduction* est l'hypothénuse, et dont le petit arc observé, prolongé autant qu'il est nécessaire, forme un des côtés de l'angle droit.

Dans tout l'espace intermédiaire entre la

58

région équatoriale et la région polaire, les méridiens et les parallèles, qui servent de coordonnées pour déterminer les positions des points sur la surface du globe, cessent de pouvoir se construire sans erreur sensible sur des coordonnées rectangulaires ou sur des coordonnées polaires tracées sur un plan; ils ont, en quelque sorte, une manière d'être intermédiaire entre celle des coordonnées rectangulaires et celle des coordonnées polaires. Projetés de telle manière qu'on voudra sur un plan qui serait tangent à la sphère terrestre vers le milieu de l'hémisphère boréal, les méridiens seront toujours représentés par les lignes convergentes. On doit avant tout tenir compte de cette convergence, et on y parvient au moyen de la résolution d'un triangle sphérique, ou par l'emploi plus expéditif du tableau donné ci-dessus; on fait ainsi l'équivalent exact de l'opération que je viens d'indiquer pour les régions polaires et équatoriales. Mais tenir compte de cette disposition des coordonnées n'est pas encore tenir un compte complet de la courbure de la surface, et l'erreur commise a toujours pour mesure, dans ce cas comme dans les précédents, l'*excès sphérique* de ce même triangle rectangle dont j'ai indiqué les éléments.

La région polaire et la région équatoriale,
ainsi que nous venons de le dire, n'ont ici
d'autre avantage que la simplicité de la disposition des méridiens et des parallèles, qui
sont les coordonnées au moyen desquelles
les positions des points sont déterminées
sur la surface de la sphère, et qui peuvent,
sans erreur notable, être construites sur
des coordonnées planes, savoir : pour la région équatoriale, sur des coordonnées rectangulaires, et pour la région polaire, sur
des coordonnées polaires.

Les dispositions particulières que présentent ainsi les coordonnées sphériques dans
les diverses régions de la sphère, correspondent à celles qu'y présente la spirale loxo-
dromique. On sait que l'arc de loxodromie
qui coupe l'équateur se confond avec un arc
d'hélice tracé sur le cylindre qui enveloppe
la terre suivant son équateur, arc dont le
développement est une ligne droite, et que
la partie de la loxodromie qui se trouve à
une très petite distance du pôle, ne diffère
pas d'une manière appréciable d'une spirale
logarithmique; l'hélice et la spirale logarithmique sont des simplifications que la
loxodromie éprouve en deux points particuliers de son cours sans que ses propriétés
en soient altérées. De même les simplifica-

tions que la disposition particulière des méridiens apporte à certaines constructions près des pôles et de l'équateur ne change rien à la valeur réelle de ces constructions, et laisse exactement la même erreur que l'on commet lorsqu'on opère relativement aux deux extrémités d'un arc du grand cercle tracé sur la sphère, comme on opérerait aux deux extrémités d'une ligne droite tracée sur un plan. Or, c'est là précisément ce qu'on fait lorsque, en s'en tenant à la première partie des opérations que j'ai indiquées, on trace, aux deux extrémités d'un arc du grand cercle placé sur la sphère terrestre, d'autres arcs qui forment avec lui des angles alternes internes respectivement égaux ; car on fait abstraction de la courbure de cet arc, tout en tenant compte de la diversité des angles sous lesquels il coupe les différents méridiens.

Cette diversité des angles sous lesquels l'arc de jonction des deux localités coupe les différents méridiens est toujours en effet la première chose à considérer. Lorsqu'on veut comparer la topographie géologique d'une localité à celle d'une autre localité sous le rapport du parallélisme des accidents qui s'y observent, la première chose à faire est de déterminer la différence des angles alternes internes que forme, avec les méridiens des deux localités, l'arc de grand cercle qui les joint.

Des lignes (de petits arcs de grand cercle réduits à leurs tangentes), menées dans les deux localités perpendiculairement à l'arc qui les joint, seraient parallèles entre elles, dans toute la rigueur de l'expression. Si ensuite on faisait tourner ces petits arcs de quantités égales et dans le même sens, ils conserveraient encore l'apparence du parallélisme, mais ils ne seraient plus rigoureusement parallèles ; ils occuperaient des positions symétriques dans un fuseau dont le point central serait au milieu de l'arc de jonction des deux localités, et ils s'écarteraient d'autant plus du parallélisme que le fuseau serait plus large et qu'ils seraient plus éloignés de son équateur. On pourrait faire tourner le petit arc de grand cercle de l'une des contrées de manière à le rendre parallèle au prolongement de l'arc tracé dans l'autre contrée, c'est-à-dire perpendiculaire à un arc de grand cercle, perpendiculaire lui-même à l'arc prolongé. Or, la quantité dont le premier petit arc aurait tourné pour prendre cette position aurait pour mesure, comme il est aisé de le lire sur la figure même, l'*excès sphérique* de la somme des trois angles du triangle rectangle formé par l'arc de jonction des deux localités, par le petit arc prolongé et par la perpendiculaire abaissée de l'autre localité sur son prolongement.

L'*excès sphérique* de la somme des trois angles de certains triangles sphériques donne si souvent la mesure des erreurs qui se glissent presque inaperçues dans la comparaison des positions de différents arcs de grands cercles tracés sur une sphère, qu'il est naturel de chercher à se rendre compte, par la considération même de l'*excès sphérique*, de la grandeur que peuvent atteindre, dans tels ou tels cas, les erreurs dont il s'agit.

L'*excès sphérique* se trouve introduit dans les *calculs géologiques* par des motifs analogues à ceux qui le font prendre en considération dans les *calculs géodésiques*. On se sert de l'*excès sphérique* en géodésie pour ramener le calcul d'un triangle sphérique à celui d'un triangle plan; on s'en sert en géologie pour corriger l'erreur que l'on commet en supposant que la surface de la terre se confond avec un plan qui lui serait tangent dans le milieu de la contrée dont on s'occupe.

Rien n'est si fréquent que de raisonner et d'opérer comme si la surface de la terre se confondait avec son plan tangent. On y est conduit par l'apparence de platitude que cette surface présente à nos regards, et par l'habitude de la voir représentée sur des cartes géographiques qui sont des feuilles de papier planes.

Pour nous bien rendre compte des erreurs qui peuvent résulter de cette substitution du plan tangent à la surface sphérique, analysons d'abord une opération très simple.

Lorsqu'on veut planter une longue et large *avenue*, telle par exemple que celle *des Champs-Élysées* à Paris, on commence par en fixer la ligne médiane avec des jalons alignés ; puis aux deux extrémités de cette ligne médiane, on lui élève de part et d'autre des perpendiculaires d'une longueur égale à la moitié de la largeur de l'avenue, et on fixe ainsi les deux extrémités des deux files d'arbres qui doivent la composer ; enfin on aligne tous les arbres de chaque file d'après ses points extrêmes.

Si l'opération est exécutée avec une rigueur mathématique, chacune des deux files d'arbres est un arc de grand cercle et ces deux arcs font partie d'un fuseau dont le milieu de la ligne médiane est le centre. Ils n'ont de rigoureusement parallèles que les deux éléments situés au milieu de leur lon-

gueur. Prolongés l'un et l'autre à chacune
de leurs extrémités par une suite de jalons,
ils iraient se rencontrer aux deux extrémités
opposées d'un même diamètre de la sphère
terrestre; prolongés par leurs tangentes extrêmes, ils se rencontreraient aussi à des
distances qui, sans doute, seraient très
grandes, mais qui ne seraient pas infinies.

On pourrait se proposer de mener par
l'extrémité de l'un de ces arcs une ligne
exactement parallèle à l'extrémité correspondante de l'autre arc, et de déterminer
quel angle ferait cette ligne avec l'extrémité
du premier arc. On aurait ainsi la mesure
du plus grand défaut de parallélisme qui
existe dans la figure.

Cette détermination peut se faire de deux
manières: par les formules ordinaires de la
trigonométrie sphérique, ou par cette considération que l'angle cherché est égal à
l'excès sphérique de la somme des trois angles d'un triangle sphérique rectangle, où
les côtés de l'angle droit sont un des côtés
de l'avenue, et la perpendiculaire abaissée
sur ce côté légèrement prolongé de l'extrémité du côté opposé.

Prenons un exemple, et le calcul même
éclaircira cette double proposition.

Supposons que l'avenue dont il s'agit ait

1,000 mètres de longueur et 30 mètres de largeur. La diagonale de cette avenue formera, avec l'un des côtés et avec la perpendiculaire abaissée sur celui-ci de l'extrémité de l'autre côté, un triangle sphérique rectangle où les deux côtés b et c de l'angle droit seront : 1° b, l'un des côtés de l'avenue, dont la longueur est de 1,000 mètres, prolongé d'une quantité négligeable; 2° c, la perpendiculaire abaissée de l'extrémité du second côté de l'avenue sur le premier légèrement prolongé, perpendiculaire dont la longueur ne différera pas sensiblement de 50 mètres.

Pour déterminer en degrés, minutes et secondes les valeurs de b et c, on aura

$$c = \frac{b}{20}.$$

$$b : 360 :: 1,000^m : 40,000,000^m.$$

$$b = \frac{360°.\ 1000}{40,000,000} = \frac{36°}{4,000} = \frac{540'}{1,000} = 33'',4.$$

$$c = \frac{32'',4}{20} = 1'',620.$$

Les deux angles aigus B et C de ce triangle doivent se déterminer par les formules :

$$\tan B = \frac{\tan b}{\sin c}, \quad \tan C = \frac{\tan c}{\sin b};$$

1. 1*

mais, dans le cas actuel, les valeurs de B et de C, qu'il s'agit de tirer de ces formules, forment une somme si peu différente d'un angle droit, que la différence ne peut être calculée avec les tables de logarithmes ordinaires, ce qui montre que l'*excès sphérique* du triangle dont nous nous occupons est à peu près inappréciable.

En effet, en recourant au second mode de calcul, on trouve, d'après la formule de Legendre (1), pour l'*excès sphérique* du triangle que nous considérons :

$$\varepsilon = \frac{R\,b\,c\,\sin A}{2\,r^{2}} = 0'',00012733,$$

c'est-à-dire environ 13 cent-millièmes de seconde sexagésimale, quantité absolument imperceptible; ce qui montre que les deux côtés de l'avenue, dont nous avons parlé, doivent paraître bien réellement deux lignes droites parallèles.

Mais l'application des mêmes formules prouve qu'il n'en serait plus ainsi d'une avenue mille fois plus grande; or, les rapprochements auxquels on se livre de prime abord lorsqu'on veut comparer entre eux, sous le rapport de leur parallélisme, les ac-

(1) Legendre, *Géométrie e' Trigonométrie*, 1re édition page 426.

cidents topographiques d'une vaste contrée, ses chaînes de montagnes, ses côtes, ses rivières, reviennent à peu près à concevoir une avenue très longue et d'une largeur plus ou moins grande, tracée à travers cette contrée, et à examiner si les accidents topographiques que l'on compare pourraient en border les côtés.

Concevons une pareille avenue de dimensions mille fois plus grandes que celle dont nous venons de nous occuper, c'est-à-dire ayant 1000 kilomètres de longueur et 50 kilomètres de largeur.

En raisonnant sur cette avenue exactement comme sur la précédente, nous aurons à résoudre par les formules :

$$\text{tang } B = \frac{\text{tang } b}{\sin c}, \text{ et tang } C = \frac{\text{tang } c}{\sin b};$$

un triangle sphérique rectangle, dans lequel les deux côtés de l'angle droit seront :

$$b = 9° = 32400''.$$
$$c = 27' = 1020''.$$

on trouvera :

$$B = 87° \ 9' \ 43'' \ 28.$$
$$C = 2° \ 52' \ 27'' \ 30.$$

la somme de ces deux angles surpasse 90° de 2' 10'', 58, qui représentent l'*excès sphérique* du triangle rectangle dont il s'agit.

Calculé par la formule de Legendre, l'*ex-cès sphérique* du même triangle est de 127" 33 ou de 2' 7", 33. La différence de 3", qui existe entre cette solution et la précédente tient à ce que la formule approximative, qui donne l'excès sphérique, n'est déjà plus parfaitement exacte pour un triangle de 1000 kilomètres de côté.

Maintenant, si de l'extrémité de l'un des côtés de notre grande avenue idéale on abaisse une perpendiculaire sur le second côté prolongé d'une petite quantité, puis que par l'extrémité du premier côté on mène une perpendiculaire à cette perpendiculaire, celle-ci sera rigoureusement parallèle à l'extrémité du second côté, et elle fera avec le premier côté un angle égal à l'*excès sphérique* que nous venons de calculer, c'est-à-dire de 2' 10", 58.

Telle est l'erreur la plus grande que comporte, par suite de la sphéricité de la terre, la construction idéale à laquelle nous avons fait allusion en imaginant la vaste avenue dont nous venons de parler; mais il est à remarquer que l'*excès sphérique* des trois angles d'un triangle étant proportionnel à sa surface, la même construction répétée pour une avenue de 100 kilomètres de largeur comporterait une erreur de 4

21″, 16; pour 200 kilomètres de largeur,
l'erreur serait de 8′ 42″, 32; et pour 1,000
kilomètres de largeur de 43′ 31″, 6. Elle
n'atteindrait *un degré* qu'autant que l'avenue de 1,000 kilomètres de longueur aurait une largeur de 1,378 kilomètres, c'est-
à-dire plus grande que sa longueur.

La diagonale du quadrilatère sphérique
orthogonal, dont le côté est de 1,000 kilomètres, est elle-même d'environ $1,000^m \sqrt{2}$
= 1,414 kilomètres, qui font environ 350
lieues. Or, il est aisé de voir que l'erreur
commise sur le parallélisme de deux lignes
passant par deux points donnés de la surface terrestre sera la plus grande possible,
si ces lignes font, avec la ligne de jonction
des deux points, des angles d'environ 45°;
car l'erreur est nulle, si les lignes comparées sont perpendiculaires à la ligne de
jonction des deux points. Elle redevient
nulle si les deux lignes coïncident avec la
ligne de jonction des deux points. L'erreur
maximum correspond évidemment à la position moyenne entre ces deux extrêmes, ainsi
qu'on peut d'ailleurs le démontrer par la
formule même de Legendre.

De là, on peut conclure que tant que
deux points ne sont pas éloignés de plus de
1,100 kilomètres ou 350 lieues, l'erreur

qu'on peut commettre sur le parallélisme de deux lignes qui y passent, en faisant abstraction de la courbure de la terre, ne va jamais à 44'.

Embrassons un espace un peu plus grand encore : concevons que par un point de la surface de la terre on mène deux grands cercles perpendiculaires entre eux qui pourront être, par exemple, une méridienne et sa perpendiculaire, mais qui pourront avoir aussi une tout autre orientation. A partir du point où les deux grands cercles se coupent à angle droit, mesurons sur chacun d'eux une distance égale à $7° \frac{1}{2}$ du méridien, et par les quatre points ainsi déterminés, élevons des perpendiculaires sur les deux grands cercles. Par cette construction, qui est analogue à celle sur laquelle repose la *projection de Cassini*, nous formerons un quadrilatère sphérique orthogonal dont les quatre côtés seront égaux, et dont les quatre angles seront de même égaux entre eux, quadrilatère qui se rapprochera d'un carrré autant que peut le faire une figure tracée sur une sphère. Ce quadrilatère serait même un carré exact s'il était infiniment petit, mais il aura un diamètre égal à 15° du méridien, et ses quatre angles égaux entre eux surpasseront chacun 90° d'une quanlité qui, répétée quatre fois, formera ce qu'on pourra appeler l'*excès sphérique* de la figure entière.

Maintenant les quatre côtés du quadrilatère sont rigoureusement parallèles deux à deux dans leurs points milieu ; mais à leurs extrémités ils ne sont plus parallèles, bien que les diagonales fassent avec eux des angles égaux ; ils s'écartent du parallélisme d'une quantité égale à la moitié de l'*excès sphérique* de la figure totale, c'est-à-dire au double de l'excès de chacun des quatre angles sur 90°. Il est aisé de voir que cette quantité est égale à quatre fois l'*excès sphérique* d'un triangle sphérique rectangle dont l'un des côtés de l'angle droit est de $7° \frac{1}{2}$, et dont l'un des angles aigus est de 45°. Le second angle aigu C de ce triangle se calcule par la formule $cos\ C = cos\ c\ sin\ B$, qui donne $cos\ C = cos\ 7° 30'\ sin\ 45''$, et $C = 45° 29' 17''$. Cet angle excède 45° de 29' 17'', et en quadruplant cette quantité, ce qui donne 1° 57' 8'', on a celle dont les extrémités correspondantes des côtés de notre quadrilatère s'écartent du parallélisme.

Or notre quadrilatère a une largeur égale à 15° du méridien, c'est-à-dire à environ 1,667 kilomètres, ou un peu plus de 400 lieues. Il pourrait embrasser la France avec

la plus grande partie des Iles Britanniques,
de l'Allemagne et de l'Italie septentrionale.
Les deux points situés aux deux extrémités
d'une de ses diagonales, sont éloignés de
plus de 2,350 kilomètres ou de près de
600 lieues, et cependant l'erreur la plus
grande qu'on puisse commettre, en comparant des lignes situées aux deux extrémités
de cette diagonale de la manière la plus dé-
favorable, ne s'élève pas à 2°. Ce résultat
est conforme au précédent, auquel nous
étions parvenu par une voie un peu différente; car, pour des distances bien éloignées
encore d'être égales au quart du méridien,
les excès sphériques de triangles semblables
auxquels elles servent de base sont à peu
près proportionnels à leurs carrés ; or on a
$(1,414)^2 : 43' 31'',6 : : (2,350)^2 : x =$
$2° 0' 13''$, proportion dont le quatrième
terme ne diffère de $1° 57' 8''$ que de $3' 5''$,
et cette différence vient, en partie, de ce
que je n'ai calculé que d'une manière approximative les diagonales dont j'ai comparé
les carrés. La diagonale de 2,350 kilomètres
est à peu près égale à la distance de Lis-
bonne à la pointe nord de l'Écosse, ou de
Naples à Christiania. On peut conclure de là
que lorsque l'on comparera entre elles des
directions observées dans l'Europe occiden-

tale moyenne, en négligeant l'effet de la
courbure de la terre, mais en tenant compte
de la convergence des méridiens vers le
pôle, on ne commettra que rarement une
erreur de 2°. Lorsqu'on procède par la méthode graphique, sur la projection stéréographique, on tient compte non seulement de
la convergence des méridiens vers le pôle,
mais aussi de la correction relative à l'excès
sphérique. De là il résulte qu'il faudrait
être très maladroit pour pour commettre
une erreur de 2° dans l'application de cette
méthode à la comparaison de directions observées dans deux points de l'Europe occidentale.

Il y aurait cependant un cas où, dans l'emploi de la méthode trigonométrique, les erreurs pourraient devenir plus considérables ;
ce serait celui où l'on procéderait de manière
à en accumuler plusieurs : ce qui arriverait
par exemple si, au lieu de comparer directement un point à un autre, on le compa-
rait par l'intermédiaire d'un troisième, ainsi
qu'on peut le faire impunément lorsqu'on
opère sur un plan. En effet, on ajoute alors
à l'erreur qui résulterait de la distance des
deux points comparés, une quantité égale à
l'excès sphérique des trois angles du triangle formé par les deux points comparés et

1.   7

par le point intermédiaire, quantité qui peut être additive aussi bien que soustractive.

Ceci s'éclaircira par quelques exemples. Il s'agit, par exemple, de savoir quelle devrait être l'orientation d'une ligne passant à Bayreuth pour qu'elle fût parallèle à une ligne passant au Binger-Loch, sur le Rhin, au-dessous de Bingen, et dont l'orientation est donnée.

Pour y parvenir d'une manière approximative, en faisant abstraction de la courbure de la terre, on joint le Binger-Loch à Bayreuth par un arc de grand cercle, et on détermine la différence des angles alternes internes formés par cet arc avec les méridiens du Binger-Loch et de Bayreuth. La différence est de 2° 52′ 25″; de manière que si une ligne se dirige au Binger-Loch, à l'E. 32° N., celle qui, à Bayreuth, fera le même angle avec l'arc de jonction, et qui sera réputée parallèle à la première, se dirigera à l'E. 29° 7′ 35″ N.

Mais si l'on commence par mener une parallèle à la ligne donnée au Binger-Loch, par la cime de Brocken, point le plus élevé du Hartz, puis que par Bayreuth on mène une parallèle à celle menée par le Brocken, on trouvera que du Binger-Loch au Brocken

la différence des angles alternes internes
formés par la ligne de jonction des deux
points avec leurs méridiens respectifs est de
2° 9′ 2″. Du Brocken à Bayreuth, la différence est de 46′ 2″. D'après les positions de
ces divers points, les différences doivent
s'ajouter, ce qui donne 2° 55′ 4″, au lieu de
2° 52′ 25″ pour la différence d'orientation
que devraient présenter deux directions
parallèles entre elles, l'une au Binger-Loch,
l'autre à Bayreuth. La différence est de 2′ 39″.

Il est aisé de voir que cette différence
doit être exactement égale à l'excès sphérique du triangle Binger-Loch — Brocken
— Bayreuth ; et tout en me bornant à la
calculer par des moyens expéditifs, je lui ai
trouvé une valeur bien peu différente de
celle-là. En effet, les longueurs des trois
côtés de ce triangle (mesurées simplement
sur la carte) sont de 289 kilomètres (72
lieues), de 272 kilomètres (68 lieues), et de
219 kilomètres (54 lieues), et l'angle compris entre les deux premiers est de 45° 45′.
De là il résulte, d'après la formule de Legendre, que l'excès sphérique du triangle
est de 2′ 23″ : cela fait 16″ seulement de
moins que nous n'avions trouvé il y a un
instant ; et il est à remarquer qu'outre les
légères inexactitudes qu'entraîne nécessai-

rement l'emploi du tableau de la page **44,** je me suis borné à calculer l'*excès sphérique* d'après des mesures grossières. Une petite partie de cette différence peut aussi résulter de ce que le triangle Binger-Loch—Brocken —Bayreuth est beaucoup plus grand que les triangles de 8 à 10 lieues de côté générale- ment employés dans les réseaux géodési- ques, et auxquels la formule est particuliè- rement adaptée.

Dans l'exemple donné par Legendre, les deux côtés du triangle employés dans le cal- cul ont seulement, l'un 38,829 mètres (9 lieues), et l'autre 33,260 mètres (8 lieues), et l'excès sphérique est seulement de 9″,48 décimales, qui correspondent à 3″,07 sexa- gésimales ; cette quantité est complétement négligeable dans une opération géologique : ainsi quand on compare des points situés seulement à 8 ou 10 lieues les uns des au- tres, il n'y a absolument aucun motif pour tenir compte de la courbure de la terre, et, par conséquent, il est indifférent de compa- rer les points entre eux directement ou par l'intermédiaire les uns des autres. Quoique l'*excès sphérique* de la somme des trois an- gles d'un triangle soit proportionnel à sa surface, elle n'est encore que bien peu con- sidérable et bien peu importante au point de vue géologique, dans le triangle Binger-Loch—Brocken—Bayreuth , puisqu'elle se réduit à 2' 23″; d'où il résulte que, même en opérant sur cette échelle, on peut encore comparer les points entre eux dans un ordre quelconque , sans craindre d'accumuler des erreurs appréciables en géologie. Mais il n'en serait plus de même s'il s'agissait de comparer des points éloignés de 12 à 1,600 kilomètres (300 à 400 lieues).

Considérons , par exemple, le triangle dont les trois sommets seraient Keswick en Cumberland, Prague en Bohême, et Ajaccio en Corse.

On trouve que, de Keswick à Prague , la différence des angles alternes internes que forme la ligne de jonction des deux points avec leurs méridiens respectifs, calculée rigoureusement, est de 13° 41′ 42″, tandis que de Keswick à Ajaccio cette différence est de 8° 44′ 22″, et, d'Ajaccio à Prague, de 4° 7′ 40″. Ces deux dernières différences réunies ne donneraient que 12° 52′ 2″; la différence trouvée directement est de 13° 41′ 42″, c'est-à-dire plus grande de 49′ 40″.

Cette différence répond à l'excès sphérique du triangle Keswick-Ajaccio-Prague. En effet, le côté Keswick-Prague a environ 1,259 kilomètres (415 lieues), et le côté Keswick-

I.   7*

Ajaccio a approximativement 1,630 kilomètres (407 lieues); l'angle compris entre ces
deux côtés est d'environ 38°20'. Ces données
approximatives, introduites dans la formule
de Legendre, donnent, pour l'excès sphérique
du triangle, 53′ 55″, c'est-à-dire 4′ 15″ de
plus que nous n'avions trouvé directement,
différence qui provient sans doute en partie
de l'imperfection des mesures prises simplement sur la carte et nécessairement aussi de
ce que la formule de l'excès sphérique n'est
plus complétement exacte pour un aussi grand
triangle.

On voit qu'en passant par Ajaccio, pour
comparer Keswick à Prague, on joindrait une
erreur de plus de trois quarts de degré à celle
qui résulterait déjà de la distance de Keswick
à Prague; mais, ce qu'il importe de remarquer, c'est que l'erreur est ici soustractive,
tandis que, dans le cas du triangle Binger-
Loch-Brocken-Bayreuth, l'erreur était additive. Il est facile de se rendre compte de
cette circonstance, d'après les positions respectives des points comparés entre eux, et
cela permet de concevoir que, lorsqu'on a à
opérer un certain nombre de comparaisons
de ce genre et à en prendre le résultat moyen,
il peut se faire que les erreurs résultant de
la courbure de la terre soient en sens inverse
les unes des autres et arrivent à se détruire

en partie ou même complétement. C'est ce
qui arrive de soi-même, lorsque le point
choisi pour *centre de réduction* est à peu près
central par rapport au réseau formé par tous
les points d'observation. Dans ce cas, au lieu
d'avoir à craindre dans le résultat une erreur moyenne, par exemple d'un degré, résultant de l'effet négligé de la courbure de
la terre, on peut compter que l'erreur de la
moyenne se réduit à quelques minutes, et
rentre par conséquent dans les limites que
ne peut dépasser la précision des observations
de direction.

Cette circonstance permet, comme nous le
verrons bientôt, de prendre, par un procédé
très simple et très expéditif, et cependant
suffisamment exact, la moyenne d'un grand
nombre d'observations de directions faites
dans des contrées assez distantes les unes des
autres, par exemple, dans presque toute
l'étendue de l'Europe occidentale.

Au *surplus*, comme je l'ai déjà dit, l'erreur commise relativement à chaque point,
par l'effet de la courbure de la terre, a pour
mesure l'*excès sphérique* d'un triangle rectangle qui a pour hypothénuse la distance
de ce point au *centre de réduction*, et dont
l'un des angles aigus est celui formé au
point que l'on considère par la direction qu'on
y a observée et par la ligne de jonction avec

le *centre de réduction*. On peut calculer tous ces *excès sphériques* et voir de combien la somme de ceux qui sont additifs surpasse la somme de ceux qui sont soustractifs, puis tenir compte de la différence dans le calcul de la direction moyenne rapportée au *centre de réduction*. On verra aisément que, pour arriver au résultat avec toute l'approximation qu'on peut désirer, il suffit de calculer les *excès sphériques* de ceux des triangles rectangles indiqués, dont l'aire est la plus grande, et qu'on distingue aisément sur la carte.

En réduisant ces calculs au degré d'approximation strictement nécessaire, on peut les simplifier considérablement et les exécuter d'une manière très expéditive.

La formule donnée par Legendre (1) pour calculer l'excès sphérique ε des trois angles d'un triangle dont deux côtés, b et c, forment entre eux un angle A, se réduit, lorsqu'on veut obtenir la valeur de ε en secondes sexagésimales, à

$$\varepsilon = \frac{b.\,c.\,\sin A.\,1,296,000.\,\pi}{4\,(20,000,000)^2}$$
$$= \frac{b.\,c.\,\sin A.\,81.\,\pi}{100,000,000,000}.$$

(1) Legendre, *Géométrie et Trigonométrie*, 10ᵉ édition, page 426.

Si le triangle sphérique auquel on doit appliquer cette formule est rectangle, que b soit son hypothénuse, c l'un des côtés de l'angle droit, et A l'angle aigu compris entre ce côté et l'hypothénuse, on aura :

$$\cos A = \frac{\tang c}{\tang b};$$

et pourvu que b soit de beaucoup inférieur à 90°, qu'il ne dépasse pas, par exemple, 15 à 20°, on pourra, sans erreur considérable, remplacer le rapport des tangentes par celui des arcs, et admettre que l'on a approximativement :

$$\cos A = \frac{c}{b}, \qquad c = b \cos A.$$

En substituant cette valeur de c dans celle de ε, en ayant égard à la relation $\sin 2 A = 2 \sin A \cos A$, et, en supposant que b est exprimé, non plus en mètres, mais en kilomètres, on réduit l'expression de ε à la forme

$$\varepsilon = \frac{b^2 . \sin 2 A . 81 . \pi}{200,000}.$$

Cette formule donnera approximativement l'*excès sphérique* relatif à l'un des points d'observation, en y substituant, à la place de b, la distance de ce point au *centre de réduc-*

tion, exprimée en kilomètres, et pour A, l'angle formé en ce point par la direction qu'on y a observée et par la ligne menée au *centre de réduction*. On peut se contenter de mesurer cette distance et cet angle sur la carte. Le calcul est ensuite facile à exécuter ; mais on peut encore, dans une foule de cas, se dispenser de le faire, en en prenant à vue le résultat approximatif dans le tableau suivant dont la construction et l'usage s'expliquent d'eux-mêmes, et qui rendra, pour ce second objet, des services analogues à ceux que peut rendre le tableau de la page 44. Il a suffi d'y insérer les valeurs de A comprises entre 0 et 45°, attendu qu'à partir de A$=$45°, qui donne 2 A$=$90°, les valeurs de *sin* 2 A rentrent dans celles qui se rapportent à des valeurs de A moindres que 45°.

200,000

A	5°	10°	15°	20°	25°	30°	35°	40°	45°
kilom.	2″	4″	6″	8″	10″	1″	12″	13″	15″
b=100	9	17	25	55	59	44	48	50	51
200	20	50	57	1′14	1′28	1′59	1′48	1′55	1′55
300	55	1′10	1′42	2 11	2 36	2 56	5 11	5 21	5 24
400	55	1 49	2 59	3 24	4 4	4 55	4 59	5 15	5 18
500	1′20	2 57	3 49	4 54	5 51	6 57	7 10	7 51	7 58
600	1 48	3 55	5 12	6 41	7 57	9 00	9 46	10 14	10 25
700	2 21	4 59	5 75	8 45	10 24	11 45	12 45	15 22	15 54
800	2 59	5 52	6 47	11 2	13 9	14 52	16 8	16 55	17 11
900	5 41	7 15	8 75	13 58	16 17	18 22	19 56	20 55	21 12
1000	4 27	8 47	10 56	16 50	19 59	22 15	24 7	25 16	25 40
1100	5 18	10 27	12 59	19 58	25 25	26 27	28 42	50 4	50 52
1200	6 15	12 15	15 16	25 2	27 50	51 2	55 41	55 18	55 50
1300	7 15	14 15	17 55	26 45	51 50	55 59	59 5	40 55	41 54
1400	8 17	16 19	20 47	50 40	56 52	41 19	44 50	46 59	47 42
1500	9 26	18 54	25 51	54 54	41 55	47 1	51 1	55 28	54 17
1600	10 59	20 58	27 9	59 24	46 56	55 5	57 55	1° 0 21	1° 1 17
1700	11 56	25 50	50 59	44 10	52 57	59 50	1° 4 54	1 7 40	1 8 42
1800	15 18	26 11	54 21	49 12	58 58	1° 6 18	1 11 56	1 15 25	1 16 55
1900	14 44	29 1	58 47	54 51	1° 4 58	1 15	1 42	1 22	1 24
2000			42 25						

Il est aisé de constater **le degré** d'approximation des valeurs de ε que renferme ce tableau. A et C étant les deux angles aigus du triangle rectangle, l'*excès sphérique* de ses trois angles sera $\varepsilon = A + C - 90^\circ$. A étant mesuré sur la carte de même que le côté b, on déterminera C par la formule *cot* $C = \cos b$ *tang* A ; ici b doit être exprimé, non plus en kilomètres, mais en degrés, minutes et secondes. Si k est sa mesure en kilomètres pris sur la carte, on aura :

$$b : k :: 90^\circ : 10,000 ; \quad b = \frac{k}{10,000} \, 90^\circ.$$

Cette première réduction opérée, on n'aura que deux logarithmes à chercher pour trouver celui de *cot* C.

Supposons, par exemple,

$$A = 40^\circ, \quad k = 1,000,$$

nous aurons d'abord

$$b = \frac{1}{10} \, 90^\circ = 9^\circ,$$

et nous trouverons :

$$cot\ C = \cos 9^\circ \, tang\ 40^\circ ;$$
$$C = 50^\circ\ 20'\ 57''$$

d'où

$$\iota = 50° + 40° 20' 50'' - 90° = 20' 57''.$$

Supposons encore

$$A = 45°, \; k = 2,000 ,$$

nous aurons

$$b = \frac{2}{10} 90° = 18°,$$

et nous trouverons

$$C = 46° 26' 12'',$$

d'où

$$\iota = 45° + 46° 26' 12'' - 90° = 1° 26' 12''.$$

Le tableau donne approximativement les valeurs correspondantes de ε, qui sont :

$$\varepsilon = 20' 53'' \text{ et } \varepsilon = 1° 24' 49''.$$

Ces valeurs approximatives sont plus petites que les valeurs exactes ; la première de 4'', et la seconde de 1' 23''; mais les différences, surtout la première, sont très petites. On voit par là que les valeurs de ε, données par la formule approximative et celles données par un calcul rigoureux, ne diffèrent que de quantités qui, pour notre objet, sont à peu près insignifiantes. Ces valeurs ne diffèrent d'une manière un peu notable que vers la fin du tableau ou la seconde des deux valeurs de ε, que nous venons de considérer, occupe la dernière place ; mais l'erreur est encore si peu considérable, même pour cette dernière, qu'il ne peut y avoir aucun inconvénient réel à employer les valeurs approximatives à la place des valeurs rigoureuses.

Les valeurs rigoureuses sont, au reste, si faciles à calculer, qu'on pourra aisément les déterminer dans tous les cas où l'on en aura besoin, soit dans l'étendue embrassée par le tableau, soit au delà de ses limites. Peut-être, en voyant combien ces valeurs rigoureuses sont faciles à obtenir, s'étonnera-t-on que je me sois borné à consigner dans le tableau les valeurs approximatives ; mais on aura le secret de cette préférence en remarquant que la forme de la formule approximative m'a permis de remplir les 180 cases du tableau sans effectuer complétement le calcul pour chacune d'elles, facilité que la formule rigoureuse ne me donnait pas. Avec cette dernière, il m'aurait fallu répéter 180 fois le calcul logarithmique.

La progression que suivent les deux différences que je viens de citer montre que la formule approximative qui donne l'*excès sphérique*, presque rigoureusement exacte pour les triangles dont le plus grand côté n'a pas plus de 1,000 kilomètres, l'est déjà beaucoup moins pour ceux dont le plus grand côté en a 2,000 , et deviendrait rapidement de plus en plus inexacte , si on l'appliquait à des triangles plus grands encore.

En faisant usage du tableau pour tous les cas auxquels il pourra s'appliquer, et en recourant, pour le petit nombre de ceux auxquels il ne s'appliquera pas, au calcul complet du triangle sphérique rectangle, on obtiendra aisément pour le *centre de réduction* une *direction moyenne dont on pourra toujours répondre à quelques minutes près.*

J'en donnerai ci-après des exemples, en m'occupant successivement des divers Systèmes de montagnes dont j'ai déterminé la direction par la voie du calcul.

Ainsi que nous l'avons déjà dit, le nombre total des Systèmes de montagnes qui peuvent être distingués sur la surface du globe, est encore indéterminé. On ne peut même fixer précisément le nombre de ceux qui traversent l'Europe occidentale, et dont la formation paraît avoir déterminé les principales divisions que présente la série des terrains sédimentaires de nos contrées.

Mon premier travail sur cette matière, lu par extrait à l'Académie des sciences, le 22 juin 1829, était intitulé: Recherches sur

QUELQUES UNES DES RÉVOLUTIONS DE LA SURFACE DU GLOBE, *présentant différents exemples de coïncidence entre le redressement des couches de certains systèmes de montagnes, et les changements soudains qui ont produit les lignes de démarcation qu'on observe entre certains étages consécutifs des terrains de sédiment.*

Les exemples de ce genre de *coïncidence*, dont j'avais cru pouvoir dès lors entretenir l'Académie, étaient au nombre de *quatre* seulement; c'étaient ceux qui se rapportent aux *Systèmes* de la *Côte d'Or*, des *Pyrénées*, des *Alpes occidentales* et de la *chaîne principale des Alpes*. J'y joignais, mais sous une forme hypothétique, un aperçu sur l'origine plus récente du *Système des Andes*.

Les Systèmes dont nous venons de parler figurent seuls dans le Rapport que M. Brongniart a fait à l'Académie des sciences sur ce sujet, le 26 octobre 1829, et dans l'article que M. Arago a bien voulu lui consacrer dans l'*Annuaire du bureau des longitudes* pour 1830.

J'avais cru devoir me borner d'abord aux exemples de *coïncidence* qui paraissaient alors les plus frappants et les plus incontestables; mais, en imprimant le Mémoire *in extenso*, dans les *Annales des sciences naturelles*,

t. XVIII et XIX (1829 et 1830), je n'ai pas
négligé d'indiquer en note d'autres exemples
du même genre de coïncidence, qui avaient
déjà à mes yeux un assez grand caractère de
certitude pour mériter d'être enregistrés ;
car j'étais convaincu que le rapprochement
général que je cherchais à établir entre les
révolutions de la surface du globe et l'apparition successive d'autant de Systèmes de
montagnes diversement dirigés, paraîtrait
d'autant moins hasardé que je pourrais citer
un plus grand nombre d'*Exemples de coïncidence*.

Par l'effet de ces indications subsidiaires,
le nombre des exemples de coïncidence se
trouvait déjà porté à neuf, sans parler du
Système des Andes; mais là ne s'arrêtaient
pas mes espérances, car je disais (*Annales
des sciences naturelles*, t. XIX, p. 231, 1830):
« Quand même les recherches dirigées vers
» ce but auraient été poursuivies pendant
» longtemps, il serait difficile que le nombre
» des connexions de ce genre qu'on aurait
» reconnues présentât quelque chose de fixe
» et de définitif. Outre les quatre *coïnciden-
» ces* auxquelles j'ai consacré les quatre
» chapitres de ce Mémoire, j'en ai ensuite
» indiqué d'autres dans les notes qui y sont
» ajoutées; et, ces premiers résultats, s'ils

I.   8*

» sont exacts, ne seront peut-être encore
» que la moindre partie de ceux qu'on peut
» prévoir, lorsqu'on considère combien d'au-
» tres interruptions présente la série des
» dépôts de sédiment, et combien d'autres
» Systèmes de montagnes hérissent la surface
» du globe. »

Le même volume contient une planche
coloriée (pl. III) qui est intitulée : *Essai d'une
coordination des âges relatifs de certains dépôts de sédiment et de certains Systèmes de
montagnes ayant chacun leur direction*. Cette
planche, qui était le tableau graphique de
mes premiers résultats, présentait, rangés de
gauche à droite, neuf Systèmes de montagnes
(sans compter celui des Andes), tous désignés
suivant la méthode dont je me suis fait une
règle constante, d'après des motifs que j'ai
indiqués dès l'origine et que je rappellerai
ci-après, non par des numéros d'ordre, mais
par des *noms géographiques*, et, pour compléter l'expression de ma thèse fondamentale, j'y avais fait graver la note suivante :
« On a laissé en blanc les montagnes dont la
» place dans la série n'est encore que présu-
» mée : De vastes Systèmes, tels que ceux
» des côtes de Mozambique et de Guinée, ont
» dû être complétement omis ; mais les mo-
» difications qu'on peut prévoir dans cette

» série provisoire, la changeraient difficile-
» ment au point de porter directement à
» croire qu'elle soit terminée, et que l'écorce
» minérale du globe terrestre ait perdu la
» propriété de se rider successivement en
» différents sens. »

Depuis lors, cette *série provisoire* a reçu
plusieurs termes nouveaux qui s'y sont ajoutés ou intercalés sans en changer la forme
générale, et sans modifier en rien les induc-
tions auxquelles elle conduit si naturellement. Je crois pouvoir admettre dès aujour-
d'hui, dans ma série, cinq termes plus anciens que le plus ancien redressement de
couches figuré dans mon premier tableau, et
je conserve l'espérance que des recherches
ultérieures nous feront pénétrer plus loin
encore dans la nuit des premiers temps
géologiques.

Depuis quelques années, les géologues ont
marché dans cette direction avec une ardeur
toute spéciale. C'est, en effet, dans le domaine
des terrains fossilifères anciens, antérieurs
au calcaire carbonifère, que la géologie a fait
récemment, dans les deux hémisphères, les
conquêtes les plus importantes. Elle les doit
particulièrement aux travaux de MM. Murchison et Sedgwick, en Angleterre; à ceux
de MM. Murchison, Sedgwick, de Verneuil

et d'Archiac, dans les provinces rhénanes ; de MM. Murchison, de Verneuil et de Key-serling, en Russie et dans les monts Ourals ; des géologues américains et de MM. Lyell et de Verneuil, dans les contrées transatlanti-ques.

Je suis parti des faits connus ; je ne pou-vais devancer ces vastes conquêtes ; mais ma théorie aurait manqué d'un des éléments les plus essentiels de la vitalité scientifique, la faculté du progrès, si elle n'avait pas été apte à faire un pas immédiat à la suite des grands résultats que je viens de rappeler. J'ai essayé de faire ce nouveau pas, dans un Mémoire que j'ai soumis, en 1847, à la So-ciété géologique, et dont le présent article renferme toute la substance. J'en ai préparé lentement les éléments au fur et à mesure des observations. D'après l'ensemble des faits qui me sont aujourd'hui connus, je crois que les différents *Systèmes de montagnes* dont l'existence a été démontrée ou indiquée dans l'Europe occidentale, peuvent être classés avec beaucoup de probabilité dans l'ordre dans lequel je vais les parcourir, en commen-çant par les plus anciens.

Je vais consacrer un paragraphe à chacun de ces Systèmes et, par cela seul que ces pa-ragraphes seront placés l'un à la suite de

l'autre , ils auront des numéros d'ordre que
je ne puis me dispenser d'inscrire en tête de
chacun d'eux, mais je dois rappeler, comme
je l'ai fait maintes fois, que ces numéros ont
un caractère essentiellement provisoire, attendu que, chaque fois qu'on parviendra à
constater, dans l'Europe occidentale, l'existence d'un nouveau Système de montagnes,
on devra augmenter d'une unité les numéros de tous les Systèmes postérieurs. C'est
cette considération qui m'a engagé, dès l'o-
rigine, à désigner chaque Système par un
nom géographique tiré d'une montagne ou
d'une localité où son existence était constatée.

I. Système de la Vendée.

M. Rivière, qui a beaucoup étudié les terrains du département de la Vendée et du
littoral S.-O. de la Bretagne, a signalé, dans
ces contrées, un Système de dislocations dirigé
à peu près du N.-N.-O. au S.-S.-E., qu'il
regarde comme ayant été produit antérieurement à toutes les autres dislocations dont
sont affectées les couches très anciennes et
très accidentées qu'on y observe; c'est ce
Système de dislocations que je propose de
désigner sous le nom de *Système de la Vendée.*

Je ne suis pas éloigné de penser qu'une partie des nombreux plissements que présentent les schistes verts lustrés de l'île de Belle-Ile appartiennent à ce Système, dont la direction s'y reproduit très fréquemment ; et peut-être M. Boblaye a-t-il déjà signalé, sans le savoir, un accident stratigraphique, en rapport avec ce système, en parlant de la direction N.-N.-O. qu'affecte la stratification du micaschiste et du granite, à partir de Saint-Adrien, près Redon, en suivant les bords du Blavet jusqu'à Pontivy (1).

On peut s'attendre à trouver des traces du même système dans beaucoup d'autres parties de l'Europe.

II. Système du Finistère.

Les roches schisteuses anciennes, qui forment le sol fondamental de la presqu'île de Bretagne, sont affectées de dislocations nombreuses qui les ont redressées en différents sens. Ces dislocations ne sont pas toutes contemporaines ; on s'aperçoit de la diversité de leurs âges en remarquant que certains dépôts sédimentaires sont affectés par les unes tandis qu'ils échappent aux autres,

(1) Puillon-Boblaye, *Essai sur la configuration et la constitution géologique de la Bretagne ; Mémoires du Muséum d'histoire naturelle,* t. XV, p. 75 (1827).

et en observant la manière dont elles se croisent quand elles viennent à se rencontrer mutuellement.

Il en existe un certain nombre qui ont pour caractère commun de s'éloigner peu de la direction E. 20 à 25 N., et d'être plus anciennes que toutes les autres (le Système de la Vendée excepté). Elles se dessinent très nettement dans la pointe comprise entre la rade de Brest et l'île de Bas. Je propose de les désigner collectivement sous le nom de *Système du Finistère*.

Dans le chapitre III de l'*Explication de la carte géologique de la France*, M. Dufrénoy partage les terrains de transition de la presqu'île de Bretagne en deux grandes divisions, dont l'inférieure est désignée sous le nom de *terrain cambrien*, et dont la supérieure comprend le *terrain silurien* et le *terrain dévonien*. « Les couches du *terrain cam-* » *brien*, dit M. Dufrénoy, généralement » inclinées à l'horizon de 70 à 80°, sont » orientées de l'E. 20° N. à l'O. 20° S. Elles » ont été placées dans cette position par le » soulèvement du Granite à grains fins (1). »

Cette direction se rapporte surtout à la partie centrale de la Bretagne, notamment

(1) Dufrénoy, *Explication de la Carte géologique de la France*, chap. III, t. I, p. 208.

à la route de Ploërmel à Dinan. Dans la partie occidentale, les directions s'éloignent un peu plus de la ligne E.-O. Dans le Bocage de la Normandie et dans le département de la Manche, elles s'en rapprochent, au contraire, davantage.

« Près du cap de la Hague, dit M. Dufré-
» noy, au contact de la Syénite, le schiste
» qui forme la côte d'Omonville est tal-
» queux ; il contient de petits cristaux d'Am-
» phibole disposés dans le sens de la strati-
» fication. Les couches de ce schiste plon-
» gent N. 16° O. et se dirigent E. 16° N.,
» presque exactement suivant la ligne de
» dislocation propre au terrain cambrien...
» Dans les carrières d'Équeudreville, près
» de Cherbourg, les couches de schiste se
» dirigent à l'E. 18° N., et plongent de 75°
» vers le N. (1). Aux environs de Saint-Lô,
» la direction générale des schistes est à l'E.
» 20° N. (2). Au pont de la Graverie, on
» exploite plusieurs carrières dans un schiste
» bleuâtre et satiné, dont la stratification
» est dirigée à l'E. 18° N. avec une incli-
» naison de 80° (3). »

(1) Dufrénoy, *Explication de la Carte géologique de la France*, chap. III, t. I, p. 212.
(2) *Ibid.*, p. 213.
(3) *Ibid.*, p. 214.

Dans la partie occidentale de la presqu'île, les roches schisteuses anciennes sont généralement affectées de la direction E. 20 à 25° N., qui est la même que celle dont nous venons de parler, modifiée par l'effet de la différence de longitude. Cette direction se montre surtout, d'une manière très prononcée, dans les micaschistes et les gneiss qui forment le sol de la ville de Brest, et d'une grande partie de la large pointe comprise entre la rade de Brest et l'île de Bas. M. Puillon-Boblaye avait déjà été frappé de ce fait que, dans la région dont je viens de parler, la stratification, quoique rapprochée de la direction N.-E. S.-O., n'est plus la même que dans les autres parties de la Bretagne, où il l'indique comme comprise entre le N.-E. et le N.-N.-E. ; je trouve la trace de cette remarque, qu'il m'avait communiquée de vive voix, dans les expressions suivantes de son important Mémoire sur la géologie de la Bretagne. « Des côtes de la » Manche à Landernau, la direction des » strates est *dans le sens* du N.-E. au » S.-O. (1). » La direction E. 20 à 25° N. se retrouve encore dans les schistes micacés

(1) Puillon-Boblaye, *Essai sur la configuration et la constitution géologique de la Bretagne, Mémoires du Muséum d'histoire naturelle*, t. XV, p. 66 (1827).

et chloritiques qui font partie de la pointe méridionale entre Gourin et Quimper.

Dans le Bocage de la Normandie, ainsi qu'en beaucoup de points de la Bretagne, notamment au pied méridional de la Montagne-Noire près de Gourin, les premières assises du terrain silurien sont superposées, en stratification discordante, sur les tranches des couches plus anciennes redressées par les dislocations dont nous venons de parler. M. Lefébure de Fourcy, ingénieur des mines, dans sa *Description géologique du département du Finistère*, cite aussi une superposition semblable sur le rivage méridional du Goulet de Brest, depuis la pointe des Espagnols jusque près de Kerjean, et sur la côte méridionale de la rivière de Landernau.

La direction E. 20 à 25° N. des schistes les plus anciens se reproduit aussi quelquefois dans les couches siluriennes. M. L. Frapolli cite de nombreux exemples de ce fait dans son excellent *Mémoire sur la disposition du terrain silurien dans le Finistère, et principalement dans la rade de Brest* (1). Mais ces directions, que les couches siluriennes ne conservent pas sur de grandes

(1) *Bulletin de la Société géologique de France*, 2ᵉ série, t. II, p. 517.

longueurs, ne sont probablement que des reproductions accidentelles de celles des couches inférieures , reproductions dont j'ai
cité depuis longtemps, et dont je décrirai
plus loin un exemple frappant dans les couches dévoniennes et carbonifères de la Belgique , où reparaît souvent la direction
naturelle du terrain ardoisier. M. L. Frapolli dit, avec beaucoup de raison , je
crois, que « ces directions anormales qu'af-
» fecte le terrain silurien du nord du Finis-
» tère sont une des meilleures preuves de
» la présence du terrain cambrien au-des-
» sous des grès qui forment la base du pre-
» mier ; elles sont l'effet de cette présence ;
» elles n'existeraient pas sans cela (1). »

Les directions que je viens de citer con-
cordent ensemble d'une manière extrêmement remarquable. Pour s'en convaincre
il suffit de les rapporter toutes à un même
point, par exemple à Brest, pris comme
centre de réduction. En transportant toutes
ces directions à Brest, sans tenir compte
de l'excès sphérique qui ne donnerait ici que
des corrections insignifiantes , mais en tenant compte approximativement de la convergence des méridiens vers le pôle, au

(1) Frapolli, *Bulletin de la Société géologique de France*,
2ᵉ série, t. II, p. 561.

moyen du tableau de la page 44, nous formerons le tableau suivant :

Brest.	E. 20 à 25°	. . . . . . N.
Ile d'Ouessant. . . .	E. 25 à 30	— 1° 25′ 15″ N.
Ploërmel	E. 20	+ 1 35 26 N.
Omonville..	E. 16	+ 1 54 » N.
Équeudreville. . . .	E. 18	+ 2 9 13 N.
Saint-Lô.	E. 20	+ 2 52 44 N.
Pont de la Graverie.	E.	+ 2 52 44 N.

En faisant la somme, on trouve 137° à 147° + 10° 16′ 52″, qui se réduisent en moyenne à 152° 16′ 52″. En divisant par 7, nombre des points d'observation, on a pour la direction moyenne du *Système du Finistère* rapportée à Brest, E. 21° 45′ 16″ N.

Cette direction cadre avec les observations d'une manière qui devra paraître satisfaisante, si l'on remarque surtout combien de bouleversements ont affecté le sol de la Bretagne, après celui dont le *Système du Finistère* est la trace. Pour s'assurer de cet accord, il suffit de reporter la direction obtenue à chacun des points d'observation, et de la comparer à la direction observée. On forme ainsi le tableau suivant :

	DIRECTION						DIFFÉRENCE.		
	calculée.				observée.				
d'Ouessant.	E.	22o 10' 51" N.			27o 50'		+	5o 19'	29"
est.	E.	21 45 16 N.			22 50		+	0 44	44
oërmel . . .	E.	20 11 50 N.			20 »		—	0 11	50
nonville. . .	E.	19 51 16 N.			16 »		—	5 51	16
queudreville.	E.	19 56 5 N.			18 »		—	1 56	5
int-Lô. . . .	E.	19 12 52 N.			20 »		+	0 47	28
nt de la Gra-									
ver.e.	E.	19 12 52 N.			18 »		—	1 12	52
							0o	0'	0'

Les seules divergences un peu notables
sont celles de l'île d'Ouessant et d'Omonville; or, il est à remarquer que l'une et
l'autre ont été observées dans le voisinage
de grandes masses éruptives, d'une part
les granites qui forment la plus grande partie de l'île d'Ouessant, de l'autre la syénite
du cap de la Hague ; or, on sait que ce n'est
pas dans le voisinage de pareilles masses
qu'on rencontre le plus ordinairement des
directions parfaitement régulières.

On peut donc regarder la direction E.
21° 45' 16" N., ou, en négligeant les secondes, E. 21° 45' N., comme représentant à
Brest le *Système du Finistère* : ce serait celle
de la *tangente directrice* du Système menée
par Brest.

Le *Système du Finistère* ne se montre pas

uniquement en Bretagne et en Normandie.
Un examen attentif des cartes géologiques
d'une grande partie de l'Europe permet d'y
en découvrir des traces qui, à la vérité,
sont peu suivies à cause des nombreuses dislocations subséquentes qui les ont en partie
effacées.

Je citerai particulièrement ici la Suède,
le midi de la Finlande, et plus loin l'Écosse.

La direction E. 21° 45′ N., qui représente
à Brest le *Système du Finistère*, étant prolongée suffisamment, passerait un peu au
midi de la Suède et de la Finlande. On trouve
dans le tableau de la page 178, que la différence des angles alternes internes formés
par la plus courte distance de Brest à Stockholm, avec les méridiens de ces deux villes,
est de 18° 21′ 32″; entre Brest et Viborg,
la même différence est de 27° 29′ 40″; pour
Brest et Gotheborg, la différence est de
13° 1′ 40″. De là il résulte qu'en tenant
compte de l'*excès sphérique* calculé comme
si le grand cercle qui passe à Brest, en se
dirigeant à l'E. 21° 45′ N., était le *grand
cercle de comparaison* du Système, la direction du *Système du Finistère* transportée à
Gotheborg est E. 9° 23′ N., et à Stockholm
E. 4° 21′ N. La même direction transportée
à Viborg, est E. 4° 9′ S. Dans le milieu de

la Suède, près des lacs Wenern, Wettern, Hjelmaren, cette direction serait environ E. 7° N. Près de la côte méridionale de la Finlande, entre Abo et Friedriksvern, vers le milieu de la distance entre Stockholm et Viborg, elle s'éloignerait peu de la ligne E.-O.

Or, si l'on examine avec attention la belle carte géologique de la Suède, publiée par M. Hisinger, on verra que dans la partie centrale de ce pays, entre Gotheborg et Upsal, il existe, en effet, dans les masses de roches anciennes sur lesquelles le terrain silurien est déposé en stratification discordante, un grand nombre de dislocations et de lignes stratigraphiques dirigées à l'E. quelques degrés N.

Tout annonce aussi que le midi de la Finlande avait été fortement disloqué avant le dépôt du terrain silurien qui forme la côte méridionale du golfe de Finlande, et qui n'a éprouvé depuis son dépôt que de faibles dérangements. Les roches anciennes du midi de la Finlande présentent différentes lignes stratigraphiques dirigées à peu près N.-E. S.-O., dont nous aurons à nous occuper ultérieurement ; mais leur direction diffère essentiellement de celle de la côte dont elles ne déterminent que les découpures. Celle-ci doit se rapporter à une autre série d'ac-

cidents stratigraphiques qui ne peuvent être
que fort anciens, attendu que les roches cristallines du midi de la Finlande paraissent
avoir été émergées dès le commencement
de la période silurienne, et avoir formé la
côte septentrionale de la mer dans laquelle
s'est déposé le terrain silurien de l'Estonie.
De là on peut conclure, avec vraisemblance,
que les accidents stratigraphiques, signalés
ci-dessus dans la partie centrale de la Suède,
entre Gotheborg et Upsal, se prolongent
dans la partie méridionale de la Finlande.
Cela est d'autant plus probable que la partie méridionale de la Finlande renferme,
comme la partie moyenne de la Suède, une
zone dirigée à peu près de l'E. à l'O. dans laquelle sont disséminées un grand nombre
de localités célèbres par la présence de différents minéraux cristallisés d'origine éruptive. Ni en Suède, ni dans les parties
de la Russie contiguës à la Finlande, ces
gîtes de minéraux ne se prolongent dans le
terrain silurien. Tout annonce donc qu'ils
ont été produits avant le dépôt de ce terrain,
et cette réunion de circonstances me porte
à croire que les accidents qui caractérisent
la zone dont nous parlons appartiennent par
leur âge, comme par leur direction, au *Système du Finistère*.

Il sera peut-être également possible, ainsi que nous le verrons plus loin, de reconnaître le *Système du Finistère* dans le sol fondamental des Pyrénées et de la Catalogne.

La direction du *Système du Finistère*, transportée dans les montagnes des Maures et en Corse, en tenant compte de l'excès sphérique calculé comme si le grand cercle qui passe à Brest, en se dirigeant à l'E. 21° 45' N., était le grand *cercle de comparaison du Système*, devient pour Hyères, E. 13° 46' N., et pour Ajaccio, E. 11° 42' N. Elle s'éloigne beaucoup des directions qu'on y observe le plus habituellement dans les roches stratifiées anciennes. Si ces roches présentent quelques orientations qui se rapportent réellement au *Système du Finistère*, elles doivent y être peu nombreuses. Peut-être serait-on plus heureux en recherchant cette même direction, soit dans les roches schisteuses anciennes des côtes de l'Algérie, soit au centre de l'Espagne dans celles des montagnes de Guadarrama.

Toutes les couches qui viennent d'être rapprochées d'après la concordance de leurs directions sont fort anciennes, et les dislocations qui leur ont imprimé ces directions paraissent toutes avoir été antérieures au

dépôt du terrain silurien ; mais ces dislocations ne sont pas les seules qui possèdent
cette propriété d'ancienneté. D'autres dislocations caractérisées par une direction différente en jouissent également, et elles constituent deux autres groupes ou *systèmes* dont
l'âge relatif, comparé à celui du système du
Finistère, devra être discuté ultérieurement.

III. Système de Longmynd.

D'après les observations déjà anciennes de
M. Murchison, consignées et figurées, dès
l'année 1835, dans sa première notice sur
le système silurien, les collines du *Longmynd*, dans la région silurienne de l'Angleterre, sur les pentes desquelles se trouve le
bourg de *Church-Stretton*, sont formés de
Schistes et de Grauwackes schisteuses. Les
couches de ces roches sont fortement redressées et courent au N. 25° E. Les couches
siluriennes les plus anciennes reposent sur
leurs tranches en stratification discordante.
Ces dernières, beaucoup moins redressées
que celles qui leur servent de support, se
dirigent à l'E. 42° N. ; la différence entre
les deux directions est de 23° ; et comme
elles se reproduisent fréquemment l'une et
l'autre dans la région silurienne propre-

ment dite, où elles forment deux groupes
fort réguliers, il est évident qu'elles appartiennent à deux systèmes distincts. L'un de
ces systèmes, dont nous nous occuperons
plus tard, est certainement postérieur au
dépôt du terrain silurien, mais les couches
du Longmynd ayant été redressées avant le
dépôt des couches siluriennes les plus anciennes de la contrée, notamment avant
celui du *Caradoc Sandstone*, j'ai cru devoir
considérer le *Longmynd* comme le type d'un
système de montagnes plus ancien que le
terrain silurien, et que je propose de nommer *Système de Longmynd*.

Partant de ce premier aperçu, j'ai cherché si, en *épluchant*, pour ainsi dire, tous
les accidents stratigraphiques des couches
les plus anciennes de l'Europe, dirigées
entre le N. et le N.-E., je n'en trouverais
pas un certain nombre dont l'âge fût de
même antérieur au terrain silurien, et dont
les directions fussent assez peu divergentes
pour qu'il y eût lieu d'en prendre la
moyenne après les avoir toutes ramenées à
un *point central de réduction* par le procédé
que j'ai indiqué ci-dessus.

Voici les résultats que j'ai obtenus : ils
sont encore peu nombreux ; ils me paraissent suffire, cependant, pour donner déjà

une assez grande probabilité à l'existence réelle du *Système du Longmynd.*

1° *Région silurienne.* Dans les collines du *Longmynd,* aux environs de Church-Stretton, la Stratification des roches schisteuses et arénacées sur lesquelles le *Caradoc sandstone* repose en stratification discordante est dirigée au N. 25° E. — *Church-Stretton,* lat. 52° 35′, long., 5° 10′ 20″ O., *direction,* N. 25° E.

2° *Bretagne.* Les schistes anciens de la Bretagne présentent, dans certaines parties de cette presqu'île, beaucoup d'accidents stratigraphiques dirigés à peu près au N. N.-E. Cette direction se manifeste particulièrement par la forme allongée du S. S.-O. au N. N.-E. d'un grand nombre de masses éruptives de Granite et de Syénite qui pénètrent les Schistes anciens, et par la manière dont différentes masses de cette nature s'alignent et se raccordent entre elles. On voit beaucoup d'exemples de ce phénomène aux environs de Morlaix et Saint-Pol-de-Léon, où l'orientation de l'ensemble des accidents de cette espèce est assez bien représentée par une ligne tirée de Saint-Pol-de-Léon à Landivisiau, ligne dont le prolongement passe près de Douarnenez, et dont la direction est à peu près S. 20° 30' O. à N. 20° 30' E.

M. Dufrénoy me paraît avoir signalé un autre accident du même système, lorsqu'il dit, dans le troisième chapitre de l'explication de la carte géologique de la France : « L'extrémité O. du bassin de Rennes appartient encore au terrain cambrien. Nous sommes, il est vrai, peu certains de la limite qui sépare dans ce bassin les deux étages du terrain de transition ; mais cependant nous la croyons peu éloignée d'une ligne qui se dirigerait du N. 15 à 20 E., au S. 15 à 20 O., et qui suivrait à peu près la route de Ploërmel à Dinan. En effet, les terrains situés à gauche et à droite de cette ligne présentent des caractères essentiellement différents (1). »

Enfin, un examen attentif de la carte géologique montre que la classe d'accidents qui nous occupe se dessine à très grands traits dans la structure géologique de la presqu'île de Bretagne, par exemple par la ligne tirée du cap de la Hague à Jersey, à Uzel, à Baud, etc., du N. 21° 30' E., au S. 21° 30' O.; par la ligne de Guernesey aux îles Glenan, qui est sensiblement parallèle à la précédente, et par la ligne tirée de Barfleur à l'île

(1) Dufrénoy, *Explication de la carte géologique de la France*, t. 1, p. 210.

d'Hoëdic, suivant la direction du N. 24° E. au S. 24° O.

La moyenne des différentes directions que je viens de citer est le N. 21° E. Elle peut être rapportée à Morlaix qui est le point dans le voisinage duquel ces mêmes directions se dessinent le plus nettement. — *Morlaix*, lat. 48° 30′, long. 6° 10′ O., *direction* N. 21° E.

3° *Normandie.* On peut voir, par différents passages du Mémoire de M. Puillon-Boblaye sur la constitution géologique de la Bretagne, qu'il y avait aperçu cette classe d'accidents en beaucoup de points; mais il les signale surtout dans une région distincte de la précédente et située sur les confins de la Bretagne et de la Normandie, entre Domfront, Vire, Avranches et Fougères, où il a vu régner, sur une étendue de plus de 200 lieues carrées, une formation complexe de granites et de roches maclifères qui en est spécialement affectée. Il mentionne particulièrement le gneiss maclifère de Saint-James, département de la Manche, comme stratifié du N.-N.-E, au S.-S.-O. (1). Les accidents de la classe qui nous occupe, tant en Normandie qu'en Bretagne, s'observent seulement dans les ter-

(1) Puillon-Boblaye, *Essai sur la configuration et la constitution géologique de la Bretagne. — Mémoires du Muséum d'histoire naturelle*, t. XV, p. 49 (1827).

rains qui servent de base au terrain silurien,
et sont, par conséquent, antérieurs au dépôt
de ce dernier.—*Saint-James*, lat. 48° 34′ 18″.
long. 3° 39′ 34″ O., *direction*, N. 22° 30′ E.

4° *Limousin*. Les granites du Limousin
forment, au milieu des gneiss, des bandes
assez irrégulières qui cependant ont une
tendance marquée à se rapprocher de la direction N. 26° E.—S. 26° O. Le point central de la région où on les observe se trouve
à peu près par 46° de latitude et 40′ de
longitude O. de Paris. La formation de ces
bandes de granite paraît être très ancienne.
—*Limousin*, lat. 46°, long. 0° 40′ O., *direction* N. 26° E.

5° *Erzgebirge*. Un examen attentif de la
belle carte géologique de la Saxe, publiée
par MM. Naumann et Cotta, fait distinguer
dans l'Erzgebirge quelques traces de dislocations dont la direction est comprise entre
le N.-E. et le N.-N.-E. La limite N.-O. du
massif de gneiss de Freiberg en est un
exemple. D'après M. Naumann, la ligne de
séparation des deux roches entre Nossen et
Augustusburg se dirige *hora* 3 $\frac{2}{8}$ par rapport
au méridien magnétique. Cette ligne et
toutes celles qui s'en rapprochent par leur
direction sont promptement interrompues,
comme le sont celles que je viens d'indiquer

aux environs de Morlaix. Tout annonce qu'elles ont été croisées par la plupart des autres dislocations qui ont affecté les couches de l'Erzgebirge ; elles doivent donc remonter à une époque antérieure au plissement et même au dépôt des couches dévoniennes anciennes (*tilestone fossilifère*) et des couches siluriennes, ce qui les rapproche bien naturellement du redressement des couches de Longmynd.

La direction *hora* $3 \frac{3}{7}$ transformée en degrés est N. 50° 37′ 30″ E., et corrigée de la déclinaison magnétique qui est à Freiberg d'environ 16° 40′ vers l'O., devient N. 33° 57′ 30″ E. Les directions dont je viens de parler peuvent être rapportées à Freiberg, étant observées dans des points de l'Erzgebirge qui n'en sont pas très éloignés. —*Freiberg*, lat. 50° 55′ 5″, long. 11° 0′ 25″ E., *direction* N. 33° 57′ 30″ E.

6° *Moravie et parties adjacentes de la Bohême et de l'Autriche.* D'après la carte géologique de l'Allemagne, dressée par M. de Buch et publiée par Schropp, et d'après la carte géologique de l'Europe moyenne, publiée par M. de Dechen, le sol de la partie S.-E. de la Bohême et des parties adjacentes de la Moravie et de l'Autriche est formé principalement de zônes alternatives de granite et de gneiss, avec calcaire et autres roches subordonnés, qui se dirigent au N. 30° à 35° E., moyenne N. 32° 30′ E. Aucune trace de cette série d'accidents ne se prolonge à travers la bande silurienne des environs de Prague, ce qui indique qu'ils sont dus à des phénomènes d'une date antérieure au dépôt du terrain silurien. Les accidents stratigraphiques dont il s'agit s'observent particulièrement près des limites communes des trois provinces, dans une contrée dont le centre est peu éloigné de Zlabings. — *Zlabings*, lat. 48° 59′ 54″, long. 13° 1′ 9″ E., *direction* N. 32° 30′ E.

7° *Intérieur de la Suède.* Les terrains anciens de l'intérieur de la Suède, sur lesquels le terrain silurien repose en stratification discordante, présentent beaucoup d'accidents stratigraphiques d'une origine antérieure aux grès et aux poudingues quartzeux qui constituent la base du terrain silurien. D'après la carte géologique de la Suède, publiée par M. Hisinger, ces accidents forment plusieurs groupes, dont l'un nous a déjà occupés précédemment. Un autre groupe se dessine fortement dans le voisinage de la ligne tirée de Gotheborg à Gèfle, tant par les accidents topographiques que par les contours de certaines masses

10*

minérales, et par des masses calcaires lenticulaires qui s'alignent entre elles. Ces
accidents stratigraphiques, dont le prolongement méridional passe très près des dépôts
siluriens horizontaux du Kinneculle et des
collines de Ballingen, sont dus, sans aucun
doute, à des phénomènes antérieurs à l'existence du terrain silurien. Les lignes suivant
lesquelles ils se dessinent s'éloignent un peu
moins du méridien que ne le fait la ligne
tirée de Gotheborg à Gèfle qui, vers le milieu
de sa longueur, coupe le méridien sous un
angle de 42°. Vers le milieu de l'intervalle
compris entre ces deux villes, les lignes stratigraphiques courent sensiblement au N. 38°E.
—*Milieu de la distance de Gotheborg à Gèfle*,
lat. 59° 11' 44", long. 12° 12' 42" E., *direction* N. 38° E.

8° *Nord-Ouest de la Finlande.* Dans la
partie N.-O. de la Finlande, aux environs
d'Uleaborg, la côte S.-E. du golfe de Bothnie
se dirige, entre Vasa et Uleaborg, sur une
longueur d'environ 300 kilomètres, et avec
une régularité remarquable, suivant une
ligne qui fait, avec le méridien d'Uleaborg,
un angle de 42° $\frac{1}{2}$. La côte du golfe de
Bothnie est formée, dans cette partie, de roches primitives dont les accidents stratigraphiques paraissent être parallèles à la côte

et se prolonger vers le N.-E., jusque dans les montagnes de la Laponie russe. Ces accidents stratigraphiques, de même que la côte dont ils ont déterminé la position, sont eux-mêmes très rapprochés du prolongement de ceux que nous venons de signaler en Suède, entre Gotheborg et Gèfle. La direction dont nous nous occupons ne paraît pas se continuer à travers la partie silurienne ou dévonienne ancienne de la Laponie ; elle est due, suivant toute apparence, à des phénomènes d'une date antérieure au dépôt du terrain silurien. Je crois donc être fondé à rapporter au Système de Longmynd les accidents stratigraphiques dont je viens de parler. —*Uleaborg*, lat. 64° 59', long. 23° 9' 36" E.; *direction* N. 42° $\frac{1}{4}$ E.

9° *Sud-Est de la Finlande*. D'après l'intéressante notice sur la géologie de la Russie, que M. Strangways a communiquée, en 1821, à la Société géologique de Londres (1), les roches schisteuses de toute la partie méridionale de la Finlande, depuis Abo et les îles de Pargas jusqu'à Viborg, se dirigent, en général, à peu près au N.-E. Les granites des environs de Viborg sont limités, du côté

(1) W. Strangways, *Anotline of the geology of Russia*. — *Transactions of the geological society of London*, new series, t. I, p. 1.

des plaines de Saint-Pétersbourg, par une ligne qui court aussi à peu près au N.-E. M. le capitaine Sobolevski dit, dans son intéressant Mémoire sur le S.-E. de la Finlande (1), que la direction des gneiss des environs d'Imatra, au milieu desquels est creusé le lit de la célèbre cataracte de la Vokça, à quelques lieues au N. de Viborg, est *presque de quatre heures*, c'est-à-dire presque N. 60° E. par rapport au méridien magnétique. La déclinaison dans cette contrée étant d'environ 8° à l'O., je me crois fondé à conclure qu'une classe importante des accidents stratigraphiques du S.-E. de la Finlande serait assez bien représentée par une ligne passant à Viborg, et dirigée vers le N. 50° E. Ces accidents stratigraphiques ne se continuant pas dans les couches siluriennes de la côte méridionale du golfe de Finlande, doivent être antérieurs au dépôt du terrain silurien.—*Viborg*, lat. 60° 42′40″; long. 26° 25′50″ E.; *direction* N. 50° E.

10° *Montagnes des Maures et de l'Estérel.* Dans le chapitre VI° de l'*Explication de la carte géologique de France*, j'ai consigné un assez grand nombre de directions observées dans les roches stratifiées anciennes des

(1) Sobolevski, *Coup d'œil sur l'ancienne Finlande*, etc. — *Annuaire du journal des Mines de Russie*, 1839. p. 117.

montagnes des Maures et de l'Estérel qui
bordent la Méditerranée entre Toulon et
Antibes (1). J'ai représenté ces observations
par une *rose des directions* qui rend manifeste la tendance qu'ont les couches dont il
s'agit à se diriger vers le N.-E., ou, plus
exactement, vers le N. 44° E. (E. 46° N.).
Cette direction s'éloigne beaucoup de la direction moyenne des couches du *Système du
Wetsmoreland et du Hundsrück*, auquel j'a-
vais cru primitivement qu'elle pourrait être
rapportée. Nous verrons, en effet, plus loin
que la *direction du Système du Westmoreland et du Hundsrück*, rapportée au Binger-
Loch (sur le Rhin), est E. 31° $\frac{1}{2}$ N. Cette
direction, rapportée à Hyères, devient E.
32° 55' 47" N., et rapportée à Saint-Tropez
E. 32₀ 33' 58" N. Ces deux dernières orientations se rapprochent beaucoup l'une et
l'autre de l'E. 32° $\frac{1}{4}$ N., et par conséquent,
lorsqu'on les compare à la direction E. 46°
N. indiquée par la rose des directions, la
différence est de 13°.

Ce fait est un des premiers qui m'aient
porté à soupçonner que les directions de date
très ancienne, comprises dans la désignation
hora 3-4 dont j'indiquerai plus loin l'ori-

_____

(1) *Explication de la Carte géologique de la France*, t.₁1 ,
p 467.

gine, ou très voisine d'y rentrer, devraient être divisées en plusieurs groupes.

Cette subdivision n'est pas indiquée sur la *rose des directions* des roches schisteuses anciennes des Maures et de l'Estérel ; mais on peut croire que cela tient à l'imperfection de quelques unes des observations dont cette rose offre le tableau. La plupart de ces observations sont exprimées en degrés ; cependant quelques unes le sont d'une manière plus générale, telle que N.-E. ou N.-N.-E. Les observations qui sont exprimées de cette manière sont celles qui ont été faites en des points où la direction de la stratification ne pouvait être mesurée avec plus de précision. Des recherches plus suivies les feraient disparaître du tableau, où elles seraient remplacées par des directions cotées en degrés qui ne seraient pas toutes E. 45° N., ou E. 22° $\frac{1}{2}$ N., qui pourraient même s'écarter notablement de l'un ou de l'autre de ces deux points de la boussole. Si ce remplacement avait lieu, il est probable que les directions se presseraient en moins grand nombre dans le voisinage de la direction N.-E. Cette direction appauvrie diviserait alors le faisceau en deux groupes, dont l'un se rapprocherait davantage de la direction E.-O., et l'autre de la direction N.-S.

J'ai cherché à effectuer cette décomposition d'une manière approximative, pour voir quelle serait à peu près la direction du groupe le moins éloigné de la direction N.-S.

Pour y parvenir, j'ai remarqué que la rose des directions en contient 92, comprises entre l'E. 15° N. et l'E. 75° N. inclusivement (1). La moyenne de toutes ces directions est égale à $\dfrac{4275°}{92} = 46° 34' 34''$.

J'ai retranché de ces 92 directions toutes celles qui sont comprises entre E. 15° N. et E. 32° $\frac{1}{2}$ N., puis un certain nombre de celles qui sont plus éloignées de la ligne E.-O., de manière que la moyenne de toutes les directions retranchées soit environ E. 32° $\frac{1}{2}$ N. Après le retranchement de ces directions, au nombre de 33, formant un total de 1075°, le tableau n'en renfermerait plus que 59, formant un total de 3200°, et donnant par leur moyenne la direction E. 54° 14' 14'' N., ou N. 35° 45' 46'' E., direction qui ne diffère pas de 4° de celle du Longmynd transportée à Saint-Tropez. Cette différence, toute faible qu'elle est, pourrait encore être atténuée. En effet, la division du groupe total des directions voi-

(1) *Explication de la Carte géologique de la France*, t. I, p. 46.

‎

sines du N.-E. en deux faisceaux, dont l'un donne à peu près pour moyenne la direction E. 32° $\frac{1}{2}$ N., est un problème d'analyse indéterminée qui peut être résolu de plusieurs manières. Il est aisé de voir que parmi toutes les divisions que comporte le groupe de directions voisines du N.-E., constitué comme il est sur la rose des directions, j'ai adopté celle qui donnait pour le second faisceau la direction la moins éloignée de la ligne N.-S. Mais si le remplacement du petit groupe de directions rapportées exactement au N.-E. était effectué, ainsi que je l'ai indiqué, il existerait d'autres solutions, et, dans celle que l'on obtiendrait en adoptant la marche suivie ci-dessus, le faisceau septentrional se rapprocherait un peu plus encore de la ligne N.-S. que dans la solution que j'ai obtenue; de sorte que la différence 4°, toute faible qu'elle est, se trouverait encore atténuée.

Si les deux faisceaux dans lesquels on peut ainsi diviser les directions des roches stratifiées anciennes des Maures et de l'Estérel correspondent à des phénomènes de dates différentes, il est évident que le plus moderne est celui qui se rapproche le plus de la ligne E.-O., car on observe particulièrement des directions de ce groupe aux

nvirons d'Hyères et dans la presqu'île de
Giens, où les roches schisteuses, quartzeuses et calcaires, paraissent appartenir au
terrain silurien et au terrain dévonien ancien (*lilestone*). Les directions, plus rapprochées de la ligne N.-S., s'observent au
contraire plus particulièrement dans les
micaschistes et les gneiss du reste du massif
des Maures, ce qui semble indiquer qu'elles
sont dues à des phénomènes plus anciens.
Tout conduit ainsi à les rapprocher de celles
du Longmynd et des autres localités que
nous venons de parcourir. On peut rapporter ces directions à Saint-Tropez, comme à
un point suffisamment central, relativement à ceux où elles ont été observées. On
a ainsi, pour représenter les directions qui
nous occupent dans les montagnes des Maures et de l'Estérel, — *Saint-Tropez*, lat.
43° 16' 27'', long 4° 18' 29'' E., *direction*
N. 35° 45' 46'' E.

Il s'agit maintenant de prendre correctement la *moyenne générale* de ces 10 directions moyennes partielles, en ayant égard
aux positions géographiques respectives des
points auxquels elles se rapportent.

Pour cela nous exécuterons l'opération
indiquée dans le commencement de cet article. Nous choisirons un point sur la direc-

tion *présumée* du grand cercle de comparaison qui doit représenter le *Système de Longmynd*, et auquel tous les petits arcs qui représentent les directions locales sont considérés comme étant approximativement parallèles ; nous y transporterons toutes les directions, et nous en prendrons la moyenne.

Les dix contrées dans lesquelles nous venons de suivre des lignes stratigraphiques que je crois pouvoir rapporter au *Système du Longmynd*, sont réparties dans diverses parties de l'Europe situées les unes à l'O., les autres à l'E., quelques unes beaucoup au N. et les dernières au S. des contrées rhénanes, qui peuvent être considérées comme le centre des parties de l'Europe les mieux explorées par les géologues, et dont le *Binger-Loch*, sur le Rhin, est à peu près le point central.

Je *suppose* que le grand cercle de comparaison dont il s'agit passe au *Binger-Loch*, et je prends ce point pour *centre de réduction*.

Pour transporter au *Binger-Loch* la direction N. 25° E. observée à Church-Stretton par 52° 35' de lat. N. et 5° 10' 20" de long. O., je détermine, au moyen du tableau de la page 44, la différence des angles alternes internes que forme, avec les méridiens

du Binger-Loch et de Church-Stretton, l'arc
du grand cercle qui réunit ces deux points :
la différence est de 8° 21′ 18″. J'en conclus
que, transportée au Binger-Loch, la direction N. 25° E., observée à Church-Stretton,
deviendra N. 25° + 8° 21′ 18″ — ε E.,
ε étant l'excès sphérique d'un triangle sphérique rectangle dont je m'occuperai ultérieurement.

Exécutant la même opération pour chacun des 10 points dont les directions doivent
être transportées au Binger-Loch, je forme
le tableau suivant, et je fais l'addition.

Church-Stretton.	N. 25° »′ »″	+	8° 21′ 18″	— ε . E.
Morlaix	N. 21 » »	+	8 50 40	— ε . E.
Saint-James. . .	N. 22 50 °	+	7 5 55	— ε . E.
Limousin	N. 26 » »	+	7 56 52	— ε . E.
Freiberg	N. 53 57 50	—	4 1 16	— ε . E.
Zlabings	N. 52 50 »	—	5 42 55	— ε . E.
Milieu de la dis-tance de Gothe-borg à Gefle. . .	N. 58 » »	—	5 52 56	+ ε . E.
Uleaborg	N. 42 50 »	—	14 57 6	+ ε . E.
Viborg	N. 50 » »	—	17 14 48	— ε . E.
Saint-Tropez. .	N. 55 45 46	+ »	51 58	+ ε . E.

Somme. . 327° 15′16″ —14° 22′ 16″ + Σ ± ε

En réduisant complétement la somme des
données consignées dans ce tableau, elle

devient 312° 51′ $+ \Sigma \pm \varepsilon$, et en divisant cette somme par 10, nombre des directions partielles, on a pour la direction moyenne du *Système de Longmynd*, rapportée au *Binger-Loch* N. 31° 17′ 60″ $+ \dfrac{\Sigma \pm \varepsilon}{10}$ E.

Dans cette expression il ne reste plus d'in-terminé que $\Sigma \pm \varepsilon$. La quantité ε, que j'ai fait entrer dans le tableau, est, comme je l'ai indiqué ci-dessus p. 62, l'*excès sphérique* d'un triangle rectangle qui a pour hy-pothénuse la plus courte distance du *point central de réduction* (*Binger-Loch*) au point d'observation auquel elle se rapporte, et pour l'un des angles aigus, l'angle formé par la direction transportée au Binger-Loch avec la plus courte distance. Il est aisé de voir que, suivant la position respective du point central de réduction et du point d'ob-servation et suivant la direction qui a été observée, l'*excès sphérique* dont il s'agit doit être employé soustractivement ou additive-ment, ainsi que le tableau l'indique, et comme je l'ai aussi rappelé dans l'expression de la somme en y écrivant $\Sigma \pm \varepsilon$. Le tableau renferme 10 de ces quantités ε, dont 7 sous-tractives et 3 additives. En raison de cette inégalité entre les nombres des quantités ε affectés de signes contraires, on pourrait

craindre qu'elles ne se détruisissent pas ;
mais le *Binger-Loch* se trouve placé très heureusement par rapport aux observations que
nous discutons actuellement, comme déterminant le *Système du Longmynd*. Il est peu
éloigné du prolongement direct des directions signalées en Suède et dans le N.-O.
de la Finlande, de manière que, bien que
les points où ces directions s'observent
soient fort éloignés du Binger-Loch, les *excès sphériques* qui leur correspondent sont
peu considérables ; ceux qui se rapportent
aux autres points d'observation sont également assez petits, et, toute réduction
faite, la somme de ces quantités est très
faible. En effet, au moyen de constructions
exécutées sur la carte et du tableau de la
page 178, on trouve :

ir Church-Stretton. $b =$ 796 kil., A = 82° 1/2, $\varepsilon =$ 5';
ir Morlaix. . . . . $b =$ 806 kil., A = 54°, $\varepsilon =$ 15';
ir Saint-James. . . $b =$ 680 kil., A = 52°, $\varepsilon =$ 9';
ir le Limousin. . . $b =$ 490 kil., A = 17° 1/4, $\varepsilon =$ 5';
ir Freiberg . . . . $b =$ 410 kil., A = 44°, $\varepsilon =$ 5';
ir Zlabings . . . . $b =$ 556 kil., A = 71° 1/2, $\varepsilon =$ 4';
ir la Suède. . . . $b =$ 1110 kil., A = 11°, $\varepsilon =$ 9';
ir Uleaborg. . . . $b =$ 1980 kil., A = 2° 25', $\varepsilon =$ 7';
ir Viborg . . . . $b =$ 1780 kil., A = 6° 50', $\varepsilon =$ 15';
ir Saint-Tropez. . $b =$ 450 kil., A = 29°, $\varepsilon =$ 10';

En ayant égard au signe avec lequel chacun de ces *excès sphériques* doit être pris, on trouve $\Sigma \pm \varepsilon = -24'$, et par suite $\dfrac{\Sigma \pm \varepsilon}{10} = -2' \, 24''$. Cette valeur est à peu près négligeable ; nous nous bornerons, pour y avoir égard, à diminuer de $2' \, 6''$ la moyenne ci-dessus, et nous adopterons, comme étant, en nombres ronds, la moyenne la plus correcte possible de toutes les observations que nous avons considérées, rapportées au *Binger-Loch*, N. $31° \, 15'$ E.

Il nous reste à examiner comment la direction moyenne du *Système de Longmynd*, s'accorde avec les directions partielles que nous avons combinées. Pour cela nous n'avons qu'à la transporter du *Binger-Loch*, auquel elle se rapporte, dans chacun des points d'observation. A la rigueur, pour exécuter ce calcul, il faudrait déterminer de nouveau l'*excès sphérique* relatif à chaque point, non d'après la direction observée en ce point, mais d'après la direction moyenne adoptée pour le Binger-Loch. Toutefois, comme les corrections qui résulteraient de ce nouveau calcul seraient, en somme, fort peu considérables, je les néglige ; et en me servant des valeurs de ε déjà employées, je forme le tableau suivant :

DIRECTION

	calculée.			observée.			DIFFÉRENCE.		
h-Stretton.	N. 22°	56′	42″ E.	25°	℈ ′	℈ ″	+	2°	5′	18″
ix.	N. 22	37	20 E.	21	℔ »	»	—	1	37	20
James. . .	N. 24	18	5 E.	22	50	»	—	1	48	5
ısin. . . .	N. 23	21	8 E.	26	»	»	+	2	58	52
›rg	N. 55	19	16 E.	53	57	30	—	1	21	46
ıgs.	N. 37	6	53 E.	52	50	»	—	4	51	55
de la di- e entre Go- ›rg et Gè-										
. . . . .	N. 56	38	56 E.	58	»	»	+	1	21	4
org.	N. 46	5	6 E.	42	50	℔ »	—	5	55	6
ŗ.	N. 48	44	48 E.	50	»	»	+	1	15	12
Tropez . .	N. 50	13	″2 E.	55	45	46	+	5	52	44
							—	0°	3′	»″

La dernière colonne de ce tableau donne, toute réduction faite, une somme égale à — 3′. Il est aisé de voir, en effet, qu'en négligeant 2′24″ — 2′ 6″ = 18″, dans l'expression de la direction moyenne rapportée au Binger-Loch, nous avons dû rendre trop faible de 10 fois 18″ et de 180″ = 3′ la somme des expressions des huit directions calculées. L'opération est donc correcte.

Elle fait voir que pour sept des dix points que nous avons considérés, l'accord entre la direction calculée et la direction observée est très satisfaisant, les différences entre les directions observées et les directions calculées étant de moins de 3°. Pour les trois autres points, les différences entre les directions observées et calculées sont plus considérables. Pour Slabings la différence est de plus de $4°\frac{1}{2}$, mais il est à remarquer que les contours des masses de granite et de gneiss du S.-E. de la Bohême ne sont ni rectilignes ni très bien définies. On peut en dire autant de celles du N.-O. de la Finlande, où la différence est de 3° 35′ 6″; ces dernières sont d'ailleurs imparfaitement connues. Quant aux directions rapportées à Saint-Tropez, où la différence est de 5° 32′ 44″, il ne faut pas oublier que ce n'a été qu'après une discussion qui a laissé quelque incertitude que nous avons pu les dégager des autres directions qui sont comprises dans la rose des directions des Maures et de l'Estérel. Les différences que nous venons de remarquer n'ont donc rien qui doive surprendre, et il est à remarquer que les trois différences les plus considérables,

$$- 4° 36′ 53″, \quad - 3° 35′ 6″, \quad + 5° 37′ 44″,$$

étant affectées de signes différents, tendent à se compenser; leur somme est — 2° 34′ 15″, ou — 154′ 15″; et il est aisé de voir qu'en n'ayant pas égard aux observations auxquelles elles correspondent, on aurait trouvé un résultat différent de celui auquel nous nous sommes arrêtés, de 15′ seulement, c'est-à-

dire la direction moyenne N. 30° E. environ ;
or la suppression de l'une quelconque des
autres observations aurait produit une variation à peu près du même ordre.

Il me paraît difficile de ne pas admettre,
en dernière analyse, que ces dix directions
appartiennent à un même Système, dont la
direction rapportée au *Binger-Loch* est représentée le plus correctement possible par
une ligne dirigée au N. 30° 15′ E. Cette
ligne, qui fait avec le méridien du *Binger-
Loch* un angle de 30° 15′ vers l'E., est la
tangente directrice du Système.

« Mais, pour déterminer complétement sur
la sphère terrestre la position de ce Système
dont nous avons *supposé* que le grand cercle de comparaison passe par le Binger-Loch,
il faudrait confirmer ou rectifier cette supposition en déterminant, comme je l'ai indiqué précédemment, l'*angle équatorial* E.

Malheureusement les données que nous
avons soumises au calcul ne paraissent pas
assez précises pour conduire à une valeur de
cet angle à laquelle on puisse attacher une
importance réelle. Le point de départ des
calculs à faire se trouverait dans les différences contenues dans le tableau que nous
venons de former ; mais ces différences ne
suivent aucune loi régulière ; tout annonce

qu'elles sont dues en grande partie aux erreurs d'observation, et qu'en les employant dans un calcul, on le baserait sur une combinaison de chiffres presque entièrement fortuite. Il n'y a pas lieu d'exécuter un pareil calcul ; ainsi, quant à présent, l'opération ne peut être poussée plus loin, et nous sommes obligés de nous en tenir à la *supposition* que le grand cercle qui passe au Binger-Loch, en se dirigeant au N. 30° 15' E., est le *grand cercle de comparaison du Système du Longmynd.*

Cette supposition est destinée, sans doute, à une rectification ultérieure; mais il me paraît fort probable que le véritable équateur du *Système du Longmynd* n'est pas fort éloigné du grand cercle dont nous venons de parler. En effet, ce dernier laisse la Moravie et la Bretagne, l'une d'un côté et l'autre de l'autre, à des distances peu différentes l'une de l'autre; il passe entre la Suède et la Finlande où les accidents du *Système du Longmynd* jouent un rôle si proéminent et, indépendamment des directions dont nous avons pris la moyenne, on en trouve dans les contrées qu'il traverse, qui paraissent devoir lui être rapportées, comme celles des gneiss de Sainte-Marie-aux-Mines, et celles de beaucoup d'accidents

stratigraphiques plus modernes, mais dus à
l'influence du sol sous-jacent, que présentent
les couches de l'Eifel, du Hundsrück, de l'I-
dar-Wald, etc.

Ce n'est, en effet, que d'une manière exceptionnelle et accidentelle que la direction
du Système du Longmynd affecte les couches
du terrain silurien ou des terrains plus récents. Dans plusieurs des contrées où nous
les avons reconnues, on peut constater que
ces dislocations sont antérieures au dépôt des
couches siluriennes. Mais ce caractère d'ancienneté leur est commun avec les dislocations du *Système du Finistère*, et il nous
reste à examiner quel est le plus ancien de
ces deux Systèmes.

Jusqu'à présent je ne connais pas encore
de terrain sédimentaire dont je puisse affir-
mer qu'il a été déposé sur les tranches des
couches redressées de l'un des systèmes, et
que ses propres couches ont été redressées
par l'autre. Je ne puis donc déterminer le
rapport d'âge des deux Systèmes par le moyen
ordinaire et le plus direct; mais je crois
qu'on peut y parvenir par l'application des
remarques suivantes que M. de Humboldt a
consignées dans le premier volume du *Cosmos*.

« La ligne de faîte des couches relevées

» n'est pas toujours parallèle à l'axe de la
» chaîne des montagnes ; elle coupe aussi
» quelquefois cet axe, et il en résulte, à mon
» avis, que le phénomène du redressement
» des couches, dont on peut suivre assez loin
» la trace dans les plaines voisines, est alors
» plus ancien que le soulèvement de la
» chaîne (1). » M. de Humboldt a souvent
appelé l'attention sur ce point aussi important que délicat de la théorie des soulèvements. *Asie centrale*, t. I, p. 277, 283. *Essai sur le gisement des Roches*, 1822, p. 27.
Rel. Hist., t. III, p. 244, 250.

Or, il me paraît qu'en certains points de
la Bretagne, dont j'ai déjà parlé, des couches
redressées, suivant le *Système du Finistère*,
ont été soulevées de manière à constituer
une arête appartenant par sa direction au
Système du Longmynd, et antérieure comme
ce Système au terrain silurien. Je le conclus
des observations suivantes que M. Dufrénoy
a consignées dans le premier volume de
l'*Explication de la Carte géologique de la
France*, et dont j'ai déjà rappelé une partie
précédemment.

« L'extrémité O. du bassin de Rennes ap-
» partient encore au terrain cambrien. Nous

(1) A. de Humboldt, *Cosmos*, t. I, traduction française,
p. 352.

» sommes, il est vrai, peu certains de la li-
» mite qui sépare, dans ce bassin, les deux
» étages des terrains de transition ; mais
» cependant nous la croyons peu éloignée
» d'une ligne qui se dirigerait du N. 15 à
» 20° E. au S. 15 à 20° O., et qui suivrait
» à peu près la route de Ploërmel à Dinan.
» En effet, les terrains situés à gauche et à
» droite de cette ligne présentent des carac-
» tères essentiellement différents ; cette cir-
» constance serait incompréhensible si elle ne
» résultait pas de leur différence de nature ,
» attendu que la stratification étant généra-
» lement de l'E. à l'O., on devrait retrou-
» ver, sur la route de Ploërmel à Dinan, les
» mêmes couches traversées par celle de
» Nantes à Rennes ; mais il n'en est point
» ainsi. En effet, les couches de grès, si fré-
» quentes et si caractéristiques dans le ter-
» rain silurien, qui forme tout le pays à l'E.
» de la ligne que je viens d'indiquer, ne se
» retrouvent pas, au contraire, dans la par-
» tie O. de ce bassin, que nous avons colo-
» riée comme appartenant au terrain cam-
» brien. Les Schistes eux-mêmes, entre
» Corlay et Josselin, c'est-à-dire dans toute
» l'épaisseur de cette partie inférieure, pos-
» sèdent des caractères très différents de
» ceux des environs de Rennes ; ils sont, en

» effet, bleuâtres et satinés, tandis que les
» Schistes, entre Rennes et Nantes, sont de
» véritables Grauwackes schisteuses. Enfin
» la direction des couches confirme cette
» distinction. A l'O. de la limite que nous
» avons assignée pour les deux terrains de
» transition, les couches se dirigent constam-
» ment de l'E. 20° N. à l'O. 20° S., tandis
» que les Schistes, qui sont à droite de cette
» ligne, sont orientés de l'E. 10 à 15° S. à
» l'O. 10 à 15° N. Ces deux directions sont
» précisément celles qui caractérisèrent les
» terrains cambrien et silurien (1). »

Ces Schistes satinés, dirigés à l'E. 20° N.,
appartiennent, par le redressement de leurs
couches, au *Système du Finistère*, et ils ont
été soulevés pour former une protubérance
ou une crête dirigée vers le N. 20° E., qui a
constitué la limite occidentale du bassin silurien de Rennes. Cette crête appartient,
par sa direction, au *Système du Longmynd*.
On voit donc que le *Système du Longmynd*
est POSTÉRIEUR au *Système du Finistère*.

On arrive à la même conclusion, en observant comment les dislocations dépendantes
du *Système du Longmynd*, qui se présentent
aux environs de Morlaix, accidentent les

_____

(1) Dufrénoy, *Explication de la Carte géologique de
France*, chap. III, t. I, p. 210 et 211

couches de Roches schisteuses redressées suivant le *Système du Finistère*.

Les trois Systèmes dont nous venons de parler, tous les trois antérieurs au terrain silurien, ne sont pas encore les seuls qui aient accidenté le sol de l'Europe occidentale avant le dépôt de ce terrain. Dans ces dernières années, M. Rivière a signalé, en Bretagne, un Système distinct à la fois du Système de la Vendée et des deux autres systèmes dont nous venons de nous occuper, mais antérieur comme eux au dépôt du terrain silurien.

IV. Système du Morbihan.

D'après M. Rivière, ce Système est parallèle aux côtes S.-O. de la Vendée et de la Bretagne. Déjà M. Boblaye, dans son excellent travail sur la Bretagne, était arrivé lui-même, relativement aux côtes S.-O. de cette presqu'île, à des conclusions que je ne pourrais traduire aujourd'hui plus exactement qu'en admettant un Système parallèle à la direction générale de ces côtes, et en le supposant fort ancien. Il signale comme un des traits les plus marqués de la structure géologique de la Bretagne, que ses côtes S.-O. sont bordées par un plateau plus élevé que l'intérieur de la contrée, à travers lequel les

rivières s'écoulent dans des vallées profondément encaissées. « La côte méridionale, dit
» M. Boblaye (1), est découpée par des si-
» nuosités profondes et multipliées ; cepen-
» dant une ligne tirée de Saint-Nazaire à
» Pont-l'Abbé, ou de l'E.-S.-E. à l'O.-N.-O.,
» représente assez bien sa direction géné-
» rale. » Le plateau méridional, ajoute plus loin M. Boblaye (2), s'étend de l'E.-S.-E. à l'O.-N.-O. sur une longueur de plus de 60 lieues, de Nantes à Quimper. Cette même direction de l'O.-N.-O. à l'E.-S.-E. est, d'après M. Boblaye, celle des Roches cristallines anciennes dont le plateau est formé. Il la mentionne (3) comme existant uniformément dans les Gneiss et les Protogines. Il parle ailleurs (4) des Granites et Protogines stratifiés de l'O.-N.-O. à l'E.-S.-E. Il cite en particulier (5) le Gneiss de Quimperlé dirigé à l'E.-S.-E., et il indique (6), dans le Granite de Carnac, de petites couches de Micaschiste dirigées de même à l'E.-S.-E.

(1) Puillon-Boblaye, *Essai sur la configuration et la constitution géologique de la Bretagne*, *Mémoires du Muséum d'histoire naturelle*, t. XV, p. 54 (1827).

(2) *Ibid.*, p. 65.

(3) *Ibid*, p. 75.

(4) *Ibid.*, p. 71.

(5) *Ibid*, p. 70.

(6) *Ibid.*, p. 6

Il est à remarquer que M. Boblaye reproduit pour toutes ces localités la même orientation exprimée seulement d'une manière générale O.-N.-O., E.-S.-E., ce qui indique qu'il a fait abstraction des variations locales, et qu'il n'a peut-être pas entendu fixer cette orientation avec une précision rigoureuse. Je crois que, dégagée de tous les accidents qui appartiennent au *Système des ballons*, cette direction s'éloigne de la ligne E.-O. plus que ne l'a pensé M. Boblaye, et que M. Rivière est plus près de la vérité en disant que dans la région dont il s'agit la stratification se dirige du N.-O. un peu O. au S.-E. un peu E. (1). Il me paraît résulter, en effet, de l'étude que j'ai faite moi-même de ces contrées, en 1833, et de l'examen de la carte géologique de la France, que la direction du Système qui nous occupe peut être représentée par une ligne tirée de l'île de Noirmoutier à l'île d'Ouessant, de l'E. 38° 15′ S. à l'O. 38° 15′ N. Cette ligne, qui est jalonnée par les masses isolées des îles d'Hoedic, d'Houat, et de la presqu'île de Quiberon, se prolonge suivant la ligne des îles terminales du Finistère, de Beniguet à Ouessant.

(1) A. Rivière, *Études géologiques et minéralogiques*, p. 261.

I. 12*

Le Système qu'elle représente converge, à Ouessant, avec le système dirigé E. 20 à 25° N., dont nous nous sommes occupés précédemment ; et, considéré dans cette région seulement, il mériterait, presque à aussi juste titre que lui, le nom de *Système du Finistère*. Mais comme il domine surtout sur les côtes du Morbihan, et qu'il se prolonge dans les départements de la Loire-Inférieure et de la Vendée, et jusque dans celui de la Corrèze, il est plus naturel de lui donner un nom tiré d'une contrée moins voisine de sa terminaison apparente, et je propose, avec l'assentiment de M. Rivière, de le nommer *Système du Morbihan*.

La direction E. 38° 15′ S., O. 38° 15′ N., que j'ai indiquée ci-dessus peut être censée rapportée à Vannes, ville située à peu de distance de quelques uns des points où cette direction se dessine le mieux, et qui serait un *centre de direction* très favorablement situé pour toutes les observations de direction faites dans les diverses parties de la France occidentale où le système se montre avec le plus d'évidence.

Il est probable, du reste, que ce système est fort étendu ; sa direction semble se retrouver dans les roches schisteuses du département de la Corrèze, de la Dordogne et de la

Charente, par exemple, aux environs de Julliac, dans les schistes sur lesquels reposent en stratification discordante les petits lambeaux de terrain houiller de Chabrignet, de Montchirel, de la Roche et des Bichers. La direction moyenne de ces roches paraît, en effet, comprise entre le S.-E. et l'E. 40° S. Or, il est aisé de calculer que la direction E. 38° 15' S., transportée de Vannes à Uzerche (Corrèze), eu égard aux différences de latitude et de longitude des deux points, deviendrait E. 41° 22' S.

D'après quelques observations que j'ai faites à la hâte, en 1834, la moyenne des directions les plus fréquentes dans les Gneiss et les Micaschistes des environs de Messine, en Sicile, est E. 53° 45' S. La direction E. 38° 15' S., transportée de Vannes à Messine, en ayant égard aux différences de latitude et de longitude des deux villes, devient à peu près E. 50° 55' E.; la différence n'est que de 2° 50'. On pourrait donc conjecturer que la direction des roches cristallines évidemment fort anciennes des environs de Messine appartient au *Système du Morbihan*.

Peut-être cette direction existe-t-elle aussi dans quelques parties du Bœhmerwaldgebirge (Sur les frontières de la Ba-

vière et de la Bohême) et de l'Erzgebirge.
M. Cotta, dans un travail que j'ai déjà cité
précédemment (1), indique dans ces contrées cinq directions presque parallèles entre
elles, qui me semblent devoir être distinguées de celles qui se rapportent au Système
du Thüringerwald. Ces directions courent
sur 11, 10 $\frac{3}{4}$, 11, 10 $\frac{3}{5}$, 10 $\frac{2}{3}$ heures de la
boussole, c'est-à-dire en moyenne vers le
N. 19° 7' O. magnétique, ou vers le N. 35°
47' O. astronomique. Or, la direction O. 38°
15' N. transportée de Vannes à Freiberg,
eu égard aux différences de latitude et de
longitude de ces deux points, devient O. 50°
28' N. ou N. 39° 32' O.; elle diffère d'environ 10° $\frac{1}{2}$ de la direction O. 40° N. du
Thüringerwald, mais elle ne s'écarte que
de 3° 45' de la moyenne des directions
indiquées par M. Cotta. En tenant compte de
l'*excès sphérique*, la différence pourrait aller
en nombre rond à 4° environ; elle ne serait pas beaucoup au-dessus des erreurs
possibles d'observation. Les accidents stratigraphiques auxquels se rapportent les
directions dont nous venons de prendre la
moyenne affectent les schistes anciens de
l'Erzgebirge; mais on n'en observe pas la

(1) Cotta, *Die Erzgänge und ihre Beziehungen zu den
Eruptivgesteinen.*

prolongation dans le terrain silurien des environs de Prague : tout annonce donc qu'ils ont été produits immédiatement avant le dépôt du terrain silurien.

Il me paraît fort probable que les indices de stratification, signalés dans les roches cristallines de l'Ukraine se rapportent aussi au *Système du Morbihan*. Le sol d'une partie des plaines de l'Ukraine est formé par une masse de roches cristallines, connue sous le nom de *Steppe granitique* qui s'étend de l'O.-N.-O. à l'E.-S.-E. de la Volhynie par la Podolie aux cataractes du Dniéper, et qui, traversant ce fleuve, va se perdre près des bords du Kalmiuss, sous les dépôts carbonifères du Donetz. La direction des plis nombreux que présentent ces dépôts est en moyenne peu différente de celle de l'axe longitudinal de la Steppe granitique, et M. Murchison les attribue avec beaucoup de vraisemblance à un soulèvement de cette masse cristalline ; mais les roches cristallines présentent des indices de stratification dont la direction est toute différente de celle de l'axe longitudinal de la masse, et qui, ne se continuant pas dans les couches carbonifères, doivent avoir été produites avant leur dépôt. Diverses variétés de pegmatites sont les roches dominantes vers

l'extrémité E.-S.-E. de la masse cristalline,
près des bords du Kalmiuss (1) : plus près
du Dniéper, sur les bords de la Voltchia,
au S. de Paulograd, et entre cette ville et
Alexandrovsk, M. Murchison a observé diverses variétés de Gneiss quartzeux et feldspathique passant à un quartz compacte gris
qui alterne avec des lames très minces de
talc verdâtre rarement micacé ; un Micaschiste grenatoïde alternant avec des couches
très minces d'un Gneiss granitoïde, etc.
Ces roches sont souvent en couches verticales, mais leur plongement habituel est du
côté de l'E., sous un angle considérable.
Leur direction, d'après M. Murchison, est
presque parallèle au cours de la Voltchia,
qu'il indique dans son texte comme dirigé
au N. 15° O., mais qui, d'après sa belle
carte géologique de la Russie, se dirige au
N. 28° O. Il dit formellement que la direction dominante de ces roches est du
N.-N.-O. au S.-S.-E. (2), c'est-à-dire du
N. 22° 30' O. au S. 22° 30' E. Or, la direction du *Système du Morbihan*, transportée
de Vannes (lat. 47° 39' 26", long. 5° 5'

(1) Le Play, *Voyage dans la Russie méridionale*, par
M. Anatole de Demidoff, t. IV, p. 61.

(2) Murchison, de Verneuil et Keyserling, *Russia in Europe and the Ural mountains*, t. I, p. 90.

19" O.) à Vassiliefka, dans la vallée de la Voltchia (lat. 48° 11' 40", long. 33° 47' 6" E. de Paris), en tenant compte de l'*excès sphérique* calculé comme si le grand cercle qui passe à Vannes en se dirigeant à l'E. 38° 15' S., était le *grand cercle de comparaison* du système, cette direction devient S. 25° 46' E.; elle ne diffère que de 3° 16 de celle indiquée par M. Murchison. La différence est encore moindre que celle que nous venons de trouver pour la Saxe; seulement elle est en sens inverse.

D'après ces rapprochements, que je pourrais encore multiplier, je suis porté à présumer que le *Système du Morbihan* n'a pas été moins largement dessiné en Europe que les deux systèmes précédents.

Le *Système du Morbihan* est certainement fort ancien, et M. Boblaye, sans s'occuper précisément de son âge relatif, a eu bien évidemment le sentiment de l'ancienneté des accidents stratigraphiques qui s'y rapportent; on peut le conclure des passages suivants de son mémoire sur la Bretagne que j'ai déjà mentionnés dans mes Recherches sur quelques unes des révolutions de la surface du globe (*Annales des sciences naturelles*, t. 18, p. 312).

« Les roches du second groupe, dit M. Bo-

144

» blaye (1), se montrent partout en gise-
» ment concordant avec les terrains qui les
» supportent ; elles occupent une grande
» partie du bassin de l'intérieur (de la Bre-
» tagne) ; elles forment presque partout une
» bande plus ou moins développée entre les
» terrains anciens et les terrains de tran-
» sition.

  » Dans les Côtes-du-Nord et le Finistère,
» elles appartiennent donc au système de
» stratification dirigé entre le N.-E. et le
» N.-N.-E., et dans une partie du Morbihan
» et de la Loire-Inférieure, au système di-
» rigé à l'E.-S.-E.

  » Nous croyons donc que la Bretagne
» montre, dans des terrains très rapprochés
» d'âge et de position, la réunion de deux
» systèmes de stratification à peu près per-
» pendiculaires entre eux, dont l'un, dirigé
» E.-S.-E., se retrouve dans une partie des
» montagnes de l'intérieur de la France et
» dans les Pyrénées ; et l'autre, signalé de-
» puis longtemps par M. de Humboldt, di-
» rigé entre le N.-N.-E. et le N.-E., appar-
» tient aux terrains de même nature dans
» les montagnes du nord de l'Europe (An-
» gleterre, Écosse, Vosges, forêt Noire,
» Harz et Norvége).

<small>(1) Puillon-Boblaye, *loc. cit.*, p. 66.</small>

» J'ajouterai à ce fait remarquable, con-
» tinue M. Boblaye, que la vallée de l'inté-
» rieur (de la Bretagne) forme la séparation
» des deux systèmes..... Je puis avancer,
» comme fait général (dit-il encore), que
» la stratification du terrain de transition
» tend partout à adopter la direction de l'E.
» à l'O., quels que soient d'ailleurs l'âge et la
» direction des strates qui le composent.

» Il en résulte, dans la partie méridionale
» de la Bretagne, une concordance appa-
» rente, mais dans la partie septentrionale
» et surtout dans le Cotentin, une discor-
» dance absolue.

» Si à ce fait nous ajoutons que, dans le
» Cotentin et la partie limitrophe de la
» Bretagne, les axes des plateaux et les
» longues vallées qui les séparent ne sont
» pas dirigés vers le N.-E. comme la stra-
» tification des roches anciennes qui les
» composent, mais constamment de l'E. à
» l'O., il résulte, à ce qu'il me semble, du
» rapprochement de ces faits, que les axes
» du plateau ancien ont subi des modifica-
» tions postérieures à sa consolidation, et
» que ce sont ces axes modifiés qui ont pé-
» terminé la direction de la stratification
» dans le terrain de transition. »

Il me paraît difficile de ne pas conclure

de ce passage que M. Boblaye regardait les accidents stratigraphiques dirigés, suivant lui, à l'E.-S.-E. du plateau méridional de la Bretagne, de même que les accidents stratigraphiques dirigés entre le N.-N.-E. et le N.-E. du plateau septentrional, comme produits à un époque antérieure au dépôt du terrain de transition, c'est-à-dire du terrain silurien.

Les observations de M. Dufrénoy, celles de M. Rivière et les miennes, conduisent à la même conclusion. Si on promène un œil attentif sur la partie de la carte géologique de la France qui représente la presqu'île de Bretagne, on voit que les lignes assez nombreuses par lesquelles s'y dessine le *Système du Morbihan* s'interrompent constamment dans les espaces occupés par le terrain silurien. Je citerai, par exemple, la ligne tirée de l'île de Guernesey à Sillé-le-Guillaume (département de la Sarthe). Cette ligne, jalonnée par diverses masses granitiques, est, en même temps, dessinée par plusieurs massifs de schistes anciens et de gneiss, qui s'allongent suivant sa direction; mais elle n'est représentée par aucun accident remarquable, dans les bandes de terrain silurien qu'elle traverse.

Le *Système du Morbihan* se trouve, par

conséquent, relativement au terrain silurien, dans le même cas que le *Système du
Longmynd* et le *Système du Finistère*. Mais
quel est l'âge relatif du *Système du Morbihan*
comparé aux deux derniers?

Je ne puis, pour le moment, appliquer à
la solution de cette question que des moyens
analogues à ceux par lesquels j'ai essayé de
faire voir que le *Système du Longmynd* est
moins ancien que le *Système du Finistère;*
leur application me conduit à conclure que
le *Système du Morbihan* est postérieur aux
deux autres.

Ainsi que je l'ai déjà remarqué, l'une des
lignes les mieux dessinées du *Système du
Morbihan* est celle qui s'étend de l'île de
Noirmoutier à l'île d'Ouessant. Cette ligne
suit, de l'île Beninguet à l'île d'Ouessant, la
chaîne des îles terminales du Finistère, où
la direction de la chaîne n'est pas parallèle
à la stratification des roches qui la composent; elle coupe la direction de la stratification sous un angle d'environ 60°, ainsi
qu'on peut le constater en considérant la
direction de la bande schisteuse, qui traverse l'île d'Ouessant de l'O.-S.-O. à l'E.-
N.-E. En appliquant ici la remarque de
M. de Humboldt, déjà rappelée ci-dessus,
on conclura que le *Système du Morbihan* est

postérieur, comme le *Système du Longmynd*, au *Système du Finistère*, auquel appartient la direction de la bande schisteuse de l'île d'Ouessant.

On peut remarquer, en outre, sur la belle carte géologique du Finistère publiée par M. Eugène de Fourcy, ingénieur des mines, que les roches granitiques du plateau méridional de la Bretagne enveloppent, notamment près de l'embouchure de la rivière de Quimperlé, des lambeaux de roches schisteuses, qui, malgré leur état actuel de dislocation, conservent la direction du *Système du Finistère* ; ce qui conduit naturellement à supposer qu'ils avaient été plissés par le ridement du *Système du Finistère*, avant d'être disloqués par le soulèvement des granites du *Système du Morbihan*.

Des considérations du même genre conduisent d'ailleurs à reconnaître que le *Système du Morbihan* est postérieur au *Système du Longmynd*, et cette seconde conclusion comprend implicitement la première, puisque nous avons déjà reconnu que le *Système du Longmynd* est postérieur au *Système du Finistère*.

La ligne tirée de Guernesey à Sillé-le-Guillaume, qui est, ainsi que nous l'avons déjà remarqué, l'une de celles où se dessine le *Système du Morbihan*, traverse la partie de la Normandie que M. Boblaye signale spécialement comme le domaine de la direction N.-N.-E. propre au *Système du Longmynd*. Elle s'y dessine par divers accidents stratigraphiques et orographiques, mais elle laisse généralement subsister la stratification N.-N.-E. Elle y joue, par conséquent, relativement au *Système du Longmynd*, le rôle que la direction du Longmynd joue par rapport au *Système du Finistère*, comme je l'ai rappelé ci-dessus, le long de la route de Ploërmel à Dinan. Ainsi, les mêmes motifs qui nous font conclure que le *Système du Finistère* est antérieur au *Système du Longmynd*, doivent nous faire conclure également que le *Système du Longmynd* est antérieur au *Système du Morbihan*.

Cette même ligne, parallèle à la route de Ploërmel à Dinan, qui élève, sans déranger leur stratification, les schistes plissés suivant le *Système du Finistère*, se conduit tout autrement par rapport au *Système du Morbihan*. Son prolongement méridional traverse le plateau méridional de la Bretagne, qui appartient au *Système du Morbihan*; mais bien loin d'interrompre ce plateau, comme elle interrompt les plateaux schisteux de Ploërmel, elle s'évanouit à son

I.   13*

approche, et elle cesse de se dessiner par aucun accident stratigraphique ou orographique remarquable. Ainsi le même raisonnement, qui montre que le *Système du Longmynd*, auquel appartient cette ligne si remarquable, est POSTÉRIEUR au *Système du Finistère*, montre aussi qu'il est ANTÉRIEUR au *Système du Morbihan*.

Il me paraît donc établi que les quatre ridements de l'écorce terrestre, dont nous nous sommes occupés jusqu'à présent, se sont succédé dans l'ordre suivant :

Système de la Vendée, Système du Finistère, Système de Longmynd, Système du Morbihan.

Ces quatre Systèmes se croisent au milieu de la presqu'île de Bretagne, dans un espace peu étendu, et cette circonstance permet de constater leur âge relatif d'après le seul examen de la manière dont s'opère le croisement. Ce mode de constatation, ainsi que je l'ai déjà remarqué, n'est pas le plus satisfaisant; mais on est réduit à s'en contenter, parce qu'il n'existe en Bretagne aucun terrain sédimentaire régulièrement étudié dont on puisse assurer que son dépôt s'est opéré entre l'apparition de deux des Systèmes de montagnes dont nous venons de parler. L'existence de pareils terrains dans les autres parties de l'Europe occidentale est même encore plus ou moins problématique, et je suis loin de prétendre que l'aperçu de classification que j'ai essayé de donner de quelques uns d'entre eux (1), soit le dernier mot de la science, et offre une base de laquelle on puisse partir avec assurance. Il résulte de là que je n'ai pu rapprocher les différents membres des divers Systèmes dont il s'agit que d'après leur parallélisme, en me fondant sur les analogies tirées des Systèmes de montagnes plus modernes dont l'étude n'est pas environnée des mêmes difficultés. Dans l'ordre de la rédaction de cet article, c'est une anticipation sur ce qui va suivre, mais ce n'a pas été une anticipation dans l'ordre des études ; car les difficultés dont je viens de parler m'ont arrêté pendant longtemps, et ce n'est que tout récemment que j'ai essayé d'esquisser ainsi les principaux traits de l'histoire anté-silurienne. La détermination de l'âge du Système qui, dans l'ordre chronologique, doit venir immédiatement à la suite du *Système du Morbihan*, n'offre déjà plus les mêmes difficultés.

(1) *Bulletin de la Société géologique de France*, 2ᵉ série, t. IV, p. 9 2 (séance du 17 mai 1847).

V. Système du Westmoreland et du Hundsrück.

L'idée première de ce Système est due aux recherches dont M. le professeur Sedgwick a communiqué les résultats, en 1831, à la Société géologique de Londres. Ce savant géologue, qui s'était occupé (dès lors) depuis près de dix ans, de l'exploration des montagnes du district des lacs du Westmoreland, a fait voir que la moyenne direction des différents Systèmes de roches schisteuses y court du N.-E. un peu E., au S.-O. un peu O. Cette manière de se diriger fait que, l'un après l'autre, ils viennent se perdre sous la zone carbonifère qui couvre les tranches de leurs couches, d'où il résulte qu'ils sont nécessairement en stratification discordante avec cette zone. L'auteur confirme cette induction en donnant des coupes détaillées; et de tout l'ensemble des faits observés, il conclut que les couches des montagnes centrales du district des lacs ont été placées dans leur situation actuelle, avant ou pendant la période du dépôt du vieux grès rouge, par un mouvement qui n'a pas été lent et prolongé, mais soudain.

A cette époque, les belles recherches de M. Murchison sur la région silurienne n'étaient pas encore ou étaient à peine commencées, le nom même de *terrain silurien* n'avait pas encore été prononcé ; et frappé de l'irrégularité des couches de transition moderne que j'avais visitées à Dudley et à Tortworth, couches qui n'avaient encore été rapprochées d'aucune de celles du Westmoreland, j'annonçai que des circonstances autres que celles mentionnées par M. le professeur Sedgwick, me faisaient regarder à moi-même comme très probable que ce soulèvement avait même eu lieu avant le dépôt de la partie la plus récente des couches que les Anglais nomment terrains de transition, c'est-à-dire avant le dépôt des calcaires à trilobites de Dudley et de Tortworth. Les beaux travaux de M. Murchison ont rectifié ce que cet aperçu avait d'inexact, et m'ont ramené à une détermination complètement conforme à la première indication de M. le professeur Sedgwick.

M. le professeur Sedgwick a aussi montré que si l'on tire des lignes suivant les directions principales des chaînes suivantes, savoir la chaîne méridionale de l'Écosse, depuis Saint-Abbs-Head jusqu'au Mull de Galloway, la chaîne de grauwacke de l'île de Man, les crêtes schisteuses de l'île d'Anglesea, les principales chaînes de grauwacke du pays de Galles et la chaîne du Cornouailles, ces lignes seront presque parallèles l'une à l'autre et à la direction mentionnée ci-dessus, comme dominant dans le district des lacs du Westmoreland.

L'élévation de toutes ces chaînes, qui influent si fortement sur le caractère physique du sol de la Grande-Bretagne, a été rapportée par M. le professeur Sedgwick à une même époque, et leur parallélisme n'a pas été regardé par lui comme accidentel, mais comme offrant une confirmation de ce principe général déjà déduit de l'examen d'un certain nombre de montagnes, que les chaînes élevées à la même époque affectent un parallélisme général dans la direction des couches qui les composent, et par suite dans la direction des crêtes que ces eouches constituent.

Passant ensuite de la Grande-Bretagne sur le continent de l'Europe, je remarquai que la surface de l'Europe continentale présente plusieurs contrées montueuses, où la direction dominante des couches les plus anciennes et les plus tourmentées court aussi, comme M. de Humboldt l'a observé depuis longtemps, dans une direction peu éloignée du N.-E. ou de l'E.-N.-E. (*hora* 3-4 *de la boussole des mineurs*). Telle est,

par exemple, la direction des couches de
schiste et de grauwacke des montagnes de
l'Eiffel, du Hundsrück et du pays de Nassau,
au pied desquelles se sont probablement
déposés les terrains carbonifères de la Belgique et de Sarrebrück. Ces derniers reposent à Nonnweiler, route de Birkenfeld à Trèves (1), sur la tranche des couches de schiste et
de quartzite. Telle est aussi la direction des
couches schisteuses du Hartz ; telle est encore celle des couches de schiste, de grauwacke et de calcaire de transition des parties
septentrionales et centrales des Vosges, sur
la tranche desquelles s'étendent plusieurs
petits bassins houillers ; telle est même à
peu près celle des couches de transition calcaires et schisteuses, d'une date probablement fort ancienne, qui constituent en
grande partie le groupe de la Montagne-
Noire, entre Castres et Carcassonne, et qui
se retrouvent dans les Pyrénées où, malgré
des bouleversements plus récents, elles
présentent encore, et souvent d'une manière très marquée, l'empreinte de cette
direction primitive.

Enfin, cette direction *hora* 3—4 est aussi
la direction dominante et, pour ainsi dire,

(1) *Explication de la Carte géologique de la France*, t. 1,
598.

fondamentale des feuillets plus ou moins prononcés des gneiss, micaschistes, schistes argileux et des roches quartzeuses et calcaires de beaucoup de montagnes appelées souvent primitives, telles que celles de la Corse, des Maures (entre Toulon et Antibes), du centre de la France, d'une partie de la Bretagne, de l'Erzgebirge, des Grampians, de la Scandinavie et de la Finlande.

Le parallélisme de cette direction et de celle observée par M. le professeur Sedgwick en Angleterre, joint à la circonstance que cette loi d'une forte inclinaison dans une direction à peu près constante, à laquelle obéissent très habituellement les couches et les feuillets des terrains les plus anciens de l'Europe, ne comprend pas les formations d'une origine postérieure, conduisait naturellement à supposer que l'inclinaison de toutes les couches de sédiment qui sont comprises dans le domaine de cette loi, est due à une même catastrophe qui, jusque là, était la plus ancienne de celles dont les traces avaient pu être clairement reconnues. Elles m'ont paru constituer un Système particulier dont je viens de retracer les traits fondamentaux, et dont il me reste à compléter l'étude autant que l'état des observations le permet aujourd'hui ; mais

Je dois d'abord rappeler pourquoi je l'ai nommé *Système du Westmoreland et du Hundsrück.*

Les noms qui rappellent un type naturel bien déterminé, tels que ceux de calcaire du Jura, d'argile de Londres, de calcaire grossier parisien, ont, en géologie, des avantages tellement marqués, qu'il était à désirer qu'on pût en employer du même genre pour les divers Systèmes d'inégalités, d'âges différents, qui sillonnent la surface de la terre. Il n'était pas sans embarras de choisir, pour indiquer une réunion de rides qui traversent une grande partie de l'Europe, qui probablement s'y sont produites au milieu d'accidents préexistants, et qui depuis ont été soumises à un grand nombre de dislocations, un nom simple et facile à retenir, qui se rattachât à des accidents naturels du sol, et qui ne fût pas exposé, à cause de sa brièveté même, à donner lieu à des équivoques et à des disputes de mots; il m'a semblé qu'on pourrait adopter pour le Système dont nous parlons le nom de *Système du Westmoreland et du Hundsrück,* en convenant de prendre la partie pour le tout, et en rattachant tout l'ensemble à deux districts montagneux, où les accidents très anciens qui nous occupent sont encore

au nombre des traits les plus proéminents.
On pourrait tout aussi bien l'appeler Système du Bigorre, du Canigou, du Pilas,
de l'Erzgebirge, du Harz, puisque les couches schisteuses anciennes dont ces montagnes sont en grande partie composées,
paraissent avoir contracté elles-mêmes, à
l'époque ancienne qui nous occupe, leurs
inflexions primordiales. Mais comme ces
mêmes montagnes paraissent devoir une
grande partie de leur relief actuel à des
mouvements beaucoup plus récents, j'ai
craint qu'en les faisant figurer dans la désignation d'un Système d'accidents bien antérieur à la configuration définitive qu'elles
nous présentent, on n'introduisît trop de
chances de confusion.

Depuis que le premier aperçu dont je viens
de reproduire la substance a été publié (1),
la réunion en un même faisceau de tous les
accidents orographiques et stratigraphiques
dont je viens de rappeler les noms, est devenue de plus en plus indispensable; quelques autres même ont dû y être réunis;
quelques accidents partiels ont dû seuls être
détachés des masses avec lesquelles ils étaient
confondus.

(1) *Manuel géologique*, p. 626. — *Traité de géognosie*,
t. III, p. 301-302.

J'ai cru pendant longtemps que les couches schisteuses les plus anciennes des Ardennes, du Hundsrück, du Hartz, etc., correspondaient par leur âge à celles des collines du *Longmynd*, sur lesquelles les couches siluriennes inférieures reposent en stratification discordante. C'est dans cette pensée qu'en 1835, je proposai à M. Murchison, ainsi qu'il a bien voulu le rappeler dernièrement (1), de donner au groupe de roches schisteuses anciennes qui forme la base du *Longmynd* le nom de *Système hercynien*, nom auquel M. le professeur Sedgwick a préféré celui de *Système cambrien*. Mes illustres amis ont conservé eux-mêmes, pendant longtemps, quelque chose de cette ancienne opinion ; car sur la belle carte des terrains schisteux des bords du Rhin, qu'ils ont publiée en 1840, ils ont indiqué un noyau cambrien dans l'Ardenne, près de Bastogne et de Houffalize, et un autre sur les bords du Rhin, près d'Oberwesel et de Saint-Goar.

L'incertitude où nous étions sur l'existence réelle de ces noyaux cambriens, l'impossibilité de les limiter avec précision, et

(1) Murchison, Mémoire lu à la Société géologique de Londres, le 6 janvier 1847. — *Quaterly journal of the Geological society*, t III, p. 167.

d'autres difficultés encore, nous ont déterminés, M. Dufrénoy et moi, à figurer une
grande partie de ces contrées schisteuses,
sur la carte géologique de la France publiée
en 1841, comme composées de *terrains de
transition indéterminés*, désignés simplement
par la lettre *i*, et j'ajoutais dans l'explication de la même carte : « L'expression *terrain ardoisier* laisse dans une indétermina-
tion dont il ne me paraît pas encore prudent
de sortir aujourd'hui, et l'époque du dépôt
des schistes et des quartzites de l'Ardenne,
et l'époque de la conversion en ardoises
d'une partie des premiers.... Les schistes
verdâtres qui, près de Bingen, sur le Rhin,
alternent avec des quartzites, m'ont paru
présenter une ressemblance frappante avec
ceux qui alternent de même avec des quartzites près de Nouzon, sur les bords de la
Meuse. De part et d'autre les quartzites sont
semblables, et ils rappellent en tout point
quelques uns de ceux de la Bretagne. Le
calcaire qui se trouve à Stromberg, un peu
à l'E. de Bingen, constitue une analogie
de plus avec le terrain des bords de la Meuse
et de la Semois (1). De petits bancs calcaires
remplis de crinoïdes et contenant aussi des

(1) *Explication de la Carte géologique de la France*, t. I,
p. 265.

spirifers et d'autres fossiles, sont intercalés dans les schistes ardoisiers, depuis Moncy-Notre-Dame, près de Mézières, jusqu'à Bouillon (1), suivant une ligne dirigée de l'O.-S.-O. à l'E.-N.-E.

Tous les pas que la science a faits depuis lors ont tendu à rajeunir les terrains dont il s'agit, par conséquent à les éloigner du terrain du Longmynd et à les rapprocher du terrain dévonien. Mais je rappellerai d'abord les analogies qui, sans en fixer encore l'âge, me portaient déjà, il y a six ans, à reconnaître un grand ensemble de dépôts contemporains dans ces terrains de transition indéterminés de l'E. de la France, qui tous sont affectés de la direction *hora* 3-4.

Je disais, dans l'explication de la carte géologique, qu'à l'angle septentrional des Vosges, au N.-O. de Schirmeck, le terrain se compose de couches parallèles dirigées de l'O. 30° S. à l'E. 30° N. et plongeant d'environ 60° au S. 30° E., de schistes argileux à surface luisante, de grauwacke et de calcaire gris. On trouve, dans les calcaires et dans les schistes, des entroques, des polypiers, et des coquilles univalves et bivalves, malheureusement peu distincts (2). »

(1) *Explic. de la carte géol. de la France*, t. I, p. 258 (184).
(2) *Ibid.*, t. I, p. 322.

I   14*

Et j'ajoutais plus loin : « .... Ce terrain
schisteux, avec grauwackes et calcaires subordonnés, me paraît avoir une grande
analogie avec celui des parties de l'Ardenne
voisines de Mézières et de Bouillon, et rien
n'empêcherait qu'on ne suppose que ce sont
deux affleurements d'un même Système
qui, dans tout l'intervalle entre Mézières et
Framont, demeure couvert par des dépôts
plus modernes (4). »

Je disais encore que « dans la partie méridionale des Vosges et dans les parties
adjacentes des collines de la Haute-Saône,
on trouve, au-dessous des porphyres bruns,
un système de roches schisteuses dont la
direction court généralement entre le N.-E.
et l'E.-N.-E. Ces roches schisteuses renferment des couches de grauwacke, des débris
végétaux et quelques amas de calcaire fossilifère. C'est la même réunion d'éléments
que dans le terrain stratifié des environs de
Schirmeck, ou dans la partie de l'Ardenne
qui avoisine Mézières et Bouillon. Ces
schistes rappellent également ceux qu'on
observe dans les montagnes entre la Saône
et la Loire, et dans la partie méridionale
du Morvan, entre Autun et Decize, et qui

(1) *Explication de la Carte géologique de la France*, t. 1,
chap. V, t.1, p. 323.

contiennent de même des amas stratifiés de calcaire avec encrines et quelques autres fossiles en petit nombre. Tous ces terrains schisteux font probablement partie d'un même Système que les roches éruptives ont disloqué (1).

» Dans l'espace compris entre les granites du Champ-du-Feu et les montagnes granitiques de Sainte-Marie aux Mines, la direction moyenne des schistes se rapproche, à la vérité, davantage de la ligne E.-O.; je concluais cependant que l'étoffe fondamentale sur laquelle la succession des phénomènes géologiques a, en quelque sorte, brodé le relief actuel des Vosges, était un terrain pourvu, dans beaucoup de parties, d'une stratification assez régulièrement dirigée de l'O. 30 à 40°S. à l'E. 30 à 40° N. (2), (moyenne E. 35° N.).

J'ajoutais que « le sol des Vosges et de la forêt Noire avait été compris dans un ridement très général qui avait affecté tous les terrains anciens d'une grande partie de l'Europe, et leur avait imprimé cette direction habituelle vers l'E. 20 à 40° N., que j'ai signalée dans les gneiss, les schistes et

(1) *Explication de la Carte géologique de la France*, t. 1, p. 326.
(2) *Ibid.*, t. I, p. 301.

autres roches anciennes, dont les bandes juxtaposées constituent le sol fondamental des Vosges (1). »

Dans le chapitre suivant du même volume, j'ai signalé les analogies qui me paraissent exister entre les roches fondamentales des montagnes des Maures et de l'Estérel, qui bordent la Méditerranée entre Toulon et Antibes, et celles des Vosges. « Les roches cristallines stratifiées des montagnes des Maures forment, disais-je, un système analogue à celui que nous avons déjà signalé dans les Vosges (p. 309). Elles semblent avoir pour étoffe première un grand dépôt de schistes et de grauwackes à grains fins, contenant des assises calcaires et des dépôts charbonneux.

» La cristallinité paraît s'y être développée après coup par voie de métamorphisme, mais d'une manière inégale, suivant les localités. C'est aux environs de Toulon et d'Hyères que la cristallinité a fait le moins de progrès, et que les schistes sont le moins éloignés de leur état primitif (2).

» Dans la presqu'île de Giens, les cou-

(1) *Explication de la Carte géologique de la France*, t. 1, p. 417.
(2) *Ibid.*, p. 447.

ches schisteuses sont verticales, et dirigées de l'E.-N.-E. à l'O.-S.-O. (1).

» Ce que les schistes de la presqu'île de Giens ont peut-être de plus remarquable, c'est la présence des couches calcaires qui y sont intercalées. Elles se trouvent près de la pointe occidentale, où les roches du système schisteux qui nous occupe ont quelque chose de moins cristallin, de plus arénacé, et une teinte plus grisâtre que dans les autres parties, et se réduisent même, en quelques endroits, à des Quartzites schistoïdes blanchâtres ou gris (2). Les assises calcaires et les Quartzites intercalés dans les Schistes de la presqu'île de Giens, rappellent naturellement les Schistes qui contiennent simultanément des couches subordonnées de ces deux natures, dans les Ardennes et dans les Vosges (3). Les Schistes d'Hyères ont de grands rapports avec ceux des Grampians, comme le montrent les descriptions de Saussure, comparées à celles de Playfair (4); quelques unes de leurs variétés ressemblent également aux Killas de Cornouailles (5).

(1) *Explication de la Carte géologique de la France*, t. 1, p. 448

(2) *Ibid*, p. 449.

(3) *Ibid*, p. 450.

(4) *Ibid*, p. 453

(5) *Ibid*, p. 454.

» Le principal groupe des directions observées dans les montagnes des Maures se dirige moyennement au N. 44° E., direction
peu éloignée de celle que nous avons déjà
signalée dans les Vosges, et résultant *du
ridement général qui, à une époque géologique très ancienne, a affecté les dépôts stratifiés d'une grande partie de l'Europe* (1). »

Cette direction moyenne est, en effet,
comprise dans le champ trop large peut-
être de la désignation *hora* 3-4 ; cependant
elle s'éloigne plus de la ligne E.-O. que dans
les autres localités que je viens de citer;
mais nous avons déjà vu qu'on peut subdiviser
le groupe de directions qu'elle représente.

La direction de la plupart des anciens
terrains stratifiés de l'Europe se reproduit
plus exactement encore dans les îles de Corse
et de Sardaigne. Les montagnes granitiques
qui composent la partie occidentale de la
Corse forment une suite régulière de rides
parallèles, dirigées à peu près de l'O.-S.-O.
à l'E.-N.-E., et embrassent, dans leurs in-
terstices, les échancrures symétriques des
golfes de Porto, de Sagone, d'Ajaccio, de
Valinco et de Ventilegne (2). D'après M. de

(1) *Explication de la Carte géologique de la France*, t. I,
p. 467.

(2) J. Reynaud, *Mémoires sur la constitution géologique de*

la Marmora, les crêtes que forment, en Sardaigne, les terrains de transition, affectent une direction semblable.

Cette même direction reparaît avec de légères variations dans les terrains de transition de la montagne Noire, entre Castres et Carcassonne, et dans ceux d'une partie des Pyrénées.

Le massif de la montagne Noire, entre Castres et Carcassonne, depuis Sorrèze et le bassin de Saint - Féréol, jusque vers Saint-Gervais et le pont de Camarès, est formé de masses ellipsoïdales de Granite séparées par des bandes de Roches schisteuses et calcaires, dont l'une renferme les belles carrières de marbre de Caunes, entre Carcassonne et Saint-Pons. Ces diverses Roches ont une tendance prononcée à former des bandes dirigées vers l'E. 30 à 40° N. ; celles qui sont stratifiées se dirigent vers l'E. 25, 30, 35, 40 et 45° N. La moyenne de toutes ces directions, que j'ai relevées en grand nombre, en 1832, m'a paru être E. 34° N. La même direction s'observe aussi dans beaucoup de points des Cévennes, entre Meyrueis et Anduze.

J'avais cru reconnaître encore la même

la Corse, *Mémoires de la Société géologique de France*, t. 1, p. 3.

direction fondamentale dans les Roches schisteuses et calcaires, souvent pénétrées par des Granites, qui forment la base des Pyrénées. M. Durocher, qui depuis lors a exploré avec beaucoup de soin et de détail les terrains anciens des Pyrénées, a publié une nombreuse série d'observations de direction dont la moyenne s'écarterait un peu moins de la ligne E.-O.; mais peut-être ces directions devraient-elles être divisées en deux groupes.

M. Durocher, dans son intéressant *Essai sur la classification du terrain de transition des Pyrénées* (1), indique d'une manière générale la direction E.-N.-E. comme propre aux Roches stratifiées les plus anciennes des Pyrénées; mais, dans les nombreuses mesures de direction qu'il a soin de rapporter, on voit que les directions des Roches dont il s'agit oscillent dans l'intervalle compris entre l'E. et l'E. 40° N., et que très souvent elles se rapprochent, soit de l'E. 15 à 20° N., soit de l'E. à 30 à 35° N.

La première de ces deux directions peut être rapportée au *Système du Finistère*, car la direction de ce Système, transportée dans un point de la partie méridionale du département de l'Arriége, situé par 42° 40' de la-

(1) *Annales des mines*, 4e série, t. VI, p. 15.

titude N., et par 1° de longitude O. de Paris, en calculant l'*excès sphérique*, comme si
Brest se trouvait sur le *grand cercle de comparaison* du Système, se réduit à E. 17" 26'
37" N.

Quant à la seconde direction E. 30 à
35° N., elle coïncide, à peu de chose près,
avec la direction moyenne E. 34° N., que
j'ai trouvée pour les couches de la montagne
Noire, et cela me confirme dans la supposition que cette moyenne est très sensiblement exacte.

Les fossiles renfermés en différents points
dans les roches de transition que je viens de
passer en revue, n'ont pu servir, pendant
longtemps, qu'à montrer qu'elles devaient
être fort anciennes, sans qu'il fût possible
de s'en servir pour les rapporter à un étage
déterminé. Dans cette incertitude, nous ne
pouvions, M. Dufrénoy et moi, les figurer
sur la carte géologique de la France autrement que comme *terrains de transition indéterminés*, et elles y sont, en effet, coloriées en brun clair et marquées de la lettre *i*,
qui est consacrée à ces terrains.

La science est principalement redevable
de la cessation de cet état d'incertitude a
M. de Buch, qui a parcouru, en 1846, une
grande partie des Pyrénées, et qui a bien

voulu examiner, à diverses époques, les collections de fossiles des localités sus-mention-
nées que nous avons réunies à l'École des
mines. Il a vu aussi ceux qui se trouvent
dans les musées de Strasbourg et de Lyon.
Tout récemment encore, il a examiné, sous
ce point de vue, les collections recueillies,
dans les Pyrénées et dans les carrières de
Caunes, par M. Dufrénoy et par moi, et il
a reconnu, à l'ensemble des fossiles dont il
s'agit, un caractère dévonien.

Il rapporte spécialement au Système dé-
vonien les fossiles des terrains de transition
des Pyrénées orientales, de la vallée de
Campan, des carrières de Caunes (montagne
Noire), et de celles de Schirmeck dans les
Vosges (1).

(1) Depuis le moment où j'ai fait cette communication à
la Société géologique, M de Buch, en retournant à Berlin, a
visité les environs de Schirmeck et de Framont avec MM. de
Billy et Daubrée; et dans une lettre subséquente, dont je
suis heureux de pouvoir consigner ici un extrait, il a con-
firmé son opinion de l'âge dévonien des calcaires de transition des environs de Schirmeck et de Framont.

Berlin, le 19 juillet 1847.

« ..... Le calcaire de Russ, de Schirmeck et de Framont
» est un banc de corail, *calamopora, polymorpha, spongytes,*
» *cyathophillum,* ni silurien, ni carbonifère, donc *dévonien;*
» c'est Gerolstein et plus encore le Mühlthal du Hartz. Vai-
» nement on cherche des Spirifers, des Térébratules ; mais
» on trouve entre Schirmeck et Framont l'*orthoceratites re-*

Toutes ces localités fossilifères , de même que celles du Hartz et des environs de Bayreuth, sont donc *dévoniennes;* mais elles me paraissent l'être de la même manière que les localités du Hundsrück, du pays de Nassau, de l'Eifel et de la Westphalie, que MM. Sedgwick et Murchison avaient coloriées comme *siluriennes*, dans leur belle carte publiée en 1840. Dans leur mémorable travail sur les fossiles des terrains anciens des provinces rhénanes, imprimé dans les *Transactions géologiques* , à la suite du Mémoire de MM. Sedgwick et Murchison (1), MM. d'Archiac et de Verneuil ont placé dans le terrain *silurien* les localités fossilifères d'Abentheur (Hundsrück), de Wissembach, Ems , Kemmenau , Niederosbach, Braubach , Haüsling (duché de Nassau), etc., de Prüm et de Daun (Eifel), de Solingen, Liegen, Unkel, Lauderskron, Lindlar (Westphalie), etc., et ils les ont, par conséquent, distinguées des localités dévoniennes des mêmes contrées. Aujourd'hui il serait question de considérer toutes ces localités comme *dévoniennes*, et je suis très

» *fularis* assez grand ; il est encore *dévonien* à Elbersreuth,
» près de Bayreuth. »

(1) *Transactions of the Geological society of London* , new series, t VI.

porté à croire que c'est particulièrement de ces localités, regardées primitivement comme distinctes du terrain *dévonien* proprement dit, que doivent être rapprochées les localités fossilifères de la France dont je viens de parler.

Les terrains schisteux du Fichtelgebirge et du Frankenwald, dans lesquels sont encastrés sous forme lenticulaire les calcaires fossilifères d'Elbersreuth près de Bayreuth, et des environs de Hof, appartiennent essentiellement au Système de couches anciennes caractérisées par la direction *Hora* 3-4. C'est là que M. de Humboldt, en 1792, a été frappé pour la première fois de la constance de cette direction.

Il en est de même des terrains schisteux de l'Erzgebirge, qui sont le prolongement de ceux du Fichtelgebirge et du Frankenwald, et de la plus grande partie de ceux du Hartz.

Enfin, cette direction se dessine encore, de la manière la plus nette, dans les couches fossilifères des environs de Prague. Le beau travail que M. Joachim Barrande a commencé à publier sur ces dépôts ne permet pas de douter qu'ils n'appartiennent au *terrain silurien;* mais ils paraissent cependant ne pas être dénués de quelques

rapports avec le terrain fossilifère d'Elbersreuth, car on lit les lignes suivantes dans
la savante notice de M. Barrande : « Il ne
» sera pas hors de propos de faire observer
» en passant qu'un assez grand nombre de
» nos bivalves du genre *Cardium*, etc., pa-
» raissent se rapprocher de celles que le
» comte de Munster a décrites comme ap-
» partenant au calcaire d'Elbersreuth (1). »

Les lumières nouvelles que ces divers
rapprochements jettent si heureusement sur
les terrains de transition que nous nous
sommes bornés à colorier, M. Dufrénoy et
moi, sur la carte géologique de la France
comme terrains de transition indéterminés,
ne permettraient pas encore de les colorier
d'une manière bien certaine. Il reste toujours évident que le terrain ardoisier de
l'Ardenne et du Hundsrück constitue un
Système différent du Système anthraxifère
de M. d'Omalius d'Halloy. Les trois assises
inférieures de ce terrain que M. d'Omalius
a désignées sous les noms de poudingue de
Burnot, de calcaire de Givet et de Psammites du Condros, me paraissent toujours
former un Système distinct du terrain ardoisier sur lequel le poudingue de Burnot

(1) Joachim Barrande, *Notice préliminaire sur le terrain
silurien et les trilobites de Bohême* (1846), p. 45.

I.   15*

repose près de Givet et de Fumay, et à Pepinster, près de Spa, en stratification discordante. A mes yeux, ces trois assises constituent le *terrain dévonien proprement dit*, et les couches nommées aussi *dévoniennes*, qui font partie du terrain ardoisier, appartiennent stratigraphiquement à un Système plus ancien. ·

Le terrain de transition longtemps indéterminé, qui comprend le terrain ardoisier de l'Ardenne et du Hundsrück, et ceux que j'ai cherché à y rattacher dans les Vosges, dans les montagnes des Maures et de l'Estérel, etc., se compose de ces couches *dévoniennes anciennes*, de couches *siluriennes*, et peut-être de couches plus anciennes encore. Ce terrain est la matière constituante essentielle du Hundsrück et de toutes les rides dirigées *Hora 3-4*, que j'ai désignées sous le nom de *Système du Westmoreland et du Hundsrück*. Il devient évident, d'après cela, que ce Système de rides est postérieur au *terrain silurien*, et même à une partie des couches qu'on désigne aujourd'hui comme *dévoniennes;* mais il demeure également évident qu'il est antérieur, d'une part, au *terrain dévonien* de la partie S.-E. des Vosges (1), et, de l'autre,

(1) Voyez *Explic. de la Carte géol. de la France*, t. 1, p. 365.

au poudingue de Burnot, qui repose en stratification discordante sur les couches redressées du terrain ardoisier.

Le Système du poudingue de Burnot, du
Calcaire de Givet et des Psammites de Condros a été regardé pendant quelque temps
comme représentant le *terrain silurien*. A la
même époque, le terrain ardoisier a été considéré comme représentant le *terrain cambrien*. Cela expliquera naturellement comment j'ai été conduit à regarder le système
de rides de Hundsrück comme se rapportant
à une époque intermédiaire entre le terrain
cambrien et le terrain *silurien*. L'indécision
où l'on a été ensuite sur l'âge d'une partie des
couches dont les rapports stratigraphiques
déterminent l'âge relatif de ce système de
rides, a dû me faire prévoir depuis longtemps
un changement dans l'énoncé de cette détermination, et me rendre en même temps très
circonspect à proposer un nouvel énoncé;
mais, en envahissant ainsi le terrain ardoisier, et, en général, tout notre terrain de
transition indéterminé, qui est la matière
constituante essentielle des rides du Système
du Hundsrück, les dénominations de couches
siluriennes et des couches *dévoniennes* ont
conquis le droit de préséance, par rang d'âge,
sur le Système du Hundsrück. Je n'ai pu

qu'applaudir à une pareille conquête, et
je me suis empressé de la proclamer au moment où les derniers nuages qui me la
faisaient considérer comme douteuse se sont
évanouis. Si tous les doutes n'ont pas encore disparu, relativement à la classification de ces couches, il est cependant devenu évident que le Système du Hundsrück
est postérieur aux couches *siluriennes* et
aux couches *dévoniennes anciennes;* mais rien
n'est changé quant aux motifs qui le faisaient
considérer comme antérieur au Poudingue
de Burnot, au Calcaire de Givet et aux Psammites de Condros, qui me paraissent représenter le *terrain dévonien proprement dit*,
en ce sens qu'elles sont l'équivalent chronologique exact du *vieux Grès rouge* des géologues anglais.

Un coup d'œil sur la structure stratigraphique de la Grande-Bretagne va confirmer
ce premier aperçu.

Dès l'origine, je dois m'empresser de le
reconnaître, M. le professeur Sedgwick a indiqué l'âge relatif du Système de rides auquel il a rapporté les montagnes du Westmoreland, les Lead-Hills, les Grampians, en des
termes auxquels l'énoncé que je propose aujourd'hui ne fait que donner peut-être une
plus grande précision. Dans le Mémoire qu'il

a communiqué à la Société géologique, en 1831, M. le professeur Sedgwick disait que les chaînes dont il s'agit avaient été soulevées avant le complet développement du vieux Grès rouge (1). Il est vrai que ce premier énoncé ne s'opposait pas à ce qu'on supposât le soulèvement de ces mêmes chaînes plus ancien que le vieux Grès rouge; mais les dernières publications du savant professeur de Cambridge ont levé, à cet égard, toutes les incertitudes.

Dans un de ses derniers Mémoires, lu à la Société géologique de Londres, le 12 mars 1845, M. le professeur Sedgwick dit que, dans la vallée de la Lune, les roches de Ludlow supérieures sont recouvertes par une masse épaisse de *Tilestone*, dont les couches les plus élevées sont remplies de fossiles appartenant tous aux espèces du terrain silurien supérieur. Il pense qu'il n'existe pas de véritable passage entre ce Tilestone et le vieux Grès rouge qui le recouvre, et cette opinion est basée sur les trois faits suivants: 1° C'est une règle générale que les conglomérats du vieux Grès sont en discordance

(1) ... All elevated nearly of the same period , before the complete developpement of the old redhandstone (*Proceedings of the geological Society of London*, vol. 1, p. 244 p. 285).

complète avec les Schistes supérieurs du
Westmoreland : on peut en citer un grand
nombre d'exemples incontestables. 2° Les
couches du conglomérat du vieux Grès rouge,
sur les bords de la Lune, ne sont pas exactement parallèles aux couches du *Tilestone*.
3° Ces conglomérats contiennent de nombreux fragments de *Tilestone* qui doivent
voir été solidifiés avant la formation des
nglomérats (1).

M. le Professeur Sedgwick a encore con-
firmé ces conclusions dans un nouveau Mémoire, lu à la Société géologique de Londres,
le 7 janvier 1846, en disant qu'il existe une
ressemblance générale entre les espèces que
renferme le terrain silurien supérieur dans
la région silurienne et dans le Westmoreland.
Considéré comme un grand groupe, le terrain silurien supérieur peut, d'après le savant professeur, être regardé comme presque
identique dans les deux contrées, et il se termine, dans l'une et dans l'autre, par des
couches appartenant à un même type minéralogique, c'est-à-dire formées de dalles
rouges ou *Tilestones* (2).

Enfin, dans son dernier Mémoire, lu à la

(1) A. Sedgwick, *Quarterly Journal of the geological society*, vol. I, p. 449.
(2) *Ibid.*, vol. II, p. 119.

Société géologique, le 16 décembre 1846,
M. le professeur Sedgwick regarde la *Conis-
ton limestone* du Westmoreland , comme
l'équivalent du *Caradoc sandstone*, et les
couches les plus élevées de la même série
(entre Kendal et Kirby-Lonsdale), comme
représentant les *Ludlow-Rocks* supérieurs et
le *Tilestone* de la région silurienne (1).

Il est donc avéré que le redressement des
couches du Westmoreland est postérieur au
dépôt du *tilestone*, mais antérieur à celui
du vieux grès rouge proprement dit.

Les couches schisteuses rouges qui sont
désignées sous le nom de *tilestone*, ont été
considérées jusqu'à ces derniers temps, surtout d'après leur couleur, comme formant
l'assise inférieure du vieux grès rouge; mais
dans ses publications les plus récentes,
M. Murchison a, de son côté, séparé le
tilestone du vieux grès rouge, pour le comprendre dans le terrain silurien. Dire que
le redressement des couches du Westmoreland est postérieur au *tilestone* et antérieur
au reste du vieux grès rouge, revient donc
exactement à dire qu'il est postérieur au
terrain silurien et antérieur au vieux grès
rouge , dans l'acception actuelle de ces deux

(1) A. Sedwick, *Quarterly Journal of the geological society*,
vol. III, p. 159.

expressions, et qu'il établit la ligne de démarcation entre ces deux grandes formations.

Cet énoncé cadre, d'une manière remarquable, avec celui auquel j'ai été conduit ci-dessus relativement au Hundsrück, lorsque j'ai dit que le redressement de ses couches est postérieur au dépôt du terrain silurien et des couches dévoniennes anciennes, mais antérieur au dépôt du *terrain dévonien proprement dit*. On doit, en effet, se rappeler que le terrain dévonien, tel que MM. Murchison et Sedgwick l'ont défini originairement d'après l'étude du Devonshire, est la réunion des couches qui, sans avoir la couleur ni la composition du vieux grès rouge, en sont néanmoins les équivalents chronologiques. Or, à l'époque où cette définition a été donnée, le *tilestone* était encore compris dans le vieux grès rouge. Le terrain dévonien, tel qu'on l'a poursuivi sur une partie du continent de l'Europe, d'après ses caractères paléontologiques, comprend donc des couches qui représentent chronologiquement le *tilestone*. Je suis porté à présumer que les couches *dévoniennes anciennes*, qui font partie du terrain ardoisier de l'Ardenne et du Hundsrück, sont les équivalents chronologiques du *tilestone*, et que le poudingue de Burnot, le calcaire de Givet et le psammite de Condros, que je désigne sous le nom de *terrain dévonien proprement dit*, représentent collectivement le vieux grès rouge dans *le sens restreint* ACTUEL de cette expression, le *vieux grès rouge proprement dit*.

Cette question pourra peut-être se décider par une étude nouvelle du Cornouailles et du Devonshire, faite dans ce but spécial. Des couches fossilifères, bien caractérisées comme siluriennes, ont été signalées dernièrement sur la côte S.-E. du Cornouailles aux environs de Falmouth et de Saint-Austle, par M. Peach. Dans une lettre adressée le 12 avril 1847 à sir Charles Lemon, sir Roderick Murchison dit qu'à la première vue des fossiles recueillis par M. Peach, il reconnut qu'il existe en Cornouailles de véritables couches siluriennes, et même des couches siluriennes inférieures, fait dont il trouve la preuve dans la présence de certains *orthis* à côtes simples, qui sont le caractère invariable de cette époque. Il annonce en outre que l'une des coquilles, le *Bellerophon trilobatus* que M. Peach a trouvées avec certains débris de poissons dans la zone des roches de Polperro, est une des coquilles caractéristiques des *tilestones* du Herefordshire et du Shropshire, et

a été aussi trouvé dans les couches du même
âge du Cumberland (sur les confins du
Westmoreland , entre Kirby-Lonsdale et
Kendal), couches qui forment, dit-il, l'assise supérieure du terrain silurien, ou une
transition entre le terrain silurien et le
terrain dévonien. M. Murchison ajoute encore que le district du Cornouailles dans lequel existent des couches siluriennes incontestables , est celui dans lequel M. le professeur Sedwick et sir Henry de la Bèche
avaient indiqué l'existence d'une ligne de
soulèvement dirigée du N.-E. au S.-O., qui,
en amenant au jour certains schistes quartzeux et argileux, avait relevé les couches
de part et d'autre au S.-E. et au N.-O.
suivant une ligne qui traverse la baie de
Falmouth. Avant d'avoir subi ce nouvel
examen , toutes ces couches fossilifères du
Cornouailles avaient été coloriées comme
dévoniennes.

Ainsi que M. le professeur Sedgwick l'a
annoncé dans le Mémoire de 1831 que j'ai
déjà rappelé, les chaînes des Lead-Hills et
des Grampians, en Écosse, qui, lorsqu'on
les considère avec leurs prolongations dans
le nord de l'Irlande, forment deux des lignes fondamentales des Iles-Britanniques,
paraissent avoir reçu les traits principaux

de leurs formes en même temps que les
montagnes du Westmoreland et que la chaîne
fondamentale du Cornouailles. Le vaste
massif des montagnes de l'Écosse, comme
celui des contrées rhénanes, a sans doute
éprouvé, même dans les Grampians, plusieurs soulèvements successifs à des époques
fort éloignées les unes des autres. On y en
distinguera probablement de plus anciens
que celui qui nous occupe (1). Il s'y en est
produit de plus modernes. J'ai moi-même
exprimé depuis longtemps l'opinion que les
montagnes de l'Écosse et de l'Irlande, depuis les îles Orcades et Shetland jusqu'aux
granites de Wicklow et de Carlow, présentent des dislocations parallèles aux failles
du Système du Rhin, et qui en sont probablement contemporaines (2). J'ai aussi
indiqué, dans ces montagnes, des accidents

(1) Depuis que ces lignes ont été imprimées dans le *Bulletin de la société géologique*, M. J. Nicol a publié des observations pleines d'intérêt sur la constitution de la chaîne du
Lead-Hills; les schistes et les grauwackes de cette chaîne se
dirigent moyennement à l'E. 26° N., c'est à dire à quelques
degrés près, suivant la direction du *Système du Finistère*; et
rien ne me paraît établir qu'ils ne soient pas aussi anciens
que les schistes et les grauwackes des environs de Saint-Lô
(Manche) que j'ai cités ci-dessus (James Nicol, *On the geology of the silurian rocks in the valley of the Tweed*, *Proceedings of the geological society*, 5 janv. 1848).

(2) *Explicat. de la Carte géolog. de la France*, t. 1, p. 434.

stratigraphiques postérieurs au dépôt du
terrain jurassique, et antérieurs à celui des
terrains crétacés (1). Peut-être y en a-t-il
d'autres encore, mais il paraît évident que
la convulsion qui a façonné le relief principal des Grampians est précisément celle qui
a produit les conglomérats grossiers que M. le
professeur Sedgwick et M. Murchison ont si
bien décrits comme formant dans ces contrées la base du vieux grès rouge (2). Ces
poudingues, à très gros fragments, que les
anciens géologues écossais signalaient, avec
tant de raison, comme les témoins d'une
grande révolution du globe, et qui mar-
quaient à leurs yeux la limite entre les terrains primaires et les terrains secondaires,
ne rappellent en rien le *tilestone*. Tout annonce qu'ils représentent la base du vieux
grès rouge proprement dit.

Je crois, surtout d'après le mémoire de
M. Nicol, que les couches de schiste et de
grauwacke des Lead-Hills, dont sir James
Hall a si bien décrit les contournements,
que les calcaires, les schistes argileux et les

(1) *Annales des sciences naturelles*, t. XIX.

(2) A. Sedgwick and R. I. Murchison : On the structure
and relations of the deposits contained between the primary
rocks and the oolitic series, in the north of Scotland. —
Transactions of the geological society of London, ew series,
t. III, p. 125.

roches arénacées des Grampians et des îles
de Jura et d'Isla, que Playfair, le docteur
Mac-Culloch, M. le professeur Jameson et
d'autres géologues écossais ont étudiés avec
tant de soin, appartiennent, en partie, à la
série fossilifère du calcaire de Bala et au
terrain silurien proprement dit. Il paraît donc
difficile de douter que la grande discordance
de stratification de l'Écosse ne corresponde
exactement à celle du Westmoreland. Il me
paraît également probable que le poudingue
inférieur du vieux grès rouge de l'Écosse
correspond aux poudingues de Burnot et de
Pepinster, et par conséquent, que la grande
discordance de stratification de l'Écosse correspond à celle qui existe en Belgique entre
le terrain ardoisier et le terrain dévonien
proprement dit. Enfin, je crois reconnaître
ce même poudingue dans celui de Poullaouen
en Bretagne, et en général dans tous ceux
que M. Dufrénoy a signalés comme formant
dans cette presqu'île la base du terrain dévonien tel que nous l'avons limité sur la
carte géologique de la France.

Cet horizon géognostique me paraît le plus
largement et le plus fortement marqué de tous
ceux qu'on peut indiquer aujourd'hui dans la
série des anciens terrains de transition. En
l'adoptant, comme base de classification on

en reviendrait finalement à la principale
division que M. d'Omalius d'Halloy a indiquée depuis longtemps dans la série des
terrains de transition, par le partage en
terrain ardoisier et terrain anthraxifère,
dont il a posé les fondements dès 1808, dans
son *Essai sur la géologie du Nord de la
France*, publié dans le *Journal des mines*,
t. XXIV, p. 123. L'importance de cette
ligne de démarcation, si heureusement indiquée il y a plus de quarante ans, par l'un
des observateurs les plus pénétrants qui
aient exploré l'Europe, me paraît d'autant
plus grande, que les beaux travaux de
MM. Murchison et de Verneuil, sur la Suède
et la Russie, et le dernier mémoire de M. de
Buch sur l'île Baeren (1), montrent qu'ell
constitue réellement l'un des traits les plus
étendus de la structure de l'Europe septentrionale.

Quelques mots vont suffire pour faire
comprendre ma pensée à cet égard.

MM. Murchison et de Verneuil, dans
leur dernier voyage en Suède, ont constaté
que l'île de Gothland présente les différents
étages du terrain silurien superposés l'un à
l'autre, plongeant légèrement au S.-S.-E.,

(1) Die Baeren-Insel nach B. M Kieilhau, von Leopold
von Buch. — Berlin, 1847.

et formant des crêtes qui se dirigent à l'E.-N.-E.

Le magnifique ouvrage de MM. Murchison, de Verneuil et de Keyserling, sur la Russie, nous montre la côte méridionale du golfe de Finlande, formée aussi par les différentes assises du terrain silurien, présentant encore une inclinaison légère, mais dirigée vers un point de l'horizon plus rapproché du S. que le S.-S.-E., et avec cette circonstance que les couches siluriennes supérieures ne se montrent que dans la partie occidentale de cette côte. Au midi et à peu de distance de cette même côte, le vieux grès rouge, qui couvre en Russie de si grands espaces, se superpose au terrain silurien; mais à l'O., en face de l'île de Dago, il est en contact avec les couches siluriennes supérieures, tandis qu'à l'E., près de Saint-Pétersbourg et du lac Ladoga, il s'appuie directement sur les couches siluriennes inférieures : par conséquent il est superposé au terrain silurien en stratification discordante.

De plus, il n'est assujetti en rien aux allures du terrain silurien. Il le déborde, à partir du lac de Ladoga pour s'étendre vers Archangel, où il se perd sous les eaux de la mer Blanche. Enfin, les remarques ingénieuses que M. de Buch a consignées dans son beau mémoire sur l'île Baeren, nous conduisent à concevoir que, s'étendant sous les eaux de la mer Glaciale, le vieux grès rouge entoure au Nord le vaste Système des montagnes de la Scandinavie, pour aller se relever dans les îles Shetland et au pied des montagnes de l'Écosse.

Souvent disloqué dans ces contrées septentrionales, le vieux grès rouge y laisse cependant apercevoir un vaste réseau de dislocations plus fortes encore, et antérieures à son dépôt, dont une partie ont affecté les couches siluriennes d'une manière plus ou moins sensible.

Ainsi l'horizon géognostique du poudingue de Burnot, de Pepinster et de l'Écosse, forme un des traits les plus largement dessinés de la stratigraphie de l'Europe septentrionale, depuis la rade de Brest jusqu'à la mer Blanche, et depuis les îles Shetland jusqu'à l'Ardenne, et même jusqu'aux Ballons des Vosges.

J'ajouterai peut-être quelque chose encore à l'intérêt que peut présenter cette rapide esquisse, si je montre que dans tout ce vaste espace, et même dans des contrées qui s'étendent beaucoup plus au midi, on peut suivre un grand ensemble de dislocations toutes concordantes entre elles par leurs directions, et toutes postérieures au terrain silurien et aux couches dévoniennes anciennes (*tilestone* fossilifère), mais toutes antérieures au vieux grès rouge et au terrain dévonien *proprement dit*.

Il ne me sera pas possible de comprendre dans ce résumé, la totalité des localités européennes dans lesquelles on a observé des directions dépendantes du *Système du Westmoreland et du Hundsrück*. Je me bornerai à un certain nombre pour lesquelles j'ai actuellement des observations plus nombreuses ou plus précises que pour les autres, et je m'occuperai d'abord de grouper toutes ces observations de manière à en déduire une moyenne générale par les procédés que j'ai indiqués au commencement de cet article; puis je comparerai cette moyenne générale aux observations locales pour apprécier l'importance des divergences partielles qui pourront se manifester.

Je vais passer en revue successivement, en allant du Nord au Sud, ces diverses localités ou cantons géologiques. Dans chacun d'eux je remplacerai toutes les observations de direction par une moyenne qui représentera la direction d'un petit arc du grand cercle dont le milieu se rapporterait au centre du canton. On se rappellera qu'un léger déplacement dans ce point central n'apporterait pas de changement sensible dans le résultat final, d'où il suit que la détermination de ce point n'exige aucun travail spécial. Pour chaque canton, je désignerai le point central de la manière la plus simple possible, et j'indiquerai sa latitude, sa longitude et l'orientation du petit arc de grand cercle qui y représente les observations de direction.

1° *Laponie*. Dans ces dernières années, M. le professeur Keilhau a fait d'excellentes observations géologiques dans la Laponie norvégienne. Elles ont paru dans sa *Gœa-Norvegica* avec une carte géologique de cette contrée, et M. de Netto en a publié, dans un des derniers numéros du journal de MM. Leonhard et Bronn, un résumé accompagné d'une carte réduite (1). Les formations sédimentaires de la Laponie, déjà décrites en partie, il y a 40 ans, par M. Léopold de Buch, appartiennent, suivant toute apparence, au terrain silurien ou dévonien ancien (*tilestone*). Elles sont redressées dans des directions qui se rapprochent généralement de l'E.-N.-E. Leur direction moyenne, dé-

(1) *Jahrbuch für Mincralogie, geognosie and petrefactenlende,* année 1847, p. 129

terminée simplement d'après la carte de
M. de Netto, est E.-N.-E. Les observations de
M. Durocher, qui ont été prises surtout dans
les parties occidentales et méridionales de la
Laponie, donnent en moyenne E. 23° N. Je
rapporte la moyenne générale à un point à
peu près central de cette contrée, pour
lequel les désignations que j'ai annoncées
doivent être : *Laponie*, lat. 70° N.; long.
23° 30' E.; *direction* E. 22° 30' N.

2° *Côte méridionale du golfe de Finlande*.
La direction de la bande silurienne des provinces baltiques de la Russie est assez exactement représentée par une ligne tirée de
Revel à Cronstadt. Cette ligne, qui est sensiblement parallèle à la direction des couches siluriennes et à la direction générale
de la côte méridionale de la Finlande, coupe
le méridien de Dorpat, qui répond au milieu de la longueur du golfe de Finlande,
sous un angle de 73°. Pour ce canton géologique, les désignations seront : *Estonie*,
lat. 59° 30'; long. 24° 23' 15"; *direction*
E. 17° N.

3° *Ile de Gothland*. Dans l'île de Gothland,
les couches siluriennes plongent légèrement
au S.-S.-E., et sont dirigées à l'E.-N.-E. (1).

(1) Murchison, *Quaterly Journal of Geology*, février 1847,
t. III, p. 21.

On peut prendre pour point central de ce
canton la ville de Wisby, située à peu près
au milieu de la longueur de l'ile. — *Wisby*,
lat. 58° 39' 15"; long. 16° 6' 15" E.; *direction* E. 22° 30' N.

4° *Grampians*. Le trait le plus facile à
saisir dans la structure stratigraphique des
Grampians est la direction presque rectiligne de leur base méridionale. Cette direction fait, avec le méridien du Loch-Tay qui
se trouve presque au milieu de sa longueur,
un angle de 52°. Je prends pour point central de ce groupe un point situé sur les
bords du Loch-Tay, par 56° 25' de latitude
N. et 6° 37' de longitude à l'O. de Paris. La
désignation que j'ai annoncée devient alors
pour ce groupe. — *Grampians*, lat. 56° 25' N.,
long. 6° 37' O., *direction* E. 38° N.

5° *Westmoreland*. D'après M. le professeur Sedgwick, les couches du groupe montagneux du Westmoreland (dont les plus anciennes ont peut-être en quelques points la
direction du *Système du Finistère*) se dirigent
généralement du S.-O. un peu O. au N.-E.
un peu E. J'adopte comme moyenne la direction E. 37° 30' N., et pour point central la
ville de Keswick. — *Keswick*, lat. 54° 35' N.,
long. 5° 9' 13" O., *direction* E. 37° 30' N.

6° *Région silurienne*. Je prends pour centre de cette région le bourg de Church-Stretton, situé au pied du Longmynd, et pour direction la moyenne de celles que la belle carte de M. Murchison assigne aux couches siluriennes.—*Church-Stretton*, lat. 52° 35', long. 5° 10' 20" O., *direction* E. 42° N.

7° *Cornouailles*. La ligne suivant laquelle les couches siluriennes sont soulevées sur la côte S.-E. du Cornouailles, se dirige, d'après M. Murchison, du N.-E. au S.-O., et traverse la baie de Falmouth. Je prends cette ville pour point central. — *Falmouth*, lat. 50° 8', long. 7° 23' O., *direction* E. 45° N.

8° *Erzgebirge*. D'après le travail publié dernièrement par M. le professeur Cotta, sur les filons de l'Erzgebirge (1), la direction moyenne des roches stratifiées de l'Erzgebirge rapportée au méridien magnétique, est *Hora* 5 $\frac{1}{4}$. La déclinaison à Freyberg étant d'environ 16° 40' O., cette orientation revient à E. 27° 55' N. par rapport au méridien astronomique. Je prends naturellement pour point central Freyberg. — *Freyberg*, lat. 50° 55' 5" N., long. 11° 0' 25" E., *direction* E. 27° 55' N.

9° *Frankenwald*. Je prends pour point

(1) Cotta, *Die Erzgange und ihre Beziehungen zu den eruptivengesteinen, nachgewiesen im département de l'Aveyron, von Fournet*.

I.   17

central la ville de Hof, où M. de Humboldt
résidait lorsqu'il a eu la première idée de
s'occuper de la direction remarquablement
constante des couches de ces contrées, et je
prends pour direction celle figurée sur la
belle carte géologique de l'Europe centrale,
par M. de Dechen, qui est E. 28° N. : les calcaires d'Elbersreuth, près Bayreuth, appartiennent à ce groupe.—*Hof*, lat. 59° 29′ N.,
long. 9″ 35′ E., *direction* E. 28° N.

10° *Bohême.* J'ai fait en Bohême, en
1837, un certain nombre d'observations sur
les directions des couches du terrain de calcaire, de schiste et de quartzite dont M. Joachim Barrande a si bien établi depuis lors
l'ordre de superposition et l'âge silurien ;
j'en ai fait aussi sur les directions des schistes et des gneiss qui avoisinent le terrain
silurien. Vingt-deux de ces observations,
faites aux environs de Prague, de Przibram
et de Brzezina, tombent entre l'E. et l'E.
50° N., et donnent pour moyenne la direction E. 28° 40′ N. Si l'on se bornait aux observations faites sur les couches siluriennes,
la direction moyenne serait un peu moins
éloignée de la ligne E.-O. Je m'en tiens à
la moyenne générale. — *Prague*, lat. 50° 5′
19″, long. 12° 5′ E., *direction* E. 28° 40′ N.

11° *Ardenne.* Les couches du terrain ardoisier de l'Ardenne se dirigent en général entre le N.-E. et l'E.-N.-E. ; d'après l'important Mémoire que M. Dumont vient de publier sur le *terrain ardennais*, elles oscillent autour d'une moyenne, qui est à peu près E. 25° N. J'avais indiqué moi-même, d'une manière générale, entre Charleville et Fépin, une direction moyenne de l'E.-N.-E. à l'O.-S.-O., en signalant en plusieurs points la direction E. 25° N. (1) ; et d'après l'autorité de M. Dumont, qui a fait, dans cette contrée, des observations plus nombreuses que les miennes, je n'hésite pas à m'arrêter à cette même direction E. 25° N. qu'on peut rapporter à Mont-Hermé, dans la vallée de la Meuse. — *Ardenne*, lat. 49° 53 . long. 2° 23′ E., *direction* E. 25° N.

12° *Condros*. La direction moyenne des couches de l'Ardenne présente des incertitudes à cause des écarts nombreux et considérables qu'on y observe, et cela m'engage à faire entrer en ligne de compte la direction beaucoup plus régulière des couches anthraxifères du Condros, direction que je regarde, ainsi que je l'ai annoncé ailleurs (2), comme une reproduction posté-

(1) *Explication de la Carte géologique de la France*, ch. iv, t. I, p. 259 à 263.

(2) *Recherches sur quelques unes des révolutions de la sur-*

rieure et accidentelle de celle des couches de l'Ardenne. D'après M. d'Omalius d'Halloy (1), les crêtes du Condros se dirigent régulièrement à l'E. 35° N. Le centre du Condros est un peu au N. de Marche et Famène par 3° de long. E. de Paris, et 50° 15' de lat. N.—*Condros*, lat. 50° 15', long. 3° E., *direction* E. 35° N.

13° *Taunus*. La chaîne du Taunus présente, sur la route de Wiesbaden à Langen-Schwalbach, une série de couches de Quartzites et de Schistes, dont la direction moyenne est à l'E. 33° 13' N. — *Taunus*, lat. 50° 41' N. long. 5° 47' E., *direction*, E. 33° 13' N.

14° *Binger-Loch*. Le Taunus est le prolongement oriental de la chaîne du Hundsrück dont il est séparé par le Rhin qui s'échappe de la plaine de Mayence par le défilé appelé *Binger-Loch*. Dans ce défilé, la direction des couches de Quartzites et de Schistes verts de l'extrémité de Hundsrück est assez peu régulière, ce qui tient sans doute à la formation violente de la fissure dont l'élargissement a produit le défilé. La moyenne des observations que j'y ai faites m'a donné la direction E. 43° 50' N.—*Binger-Loch*, lat. 49° 55'N.,

face du globe, extrait inséré dans la traduction française du *Manuel géologique* de M. de la Be he, p. 616.

(1) D'Omalius d'Halloy (*Journ. des Min*, t. XXIV, p. 275).

long. 5° 30′ E., *direction*, E. 43° 50′ N.

15° *Hundsrück-Taunus*. Le Hundsrück et le Taunus ne forment réellement, comme on vient de le dire, qu'une seule chaine coupée en deux par un défilé. La direction moyenne de cette chaîne, qui représente assez bien celle des diverses bandes du terrain de transition de la contrée, est à l'E. 27° 30′ N. On peut la rapporter au défilé qui partage la chaîne en deux tronçons. — *Binger-Loch*, lat. 49° 55′ N., long. 5° 30′ E., *direction*, E. 27° 30′ N.

16° *Bretagne*. Parmi les directions comprises dans la désignation *hora* 3-4 qui s'observent dans les Roches schisteuses d'une foule de points de la presqu'île de Bretagne, une partie seulement me paraît se rapporter proprement au Système du Westmoreland et du Hundsrück. On en voit un exemple bien développé dans les départements de l'Ille-et-Vilaine et des Côtes-du-Nord, aux environs de Cancale, de Jugon et de Lamballe. Point central : Saint-Malo. — *Saint-Malo*, lat. 48° 39′ 3″ N., long. 4° 21′ 26″ O., *direction*, E. 42° 15′ N.

17° *Bretagne*. Lorsqu'on jette les yeux sur la partie de la carte de la France qui représente la presqu'île de Bretagne, on est frappé de certaines lignes d'accidents stratigraphiques qui la traversent en entier, par exemple de Caen à Belle-Isle et du cap de la Hougue à la pointe de Penmarch. La direction moyenne de ces lignes est à l'E. 47° N.; elles me paraissent représenter la direction du Système du Westmoreland et du Hundsrück : on peut les rapporter à Saint-Malo comme point central. — *Saint-Malo*, latit. 48° 39′ 3″ N., long. 4° 21′ 26″ O., *direction*, E. 47° N.

18° *Schirmeck.* Aux environs de Schirmeck et de Framont, les couches dévoniennés anciennes qui forment l'extrémité N.-E. du massif fondamental des Vosges, se dirigent à l'E. 30° N.—*Schirmeck*, lat. 48° 26′ 40″ N., long. 4° 45′ E., *direction*, E. 30° N.

19° *Massif central des Vosges.* Les couches schisteuses qui entrent dans la composition du massif fondamental des Vosges, se dirigent moyennement à l'E. 35° N.: on peut rapporter ces directions à Saint-Dié comme point central.—*Saint-Dié*, lat. 48° 17′ 27″ N., long. 4° 36′ 39″ E., *direction*, E. 35° N.

20° *Montagne Noire.* Les directions observées dans le massif de la montagne Noire, au nord de Carcassonne, dont j'ai déjà parlé, peuvent être rapportées à un point à peu près central de ce massif situé par 43° 25′ lat. N., et 20′ long. O. de Paris.—*Montagne*

Noire, lat. 43° 25' N., long. 20' O., *direction*, E. 34° N.

21° *Hyères*. Les couches schisteuses de la partie S.-O. des montagnes des Maures présentent, aux environs d'Hyères, des directions moins éloignées de la ligne E.-O. que dans le reste du massif; très souvent leur direction est à peu près E.-N.-E. — *Hyères*, lat. 43° 7' 2" N., long. 3° 47' 40" E., *direction*, E. 22° 30' N.

22° *Ile de Corse*. Les Roches anciennes de l'île de Corse se dirigent moyennement, d'après M. J. Reynaud, vers l'E.-N.-E.; on peut les rapporter à Ajaccio comme point central. — *Ajaccio*, lat. 41° 55' 1" N., long. 6° 23' 49" E., *direction*, E. 22° 30' N.

Il s'agit maintenant de prendre correctement la *moyenne générale* de ces vingt-deux directions moyennes partielles, en ayant égard aux positions géographiques respectives des points auxquels elles se rapportent.

Pour cela nous exécuterons l'opération indiquée dans le commencement de cet article. Nous choisirons un point sur la direction *présumée* du grand cercle de comparaison qui doit représenter le *Système du Westmoreland et du Hundsrück*, et auquel tous les petits arcs, qui représentent les directions locales, sont considérés comme étant approximativement parallèles; nous y transporterons toutes les directions et nous en prendrons la moyenne.

Je suppose que le grand cercle de comparaison dont il s'agit passe au *Binger-Loch*.

Pour transporter au *Binger-Loch* la direction E. 22° 30′ N. observée en Laponie par 70₀ de lat. N. et 23° 30′ de long. E., je détermine, au moyen du tableau de la p. 178, la différence des angles alternes internes que forme, avec les méridiens du *Binger-Loch* et du point d'observation en Laponie, l'arc de grand cercle qui réunit ces deux points; la différence est de 15° 35′ 23″. J'en conclus que, transportée au *Binger-Loch*, la direction E. 22° 30′ N., observée en Laponie, deviendra E. 22° 30′ + 15° 35′ 23″ — ε. N., ε étant l'excès sphérique d'un triangle sphérique rectangle dont je m'occuperai ultérieurement.

Exécutant la même opération pour chacun des vingt points dont les directions doivent être transportées au *Binger-Loch*, je forme le tableau suivant dans lequel je comprends également les directions qui se rapportent au *Binger-Loch*, et je fais l'addition :

N°			°	'		°	'	''			
4° Grampians	. . . . .	E.	38	»	—	9	45	9	—	ε.	N.
5° Keswick	. . . . .	E.	37	50	—	8	26	24	+	ε.	N.
6° Church-Stretton	. . . .	E.	42	»	—	8	20	56	+	ε.	N.
7° Falmouth	. . . . .	E.	43	»	—	9	55	24	+	ε.	N.
8° Freiberg	. . . . .	E.	27	55	+	4	1	16	+	ε.	N.
9° Hof	. . . . .	E.	28	»	+	5	8	55	+	ε.	N.
10° Prague	. . . . .	E.	28	40	+	5	5	14	+	ε.	N.
11° Ardenne	. . . . .	E.	25	»	—	2	25	6	+	ε.	N.
12° Condros	. . . . .	E.	55	»	—	1	55	42	+	ε.	N.
13° Taunus	. . . . .	E.	55	15	+	»	15	5	»	ε.	N.
14° Binger-Loch (couches)	. .	E.	45	30	»	»	»	»	»	ε.	N.
15° Binger-Loch (chaîne)	. .	E.	27	30	»	7	28	59	+	ε.	N.
16° Saint-Malo (couches)	. .	E.	42	15	—	7	28	50	+	ε.	N.
17° Saint-Malo (grandes lignes)	.	E.	47	»	—	»	54	14	—	ε.	N.
18° Schirmeck	. . . . .	E.	50	»	—	»	40	17	—	ε.	N.
19° Saint-Dié	. . . . .	E.	55	»	—	4	15	57	—	ε.	N.
20° Montagne Noire	. . . .	E.	54	»	—	1	15	47	—	ε.	N.
21° Hyères	. . . . .	E.	22	30	—	1	15	47	—	ε.	N.
22° Ajaccio	. . . . .	E.	22	50	+	»	58	55	+	ε.	N.
Somme			706°	25'	—	9°	29'	5"	+	ε	± N

La somme, toute réduction faite, est de 697° 23′ 55″ $+ \Sigma \pm \varepsilon$; et, en la divisant par 22, on a pour la moyenne des directions rapportées au Binger-Loch,

$$\text{E. } 31° 41′ 59″ + \frac{\Sigma \pm \varepsilon}{22} \text{ N.}$$

Pour qu'elle ne renferme plus rien d'indéterminé, il reste seulement à apprécier la valeur de $\Sigma \pm \varepsilon$. La quantité ε, que j'ai fait entrer dans le tableau, est, comme je l'ai indiqué ci-dessus, p. 188, l'*excès sphérique* d'un triangle rectangle qui a pour hypothénuse la plus courte distance du *point central de réduction (Binger-Loch)* au point central d'observation auquel elle se rapporte, et, pour l'un des angles aigus, l'angle formé par la direction transportée au Binger-Loch avec la plus courte distance. Il est aisé de voir que, suivant la position respective du point central de réduction et du point d'observation, et suivant la direction qui a été observée, l'*excès sphérique* dont il s'agit doit être employé soustractivement ou additivement, ainsi que le tableau l'indique, et comme je l'ai aussi rappelé dans l'expression de la somme, en y écrivant $\Sigma \pm \varepsilon$. Le tableau renferme 20 de ces quantités ϵ, dont 8 soustractives et 12 additives. La plupart sont nécessairement fort petites; et comme elles entrent dans la somme avec des signes contraires, elles doivent se détruire mutuellement, à très peu de chose près. Mais quelques unes se rapportant à des points assez éloignés, auxquels correspondent d'assez grands triangles, ont des grandeurs notables. La somme $\pm \epsilon$ se réduit sensiblement à celle de ces valeurs plus grandes que les autres, prises elles-mêmes avec le signe qui leur convient. Il est nécessaire de calculer les plus grandes de ces valeurs de ϵ pour apprécier l'influence qu'elles peuvent exercer sur la détermination de la direction moyenne.

Le calcul s'exécute très simplement au moyen du tableau de la page 83, ou en se servant directement des formules consignées à sa suite.

Par une simple construction faite sur une carte, on trouve que pour la Laponie on a approximativement $b = 22^u = 2444$ kil. $A = 34^o \frac{1}{2}$, ce qui donne, à l'aide de la formule $\cos C = \cos b \, \tan g \, A$,

$$\epsilon = 1^o \; 59' \; 35''.$$

Pour tous les autres points, on peut se contenter des résultats tirés à vue du tableau de la page 189, d'après les distances et les angles déterminés sur la carte, et l'on trouve :

Pour l'Estonie,
$b = 1611$ kil., $A = 18_0$, $\varepsilon = 33'$;

Pour Wisby,
$b = 1102$ kil., $A = 24°$, $\varepsilon = 19'$;

Pour les Grampians,
$b = 1073$ kil., $A = 74° 30'$, $\varepsilon = 12'$;

Pour Keswick,
$b = 889$ kil., $A 68° = 30'$, $\varepsilon = 12'$;

Pour Church-Stretton,
$b = 786$ kil., $A = 60^\circ$, $\varepsilon = 12'$;

Pour Falmouth,
$b = 907$ kil., $A = 41°\frac{1}{2}$, $\varepsilon = 17'$;

Pour Saint-Malo (couches),
$b = 722$ kil., $A = 28^\circ$, $\varepsilon = 9'$;

Pour Saint-Malo (grandes lignes),
$b = 722$ kil., $A = 32° 45'$, $\varepsilon = 10'$;

Pour la Montagne Noire,
$b = 741$ kil., $A = 26° 30'$, $\varepsilon = 10'$;

Pour Hyères,
$b = 772$ kil., $A = 57° 30'$, $\varepsilon = 12'$,

Pour Ajaccio,
$b = 893$ kil., $A = 71° 30'$, $\varepsilon = 10'$.

Les valeurs de ε relatives aux autres points, tous plus rapprochés du Binger-Loch que les précédents, seraient encore plus petites, et comme elles entrent dans la valeur de $\Sigma \pm \varepsilon$, les unes positivement et les autres négativement, elles doivent se détruire presque exactement entre elles : on peut se dispenser d'en tenir compte.

Quant aux valeurs de ε qui viennent d'être calculées, la somme de celles qui sont prises négativement est $3^{\circ}\ 23'\ 35''$, la somme de celles qui sont prises positivement est $1^{\circ}\ 12'$: donc $\Sigma \pm \varepsilon = -2^{\circ}\ 11'\ 35''$, et $\dfrac{\Sigma \pm \varepsilon}{22} = -5'\ 58''$, ou en nombres ronds $\Sigma \pm \varepsilon = -6'$. Or, dans l'état actuel des observations, il n'y a presque pas lieu de tenir un compte rigoureux d'un pareil résultat. Plusieurs des directions, dont nous prenons la moyenne après les avoir transportées au Binger-Loch, présentent des incertitudes de plus de 3°, et le remplacement de leur valeur réelle exacte pour leur valeur approximative actuelle pourrait faire varier la moyenne de plus de $6'$. Toutefois, comme il est évident que la somme des *excès sphériques* est négative, et qu'elle tend à diminuer la moyenne de plusieurs minutes, nous y aurons égard, autant qu'il est permis de

I. 18

le faire aujourd'hui, en adoptant pour la
direction moyenne du Système du Westmoreland et du Hundsrück, transportée au
Binger-Loch, un chiffre un peu plus petit
que celui donné par notre premier calcul,
et nous la fixerons en nombres ronds à E.
31° 30' N.

Je ferai remarquer en passant, combien
le choix d'un point à peu près central,
comme le Binger-Loch, pour centre de réduction, a simplifié notre marche: d'une
part, la somme des angles ajoutés ou re-
tranchés aux directions transportées, pour
tenir compte de la convergence des méridiens vers le pôle, s'est réduite, toute compensation faite, à — 9° 29' 5''; d'une autre
part, la somme des excès sphériques s'est
réduite, toute compensation faite, à environ
2° 11'; de sorte que le nombre 31° 30',
qui représente la direction, diffère peu d'être
la 22e partie de 706° 23', somme des nombres qui représentent les directions par-
tielles, car $\dfrac{706° \ 23'}{22} = 32° \ 6' \ 30''$. Le résultat de tous ces calculs est d'arriver à
réduire cette moyenne de 36' 30''. Or, en y
arrivant, comme nous l'avons fait par une
série de compensations, on évite beaucoup
de chances d'erreurs dans lesquelles on au-

rait été plus exposé à tomber en prenant pour centre de réduction un point excentrique tel que la Montagne-Noire ou la Laponie.

Il nous reste maintenant à nous rendre compte du degré de confiance que mérite notre moyenne. Pour cela j'exécute l'opération inverse de celle que j'ai faite, en transportant au centre de réduction toutes les directions observées : je reporte la direction moyenne du centre de réduction à chacun des points d'observation, et je la compare à la direction observée. Dans ce nouveau transport, je ne tiendrai compte de l'excès sphérique que pour les points où je l'ai déterminé ci-dessus, points qui sont les seuls où il ait quelque importance. A la rigueur il faudrait calculer de nouveau l'*excès sphérique* pour chacun des points d'observation, en le rapportant à la direction moyenne déterminée pour le Binger-Loch, et non à la direction observée en chaque point ; mais les corrections qui résulteraient de ces nouveaux calculs seraient peu considérables et peuvent être négligées.

D'après les calculs auxquels nous nous sommes déjà livré, la direction E. 32° ½ N. transportée, ainsi que je viens de le dire, du Binger-Loch au point d'observation en

Laponie, devient E. 31° 30' — 15° 35' 23'
+ 1° 59' 35" N. = E. 17° 54' 12" N. Elle
diffère de la direction observée E. 22° 30' N.,
de 4° 35' 48".

En opérant de la même manière pour
tous les autres points d'observation, j'ai
formé le tableau suivant :

	calculée.	observée.	DIFFÉRENCE.
Laponie	E. 17° 34′ 12″ N.	22° 50′	+ 4° 57′ 48″
Estonie	E. 16 28 17 N.	17 ″	+ 0 31 43
Wisby	E. 23 11 14 N.	22 50	− 0 41 11
Grampians	E. 41 1 9 N.	38 ″	− 3 1 9
Keswick	E. 40 44 24 N.	37 50	− 2 14 24
Church-Stretton	E. 39 38 56 N.	42 ″	+ 2 21 36
Falmouth	E. 41 6 24 N.	43 55	+ 2 55 16
Freiberg	E. 27 28 44 N.	27 ″	− 0 26 46
Hof	E. 28 21 25 N.	28 ″	+ 0 21 25
Prague	E. 26 26 46 N.	28 40	+ 2 15 14
Condros	E. 35 25 12 N.	35 ″	− 1 34 48
Ardenne	E. 35 56 6 N.	35 45	− 8 55 6
Taunus	E. 31 46 57 N.	35 50	+ 1 56 5
Binger-Loch (couches)	E. 31 30 00 N.	45 50	+ 12 20 00
Binger-Loch (chaîne)	E. 31 30 00 N.	27 50	+ 4 60 00
Saint-Malo (couches)	E. 38 49 39 N.	42 15	− 5 25 1
Saint-Malo (grandes lignes)	E. 38 48 39 N.	47 ″	+ 8 11 14
Schirmeck	E. 32 4 14 N.	50 ″	+ 2 4 14
Saint-Dié	E. 32 10 17 N.	55 ″	+ 2 49 45
Montagne Noire	E. 35 55 57 N.	34 ″	− 1 55 57
Hyères	E. 32 55 47 N.	22 50	− 10 25 47
Ajaccio	E. 31 1 7 N.	22 50	− 8 31 7
			+ 2° 12′ 12″

I.

18*

La somme des différences ne devait pas
être nulle, parce que nous avons adopté
pour le point central de réduction (Binger-
Loch), la direction E. 31" 30' N. exprimée
en nombres ronds, au lieu de la moyenne
des directions transportées en ce point.
Pour plusieurs des points d'observation, les
différences sont considérables ; mais on n'a
pas droit d'en être surpris d'après la nature
même des observations faites dans ces points.
Ainsi, pour les couches du Binger-Loch, la
différence est de plus de 12" ; mais nous
avons remarqué tout d'abord que la direction est probablement anomale. Pour Hyères, pour Ajaccio et pour la Laponie, les
différences sont considérables aussi ; mais
nous avons simplement employé pour ces
trois points la direction E.-N.-E. Or, lorsqu'on exprime une direction de cette manière, il est généralement sous-entendu
qu'on ne prétend pas la fixer très rigoureusement. Pour les grandes lignes qui
traversent la Bretagne, la différence est de
8" 11' environ ; mais la direction de ces
lignes ne se prête pas à une détermination
complétement rigoureuse. Pour l'Ardenne,
la différence est de près de 9° : c'est une
des plus considérables et peut-être des plus
singulières que renferme le tableau. Je suis

porté à l'attribuer principalement à ce que la dislocation qui a relevé le front de l'Ardenne, près de Mézières, suivant la direction du système des Ballons (1), a comprimé la masse des terrains schisteux situés plus au Nord, et rapproché leur direction de la ligne E.-O. La production des dislocations du Système du Hainaut peut encore avoir concouru plus tard au même résultat. La direction du Système du Finistère transportée dans l'Ardenne, à Mont-Hermé, en observant que pour ce point la correction due à l'*excès sphérique* serait complétement insignifiante, devient E. 14° 48' N. Elle s'écarte de 10" 12' de la direction moyenne E. 25° N. des couches ardoisières de cette contrée, tandis que celle-ci ne s'éloigne que de 8° 53' 6" de la direction du *Système du Westmoreland et du Hundsrück*. Cela prouve que l'anomalie signalée ci-après, dans la direction des couches ardoisières des bords de la Meuse, ne se rattache pas, comme on aurait pu le croire au premier abord, au *Système du Finistère*. Quant aux autres points, pour lesquels la direction observée paraît mériter plus de confiance, les différences ne dépassent pas 4°, et elles sont le

(1) Voyez *Explication de la Carte géologique de la France*, chap. iv, t. I, p. 266.

plus souvent au-dessous de 3°, c'est-à-dire qu'elles ne sont guère au-dessus des incertitudes et des erreurs que comportent les observations elles-mêmes.

Nous remarquerons encore que les différences les plus considérables sont les unes en plus et les autres en moins, d'où il résulte qu'elles approchent beaucoup de se compenser, et qu'on retrouverait à très peu près la même moyenne, en regardant comme défectueuses les observations qui leur ont donné naissance, et en ne tenant compte que des autres.

Enfin, faisant un retour vers le point de départ de toutes les observations de ce genre, nous remarquerons que non-seulement la direction E. 31° $\frac{1}{7}$ N., qui se rapporte à un point de l'Allemagne septentrionale, rentre complétement dans l'indication *hora* 3-4, donnée il y a plus d'un demi-siècle par M. de Humboldt; mais que cette moyenne, transportée à *Hof*, ne diffère *pas d'un demi-degré* de la direction générale des couches du Frankenwald, que l'illustre voyageur a signalée, au début de sa carrière, comme se reproduisant d'une manière très générale dans les couches schisteuses anciennes d'une grande partie de l'Europe.

La direction moyenne E. 31° $\frac{1}{7}$ N., que

nous avons adoptée pour le Binger-Loch, détermine celle de la tangente directrice du *Système du Westmoreland et du Hundsrück*. L'angle A, formé par cette tangente avec le méridien du Binger-Loch, est égal au complément de 31° $\frac{1}{2}$, ou à 58° $\frac{1}{2}$.

Pour déterminer complétement ce système, il nous resterait à calculer, ainsi qu'il a été dit dans la première partie de cet article, l'angle équatorial E; mais le calcul ne serait guère plus exécutable pour le *Système du Westmoreland et du Hundsrück* que pour celui du *Longmynd*, à l'égard duquel nous y avons renoncé pour les motifs énoncés page 129. Nous serons donc réduits à nous en tenir, provisoirement au moins, à la *supposition* employée dans les calculs précédents, savoir que le grand cercle qui passe par le *Binger-Loch*, en se dirigeant à l'E. 31° $\frac{1}{2}$ N., est le grand cercle de comparaison ou l'équateur du *Système du Westmoreland et du Hundsrück*.

Il est probable, sans doute, que cette supposition n'est pas tout à fait exacte, et qu'elle est destinée à subir une *rectification ultérieure*. Il est toutefois à observer que le grand cercle dont il s'agit divise à peu près en deux parties égales l'ensemble des points où ont été observés jusqu'à présent les ridements dépendants du *Système du West-moreland et du Hundsrück*, et cette remarque doit porter à présumer que le grand cercle de comparaison provisoire que nous adoptons ne sera pas déplacé dans la suite d'une quantité très considérable.

Après avoir ainsi discuté la direction du *Système du Westmoreland et du Hundsrück;* après avoir reconnu que le groupe compacte et uniforme des lignes stratigraphiques dont ce Système se compose, est antérieur, dans toute l'Europe, au vieux grès rouge, et postérieur au terrain silurien et aux couches dévoniennes anciennes (*Tilestone et Tiles-tone fossilifère*), j'ai pu me montrer plus difficile que par le passé, pour y laisser renfermés des accidents stratigraphiques qui n'y figuraient qu'à titre d'anomalies. J'ai pu, suivant la marche que j'ai indiquée depuis longtemps (*voyez* le commencement de cet article), essayer de séparer ces anomalies et de les grouper elles-mêmes en Systèmes.

J'avais originairement laissé réunies en un seul groupe, qui était, pour ainsi dire, le résidu non développé de la série, toutes les dislocations du sol, trop anciennes pour qu'il me parût prudent de chercher dès lors à les distinguer et à les classer. Mais sur la planche coloriée jointe à la première publi-

cation que j'ai faite sur ces matières (*Ann.
des sc. nat.*, t. XIX, pl. 3, 1830), j'avais
consigné une note ainsi conçue : « On a
» figuré ici des Fougères , des Prêles , des
» Lépidodendrons , pour rappeler que les
» végétaux, dont les débris enfouis ont pro-
» duit la houille, avaient crû sous nos lati-
» tudes peu de temps après *le plus ancien
» redressement de couches figuré dans le ta-
» bleau ;* d'où il suit que, dès lors, nos con-
» trées se trouveraient dans des circonstan-
» ces climatériques dont nous pouvons nous
» faire quelque idée. »

Ce plus ancien redressement de couches ,
figuré dans le premier tableau graphique
des résultats de mes recherches , était celui
des *collines du Bocage* (Calvados), où j'ai
trouvé les premiers indices du *Système des
ballons et des collines du Bocage,* dont je n'ai
pu fixer que plus tard , d'une manière précise, la direction et l'âge relatif, et dont je
parlerai ci après.

Aussitôt que l'observation m'a permis de
définir, d'une manière complète, le *Système
des ballons et des collines du Bocage,* j'ai
aperçu qu'il existait des Systèmes de dislocations plus anciens et d'une direction différente.

L'un de ces Systèmes ayant été mis en lu-

mière dès 1831, comme je l'ai rappelé ci-
dessus, par M. le professeur Sedgwick, je
me suis empressé de l'inscrire alors en tête
de ma série, et il figure déjà sous le nom de
Système du Westmoreland et du Hundsrück
dans l'extrait de mes recherches qui a été
imprimé en 1833 (1). Mais j'annonçais en
même temps qu'il ne fallait pas désespérer
de voir des recherches ultérieures mettre
les lignes de démarcation, que l'observation
indiquait déjà entre les différentes assises
des anciens terrains de transition, en rapport avec des soulèvements plus anciens, et
encore plus effacés que celui-là.

J'ai cru trouver la réalisation de ces espérances de vieille date dans les Systèmes
de montagnes que j'ai esquissés ci-dessus.

Lorsqu'on ne pouvait encore indiquer la
direction des dislocations des couches les
plus anciennes que par la désignation générale *Hora* 3-4, et lorsque l'âge précis d'une
grande partie de ces couches était encore
indéterminé, on était réduit à composer de
toutes les dislocations dont il s'agit un seul
faisceau, dont l'analogie conduisait à penser

(1) Traduction française du *Manuel géologique* de M. de La
Bèche, publié par M. Brochant de Villiers. Voir aussi le
3e volume du *Traité de géognosie* de M. Dubuisson de Voi-
sin, continué par M. Amédée Burat, p. 262 (1834).

que l'âge relatif serait le même que l'âge de celles qui en auraient un bien déterminé. Mais le progrès des observations permettant aujourd'hui de procéder à une analyse plus exacte, on peut distinguer dans cet immense faisceau *trois directions* et *trois âges*.

J'en ai d'abord extrait un groupe assez nombreux de directions plus rapprochées de la ligne E.-O. que celle du *Système du Westmoreland et du Hundsrück*, et, en même temps, plus anciennes. Je veux parler surtout des directions des roches schisteuses les plus anciennes de la presqu'île de Bretagne, que j'ai mentionnées dans l'extrait de mes recherches, consigné dans la traduction française du *Manuel géologique* de M. de La Bèche, et dans le *Traité de géognosie* de M. Daubuisson, comme l'un des types des dislocations *Hora* 3-4 antérieures aux dépôt des terrains de transition modernes de la Bretagne, qu'on sait aujourd'hui être siluriens et dévoniens. C'est frappés de leur constance et de l'évidence de leur âge relatif, que nous avons cru, M. Dufrénoy et moi, devoir indiquer, dans le premier volume de l'explication de la carte géologique, l'E. 25° N. comme la direction du *Système du Westmoreland et du Hundsrück*,

indication qui a été reproduite par M. Beudant dans sa *Géologie élémentaire*, et par
M. de Collegno dans ses *Elementa di geo-
logia*.

Cette direction, qui, en raison surtout de
ce qu'elle s'observe dans une contrée aussi
occidentale que la Bretagne, diffère beaucoup de celle du *Système du Westmoreland
et du Hundsrück*, telle que je l'ai précisée ci-
dessus, caractérise un Système particulier
antérieur au terrain silurien, que j'ai nommé
Système du Finistère.

J'ai extrait aussi du même faisceau le
Système du Longmynd, que j'ai placé de
même avant le dépôt du terrain silurien,
mais après le *Système du Finistère*.

Les autres directions, dégagées de ces mé-
langes hétérogènes, composent le *Système du
Westmoreland et du Hundsrück*, réduit à ce
qu'il a d'essentiel.

La direction du *Système du Finistère*,
transportée au *Binger-Loch*, devient E. 11°
35' N. Elle diffère, par conséquent, de 20°
environ de celle du *Système du Westmoreland et du Hundsrück*, qui est pour le *Binger-Loch* E. 31° ½ N., et de plus de 47° de
celle du *Système du Longmynd* qui, rapportée au même point, est N. 31° 15' E. ou
E. 58° 45' N.

La comparaison de ces trois directions, rapportées à un seul et même point, montre que les trois Systèmes dont nous parlons sont parfaitement distincts l'un de l'autre, sous le rapport de leur direction.

Ils ne le sont pas moins sous le rapport de leur âge, et le dernier s'isole d'autant mieux des deux autres, entre les directions desquels la sienne est intermédiaire, qu'il en est séparé chronologiquement par le *Système du Morbihan* dont l'orientation est complétement différente.

Mais il s'est présenté, à cet égard, une circonstance assez singulière : c'est que, parmi le grand nombre de couches redressées dont la direction avait été comprise d'abord dans la désignation générale *hora* 3-4, celles relativement auxquelles l'époque du redressement était indiquée par les observations les plus complétement éclaircies, étaient précisément les premières qui devaient être mises de côté pour former des systèmes séparés, lorsqu'on en viendrait à une discussion plus précise de tous les éléments dont le groupe entier se composait originairement.

Telles étaient, par exemple, les couches des schistes anciens de la Bretagne et de la Normandie sur lesquelles les grès siluriens

inférieurs reposent en stratifications discor-
dantes. Telles étaient aussi les couches des
schistes cristallins de la Suède et de la Finlande dont les principaux redressements sont
si évidemment antérieurs au dépôt des couches siluriennes inférieures du Kinneculle
et de la côte méridionale du golfe de Finlande. Le grès de Caradoc, qui forme, dans
une grande partie de l'Europe et de l'Amé-
rique, l'un des horizons géognostiques les
plus étendus et les plus nets qu'on puisse
citer dans toute la série des terrains sédimentaires, s'est déposé postérieurement aux
redressements de toutes ces couches dont il
recouvre souvent les tranches. C'est là ce qui
place dans les périodes antésiluriennes les
Systèmes du Finistère, du Longmynd et *du
Morbihan* dont nous avons discuté précédemment l'ancienneté respective.

Au contraire, les observations les plus
récentes ont fait reconnaître pour moins anciennes qu'on ne l'avait cru jusqu'à ces derniers temps un grand nombre de couches
qui demeurent comprises dans le *Système du
Westmoreland et du Hundsrück* réduit, comme nous venons de le voir, à ce qu'il y a
d'essentiel. Ainsi les couches du terrain ardoisier de l'Ardenne, qui ont été regardées
d'abord comme un des types essentiels du

terrain cambrien, et dont MM. Murchison et
Sedgwick ont encore figuré quelques parties
comme cambriennes, dans leur belle carte
des contrées rhénanes, publiée en 1840,
doivent être rapportées au terrain silurien
et au terrain dévonien ancien (*tilestone fossilifère*). La classification des couches du
Hundsrück et du Taunus a dû subir une
modification semblable. Il en a été de même
des couches schisteuses et calcaires du Hartz,
du Thuringenwald, du Frankenwald, des
environs de Prague, des Vosges, des environs d'Hyères, de la montagne Noire, des
Pyrénées, etc. Toutes les couches qui reposent sur celles-ci en stratification discordante,
et dont quelques unes, comme le poudingue de burnot (en Belgique), avaient été
classées comme siluriennes, ont été reconnues comme contemporaines du vieux grès
rouge et du terrain dévonien proprement dit.
L'époque à laquelle répond la discordance
de stratification de ces deux classes de couches, s'est ainsi trouvée moins ancienne
qu'on ne l'avait cru d'abord, par suite de
l'âge moins ancien assigné aux couches elles-
mêmes. Voilà comment, en partant toujours
des mêmes faits stratigraphiques, on a été
conduit à laisser seulement dans les périodes
antésiluriennes deux démembrements du

Système du Westmoreland et du Hundsrück
qui avait paru d'abord antésilurien, et à
placer ce système lui-même, simplifié et
mieux défini, entre la période du terrain
silurien et du *tilestone fossilifère* et la période du vieux grès rouge et du terrain dévonien proprement dit.

Je passe maintenant aux Systèmes de
montagnes qui ont pris naissance postérieurement au dépôt du vieux grès rouge ou du
terrain dévonien.

Je suis porté à croire que, parmi ceux de
ces Systèmes que je puis dès à présent définir complétement, le plus ancien est celui
auquel se rapporte le plissement des couches
anthraxifères (dévoniennes et carbonifères)
des bords de la Loire inférieure, et auquel
appartiennent aussi les accidents orographiques les plus remarquables des collines du
Bocage de la Normandie et de la partie méridionale des Vosges.

VI. Système des Ballons (Vosges) et des
collines du Bocage (Calvados).

L'âge relatif que j'avais cru devoir assigner originairement à ce Système a dû être
modifié comme celui du *Système du Westmoreland et du Hundsrück*, et pour des
raisons à peu près semblables. Les faits stra-

tigraphiques qui déterminent cet âge conservent leur place dans la science; mais les couches auxquelles ces faits se rapportent sont aujourd'hui classées autrement qu'elles ne l'étaient à l'époque de mes premiers travaux. Toutes les couches affectées par les plissements propres au *Système des Ballons et des collines du Bocage de la Normandie* étaient considérées, il y a quelques années, comme plus anciennes que le vieux grès rouge; il est aujourd'hui constaté qu'une partie de ces mêmes couches appartient au terrain dévonien, représentant du vieux grès rouge, et même au calcaire carbonifère. Anciennement le vieux grès rouge et le calcaire carbonifère étaient considérés comme formant, avec le *millstone grit* et le terrain houiller, une série indivisible pendant le dépôt de laquelle on ne présumait pas que le sol de l'Europe eût éprouvé de grandes dislocations. Mais de nouvelles observations ont montré que cette série n'est pas aussi continue qu'on l'avait cru d'abord, et que, pendant son dépôt, le relief du sol de l'Europe a subi de grands changements.

Le redressement des couches du *Système des Ballons et des collines du Bocage de la Normandie* me paraît avoir coïncidé avec l'un de ces changements, avec celui auquel se rapporte la ligne de démarcation qui sépare le calcaire carbonifère du *millstone-grit*.

Pendant les périodes comparativement tranquilles qui ont suivi l'apparition du *Système du Westmoreland et du Hundsrück*, la surface d'une grande partie de l'Europe a été recouverte par de vastes et puissants dépôts de sédiment dont la corrélation a été clairement établie dans ces dernières années. Ce sont : le vieux grès rouge et le calcaire carbonifère de l'Écosse, de l'Angleterre et de l'Irlande ; les couches dévoniennes (postérieures au *tilestone*) et carbonifères du Devonshire ; les couches correspondantes de la presqu'île de Bretagne, c'est-à-dire celles qui commencent aux poudingues de Huelgoet (Finistère) et d'Ingrande (Loire-Inférieure), et qui comprennent les dépôts de combustibles des bords de la Loire-Inférieure et des environs de Laval et de Sablé, ainsi que le calcaire carbonifère de Sablé ; les couches anthraxifères de la Belgique, depuis le Poudingue de Burnot jusqu'au calcaire de Visé inclusivement ; les couches de schiste et de grauwacke des collines des Tenfelsberge et des Hollenberge, au N.-O. de Magdebourg ; le vieux grès rouge de la Norvége et de la Suède ; le vieux grès rouge, les couches dévoniennes et le calcaire carbonifère de toute la Russie, dont les beaux travaux de MM. Murchison, de Verneuil et Keyserling ont si bien fait connaître la nature et la position indépendante par rapport aux terrains affectés des anciennes rides *hora* 3-4.

Je suis encore porté à classer dans la même série les terrains de porphyre brun, de grauwacke et de schiste argileux, contenant des couches d'anthracite accompagnées d'empreintes végétales peu différentes de celles du terrain houiller dont se compose en grande partie l'angle S.-E. des Vosges, et qui paraît s'être adossé aux masses granitiques des environs de Gérardmer, de Remiremont et du Tillot, dont le soulèvement a probablement coïncidé avec la formation des rides *hora* 3-4.

Il paraît, surtout d'après les dernières observations de M. Verneuil, qu'une partie des terrains de transition du département de la Loire doit aussi être rapportée à la même époque.

Or, indépendamment des rapports géognostiques et paléontologiques qui existent entre les diverses parties du vaste ensemble de terrains dont je viens de parler, ils ont encore cela de commun que leurs couches échappent aux rides et aux dislocations qui constituent le *Système du Westmoreland et du Hundsrück*. Lorsque la direction de ce Système s'y manifeste comme dans le Condros, c'est seulement d'une manière locale et accidentelle. Quand les couches n'y sont pas horizontales, leurs dislocations suivent généralement d'autres directions dont la plus marquée, qui probablement a été produite immédiatement après la terminaison du dépôt, court, suivant des lignes dont l'angle avec le méridien varie, selon la longitude, en divers points de l'Europe, entre 90 et 50°, mais qui sont toujours très près d'être exactement parallèles à un grand cercle passant par le *Ballon d'Alsace* (dans le midi des Vosges : latitude 47° 50′ N., longitude 4° 36′ E. de Paris) et faisant avec le méridien de cette cime un angle de 74°, ou se dirigeant, en ce point, de l'O. 16° N. à l'E. 16° S.

Des tâtonnements graphiques m'ont fait adopter depuis longtemps ce grand cercle comme le *grand cercle de comparaison du Système des Ballons et des collines du Bocage*, et on va voir qu'il représente encore très exactement la moyenne des observations actuelles dont aucun groupe ne s'en écarte d'une manière notable.

Le caractère spécial des parties méridio-

nales des Vosges est d'offrir des formes plus
découpées que le reste. Au premier abord,
les montagnes semblent y être confusément
entassées les unes à côté des autres ; mais
un examen plus attentif ne tarde pas à
montrer qu'elles sont groupées avec assez
de régularité autour du massif de syénite
dont les Ballons d'Alsace et de Comté sont
les deux points culminants.

La configuration des Vosges est comparable
à un T renversé (⊥), et, dans cette comparaison, le massif de syénite des Ballons
figure la barre horizontale du (⊥), tandis
que la crête principale des Vosges, qui se
rapporte au Système du Rhin, représente le
jambage vertical. La structure de toute la
partie méridionale du noyau central des
Vosges, depuis Plombières jusqu'à la vallée
de Massevaux, est en rapport avec celle du
Ballon d'Alsace dont le massif syénitique,
qui a, dans son ensemble, la forme d'un vaste
dôme allongé de l'E. 15° S. à l'O. 15° N.,
est l'axe de tout le Système.

Cette disposition s'explique très simplement, en admettant que longtemps après
la consolidation des porphyres bruns, le
massif de syénite qui forme les cimes jumelles du Ballon d'Alsace, et du Ballon de
Comté ou de Servance, a été soulevé de

dessous les porphyres. Ce soulèvement aurait causé la destruction d'une partie du
terrain porphyrique, et aurait relevé le reste
autour du massif des Ballons d'Alsace et
de Comté, en donnant naissance aux déchi-
rements qui paraissent avoir formé la première ébauche des vallées de Massevaux, de
Giromagny et de Plancher-les-Mines. Cette
supposition s'accorde d'autant mieux avec
la disposition relative des cimes de la partie
méridionale des Vosges, que, des points
situés de manière à prendre en enfilade le
groupe allongé des Ballons, par exemple,
des environs de Bâle, de Mulhouse, de Ba-
denweiler, les diverses arêtes suivant lesquelles ils se groupent entre eux font naître, par leur disposition respective, l'idée
d'un cratère de soulèvement dont le centre
serait situé vers le Ballon d'Alsace. Une
coupe faite perpendiculairement à l'axe du
massif de syénite des Ballons, vers son extrémité orientale, montrerait que le terrain
de porphyres bruns qui constitue principalement les montagnes de l'angle S.-E. des
Vosges, se relève à l'approche du massif
syénitique, en s'appuyant de part et d'autre
sur ses flancs (1).

(1) *Explication de la Carte géologique de la France*, t. I,
p 415.

229

Les parties méridionales de la Forêt-Noire offrent le même caractère de dislocation, et on y remarque, comme dans les Vosges, beaucoup de montagnes orientées ou alignées entre elles à peu près de l'O. 15° N. à l'E. 15° S.

De la cime du Blauen, le midi de la Forêt-Noire se présente comme un massif granitique découpé sans loi bien visible, mais terminé assez abruptement vers le S., suivant une ligne qui court à l'E. 16° S.

Le Feldberg doit probablement son nom à ce que sa cime est plate et unie comme un champ. Elle est couverte d'un gazon ondulé, qui s'étend à une assez grande distance vers l'E. 15° S.; mais vers le N., elle offre des pentes très rapides qui conduisent à des précipices. Cet arrachement est évidemment postérieur au ridement N.-E.-S.-O. du gneiss dont le Feldberg est composé, et antérieur au dépôt du Grès des Vosges qui entoure son large dôme à une grande distance.

Toutes ces montagnes ont été soulevées par des efforts violents qui ont brisé la croûte du globe, et depuis cette époque ces éclats saillants n'ont plus été recouverts d'une manière permanente par les eaux, puisque nulle part on ne trouve de roches sédimen-

taires sur leurs sommités. Il en est de même
des Ballons de la partie méridionale des
Vosges, et de la saillie primordiale du
Champ-du-Feu.

L'époque à laquelle ces masses ont été
façonnées peut être circonscrite entre des
limites beaucoup plus étroites encore que
celles dont nous venons de parler; car il est
évident qu'elle est antérieure à l'existence
des bassins de Ronchamp et de Villé, que
le terrain houiller, le grès rouge et le grès
des Vosges ont comblées en partie, et postérieure à toute la formation des porphyres
bruns, qui est un des éléments essentiels du
massif des Ballons. Ainsi le Système des
Ballons a reçu, par voie de soulèvement, la
configuration qui le distingue, à une époque
postérieure à la formation du porphyre
brun (1), mais antérieure au dépôt du terrain houiller.

La Lozère nous présente, beaucoup plus
au sud, une autre masse granitoïde allongée à peu près dans le même sens; et
comme la direction de cette masse semble
avoir déterminé celle du bassin intérieur
des départements de la Lozère et de l'A-
veyron, dans lequel se sont déposés horizontalement le terrain houiller, le grès bi-

(1) *Explication de la Carte géol. de la France*, t. I, p. 417.

garré et le calcaire du Jura, on peut supposer que l'élévation de cette masse est contemporaine de celle de la syénite du Ballon
d'Alsace.

La presqu'île de Bretagne est , parmi les
différentes contrées de l'Europe, une de celles où le *Système des Ballons* se dessine de
la manière la plus étendue et la plus nette.
La plupart des accidents stratigraphiques
que nous y avons déjà étudiés étaient antérieurs au dépot du terrain silurien. Un seul,
le *Système du Westemoreland et du Hunds-*
rück, est postérieur à ce terrain ; mais il est
antérieur au terrain dévonien. En effet , ce
Système de dislocations affecte une partie,
mais non la totalité du vaste ensemble de
terrains sédimentaires, qui constitue principalement le sol de l'intérieur de la Bretagne. Ces terrains appartiennent en partie
au terrain silurien, en partie au terrain
dévonien, et les travaux paléontologiques
de MM. de Verneuil et d'Archiac ont montré que le calcaire de Sablé qui en partage
es allures, mais qui en forme l'assise supérieure , doit être rapporté au calcaire carbonifère.

Toutes les assises de ce grand dépôt,
le plus souvent parallèles entre elles , sont
affectées indistinctement par un Système

d'accidents stratigraphiques, qui est surtout très prononcé dans l'espace qui s'étend d'Angers à Ploërmel. Sans former nulle part de montagnes considérables, les couches présentent des plis nombreux, qui les renversent quelquefois complétement, et qui indiquent une compression latérale des plus violentes. Leurs affleurements étroits forment de longues bandes parallèles ; et lorsqu'elles sont toutes dessinées, comme sur les belles cartes de MM. Triger, le papier prend l'apparence d'une étoffe rayée. Les petites crêtes et les légers enfoncements auxquels elles donnent naissance, suivant qu'elles sont plus ou moins résistantes, déterminent la plupart des accidents topographiques de la contrée ; d'où il résulte que sur toutes les cartes détaillées, leur direction, à peu près constante, se reconnaît au premier coup d'œil. Cette direction forme, avec les lignes de projection verticales des cartes de Cassini, un angle d'environ 75° ; mais si on tient compte du petit angle que ces lignes forment elles-mêmes avec les méridiens astronomiques, on voit qu'à Châteaubriant, par exemple, la direction des couches coupe le méridien sous un angle de 78°, c'est-à-dire qu'elle court de l'E. 12° S. à l'O. 12° N.

Cette direction se rapporte très sensiblement à celle du Système des Ballons ; car si,
par Châteaubriant (lat. 47° 43′ 38″ N., long.
3° 43′ 10″ O. de Paris), on mène une ligne
rigoureusement parallèle au grand cercle de
comparaison qui passe par le Ballon d'Alsace en se dirigeant de l'E. 16° S. à l'O.
16o N., cette ligne se dirigera de l'E. 10°
15′ S. à l'O. 10° 15′ N., et ne formera avec
la direction des couches qu'un angle de 1°
45′. La différence se réduirait même à 45′
si on menait par Châteaubriant une ligne
parallèle à la direction O. 15° N., qui est
la moyenne de celles qu'on observe dans le
S.-E. des Vosges et de la Forêt-Noire. De
pareilles différences sont au-dessous des
erreurs probables des observations, et peuvent être considérées comme nulles.

La direction dont nous parlons se reproduit
très habituellement dans les couches siluriennes et dévoniennes de toutes les parties de la
presqu'île de Bretagne, et notamment dans la
bande de terrain silurien qui s'étend de la
forêt d'Ecouves (au nord d'Alençon) jusqu'à
Mortain et au-delà, et qui forme une des lignes principales du Bocage de la Normandie.

Elle se retrouve encore dans la bande de
terrain silurien des buttes de Clecy, qui
s'étend de Coutances à Falaise et jusqu'aux

environs de Chambois, bande moins étendue
que les précédentes , mais connue antérieurement par les travaux de M. Hérault , de
M. de Caumont et de M. de La Bêche , et
d'après laquelle j'ai adopté dans l'origine
la dénomination de *Système du Bocage*
(Calvados), qu'il me paraîtrait inutile de
changer aujourd'hui.

Les couches affectées par ce Système
d'accidents présentent généralement peu de
déviations. Elles offrent cependant une
inflexion remarquable par l'étendue sur
laquelle elle se manifeste et par sa régularité. Les lignes suivant lesquelles sont dirigés les plis des terrains anthraxifères des
bords de la Loire et des environs de Sablé ,
s'infléchissent , vers le S., à l'E. d'une ligne
tirée de Beaupréau à Ségré, et prennent à peu
près la direction du *Système du Morbihan*.
Le même fait se reproduit plus au N. entre
Domfront et Seez ; et on en trouve un autre
exemple dans la presqu'île de Crozon , qui
sépare la baie de Douarnenez de la rade de
Brest. Mais ces faits particuliers me paraissent devoir être expliqués, en admettant
que , dans ces parties dont l'étendue, considérable en elle-même, est cependant assez
petite comparativement à la presqu'île entière , la direction du *Système du Morbihan*

s'est reproduite accidentellement à l'époque de la formation du *Système des Ballons*, phénomène dont j'ai déjà cité plusieurs exemples.

Le Système de plissement que je viens de signaler dans la presqu'île de Bretagne, reparaît, au nord de la Manche, dans les roches de transition modernes du Devonshire. D'après les belles cartes de sir Henry de La Bêche, la direction générale de la ligne de jonction, entre le Système des grauwackes et le Système *carbonacé* au nord de South-Molton, est O. 9° N. C'est là la direction normale de la stratification des roches de ces deux Systèmes dans le nord du Devonshire. Au sud, près de Launceston, la direction s'écarte souvent davantage de la ligne E.-O. ; mais elle est moins régulière, et elle présente peut-être une anomalie comparable à celle que j'ai signalée ci-dessus dans la presqu'île de Bretagne, à l'est de la ligne de Beaupréau à Ségré, ainsi qu'entre Domfront et Seez, et dans la presqu'île de Crozon. Dans tous les cas, c'est une anomalie relativement aux allures générales des couches dévoniennes et carbonacées du Devonshire, dont les plis, dans toutes les parties qui ne sont pas trop voisines des masses éruptives de granite et de trapp,

se dirigent très régulièrement de l'E. 9" S.
à l'O. 9" N.

Or, si on trace, par le centre du Devonshire (lat. 50° 50' N., long. 6° 30' O de Paris), une ligne parallèle au *grand cercle de
comparaison* qui passe au Ballon d'Alsace en
se dirigeant à l'O. 16" N., et qu'on ait égard
aux latitudes et aux longitudes des deux
points, et à la correction relative à l'excès
sphérique, on trouve qu'elle coupe le méridien astronomique du Devonshire sous un
angle de 81° 27', et qu'elle se dirige de l'E.
8° 33' S. à l'O. 8° 33' N. Cette ligne ne
s'écarte que de 27', ou de *moins d'un demi-
degré*, de la direction des couches dévoniennes et carbonacées de cette contrée. C'est
une différence complétement négligeable.

Le redressement de ces couches est évidemment antérieur au dépôt des couches les
plus anciennes du nouveau grès rouge qui
reposent sur leurs tranches ; mais il est
postérieur à la période du dépôt des couches carbonacées, qui, d'après les espèces
de Goniatites et les autres fossiles qui y
ont été découverts, ne peut être considérée
comme antérieure à celle du calcaire carbonifère.

Quelques unes des dislocations si compli-
quées que présente la pointe S.-O. du Pem-

brokeshire, de part et d'autre du Milford-
Haven, appartiennent aussi, probablement,
au *Système de Ballons*, dont elles ont, à
très peu près, la direction. Il en est peut-
être de même de quelques unes des dislocations des Mendip-Hills, au midi de Bristol.

L'existence d'une discordance de stratification entre le calcaire carbonifère et le
millstone grit est clairement indiquée par
le tracé de plusieurs accidents stratigraphiques, très nettement exprimés sur les belles
cartes géologiques de l'ordonnance publiées
par sir Henry De La Bèche : je me bornerai
à en citer un seul exemple.

Près de Denbigh-Lodge, entre la forêt de
Dean et la vallée de la Saverne, le *millstone-
grit* repose directement sur le vieux grès
rouge, par suite de l'interruption subite du
calcaire carbonifère qui, un peu plus au
nord, sépare les deux formations. Cette interruption continue au S.-O. jusque près de
Lindey, où le calcaire carbonifère reparaît
subitement. Dans l'intervalle le dessin de
sir Henry De La Bèche indique clairement
la superposition transgressive du *millstone-
grit* sur le vieux grès rouge et le calcaire
carbonifère (*Carte géologique de l'Ordonnance*, n° XLIII, partie S.-E.).

D'assez nombreuses dislocations apparte-

nant au *Système des Ballons* se reconnaissent
encore vers le nord du pays de Galles, où elles
n'ont pas échappé à M. le professeur Sedgwick. Dans son mémoire intitulé : *Esquisse
de la structure géologique du nord du
pays de Galles* (1), ce savant géologue dit
(p. 222) :

« Les plus anciens mouvements dont nous
» trouvons des traces distinctes sont ceux
» qui ont déterminé la direction N. - E., et
» imprimé aux masses des montagnes une
» disposition ondulée....

» Plus tard , une série de mouvements
» imprima une disposition O.-N.-O. , d'une
» part, à l'ancien Système (de couches) à
» l'extrémité septentrionale des Berwyns, et,
» de l'autre, au Système supérieur dans le
» Denbyshire. L'auteur attribue la confu-
» sion extraordinaire que présente la position
» des couches dans la chaîne des Berwyns à
» l'intersection de deux lignes principales
» d'élévation, qui se rapportent, l'une à
» l'ancien mouvement dirigé au N.-E. ou au
» N.-N.-E., et l'autre au mouvement sub-
» séquent dirigé à l'O.-N.-O. Probablement,
» ajoute-t-il, les conglomérats placés à la

(1) *Outline of the Geological structure of north Wales.* Proceedings of the geological Society of London, t. IV, p. 222
(1843).

» base du Calcaire carbonifère du Denbyshire
» ont été formés après cette période. »

En indiquant, dans le pays de Galles,
l'existence simultanée du *Système de Longmynd*, et du *Système du Westmoreland et
du Hundsrück*, j'ai proposé implicitement
de considérer le premier des deux mouvements comme composé de deux mouvements
distincts dirigés respectivement, suivant les
deux directions, N.-N.-E. et N.-E., que
mentionne M. le professeur Sedgwick. Je
présume que le second mouvement, signalé
par lui, doit aussi être subdivisé en deux autres se rapportant l'un au *Système du Morbihan*, dirigé à peu près à l'O. 38° N., dont
j'ai déjà indiqué ailleurs (1) l'influence sur ces
contrées, et l'autre au *Système des Ballons*,
plus rapproché de la ligne E.-O. : de telle
sorte que la moyenne des deux directions
donnerait à peu près la direction O.-N.-O., à
laquelle s'arrête M. le professeur Sedgwick.

Si on transporte la direction O. 16° N. du
Ballon d'Alsace dans le pays de Galles, au
confluent des rivières Tierw et Ceiriog (lat.
52° 58′ N., long. 5° 35′ O. de Paris), en
ayant égard à la différence des latitudes et
des longitudes, et même à la correction due
à l'excès sphérique, elle devient O. 8° 18′ N.

(1) *Bulletin de la Soc. géol. de Fr.*, 2e série, t. IV, p. 962.

Une ligne menée par le confluent du
Tierw et du Ceiriog, de l'E. 8° 18′ S. à l'O. 8°
18′ N., passe, d'une part, à Wem, et, de
l'autre, à l'embouchure de la rivière Lyfni
dans la baie de Caernarfon. Il est facile de
la tracer, d'après cette indication, sur une
carte d'Angleterre quelconque, lors même
que les méridiens et les parallèles n'y seraient pas figurés. Si on trace cette ligne,
soit sur la belle carte géologique de l'Angleterre par M. Greenough, soit sur celle de la
région silurienne par sir Roderik Murchison, soit sur les petites cartes du nord du
pays de Galles publiées par M. le professeur
Sedgwick (1) et par M. Daniel Sharpe (2),
on verra d'abord qu'elle est en rapport avec
les grandes lignes géologiques de la contrée, et qu'après avoir marché parallèlement à la direction que suit la grande route
de Holy-Head, depuis la vallée du Ceiriog
jusqu'à celle du Conway, elle passe à une
petite distance au sud de la haute cime du
Snowdon. On remarquera en outre qu'elle
est sensiblement parallèle à la moyenne direction des accidents stratigraphiques que
présentent, d'après les trois premières de

(1) A. Sedgwick, *Quarterly Journal of the geological So-*
ciety, vol. I.
(2) *Ibid.*, vol. II.

241

ces cartes, les couches siluriennes anciennes et modernes de la région arrosée par le Cei- riog et par ses affluents, et de plusieurs cantons adjacents. Elle s'éloigne de la direc- tion des lignes stratigraphiques de la carte de M. Daniel Sharpe, lorsque celles-ci s'é- cartent du tracé des trois autres cartes; mais elle représente, aussi exactement que pos- sible, la moyenne des directions que M. le professeur Sedgwick a tracées sur sa carte, sur un échelle à la vérité très réduite, mais évidemment avec beaucoup de soin.

Maintenant les lignes de dislocation tra- cées dans cette région par M. le professeur Sedgwick viennent butter contre le terrain carbonifère qu'elles ne paraissent pas enta- mer, ce qui annoncerait qu'elles ont été produites antérieurement au dépôt de toutes les assises de ce terrain et même antérieure- ment au dépôt du calcaire carbonifère. En effet, les cartes géologiques de M. Greenough, de sir Roderick Murchison et de M. le pro- fesseur Sedgwick figurent une bande du cal- caire carbonifère qui s'étendrait du Craig-y- Rhiw à Craigant d'une manière aussi conti- nue que le *millstone-grit* qui se trouve im- médiatement à l'E. Cependant sir Roderick Murchison dément ce tracé, dans le texte même de son grand ouvrage, où il dit formel-

I. 21

lement (1) qu'à partir du Craig-y-Rhiw, *le calcaire carbonifère se perd pendant un court espace, mais reparait de nouveau, se dirigeant au N., à Orsedd-Wen, sur la cime du Sallattyn-Hill, élevée de 1300 pieds au-dessus de la mer.*

J'ai heureusement trouvé un tracé très net de cette interruption sur la carte de M. Daniel Sharpe, et, en reportant ce tracé sur la carte de M. le professeur Sedgwick, j'ai vu qu'elle coïncide exactement avec le prolongement des couches siluriennes qui, des bords du Ceiriog, s'avancent à l'E. 8° 18' S., suivant la direction du *Système des Ballons.* Plus au N. et plus au S., le calcaire carbonifère repose en stratification discordante sur les couches siluriennes redressées dans la direction du *Système du Westmoreland et du Hundsrück;* mais précisement au point où les couches siluriennes prennent la direction du *Système des Ballons,* ce calcaire présente une échancrure d'autant plus remarquable que, d'après le tracé de M. Daniel Sharpe, le bord septentrional de cette échancrure semble avoir été *retroussé.* Le *millstone-grit,* si les cartes sont fideles, ne présenterait pas d'échancrure correspondante, mais poursuivrait son cours en passant sur

(1) *Silurian system.* p. 45 et 46.

le prolongement des couches siluriennes redressées suivant la direction du *Système des
Ballons.*

En supposant ce résultat exact, je crois
pouvoir en conclure que le calcaire carbonifère a été affecté par le redressement des
couches dont il s'agit, mais que le *millstone-
grit* ne l'a pas été. Le redressement des couches
siluriennes, dirigées, dans la vallée du Ceiriog,
de l'E. 8° 18′ S. à l'O. 8° 18′ N., aurait donc
eu lieu postérieurement au dépôt du calcaire
carbonifère, et antérieurement au dépôt du
millstone-grit, c'est-à-dire qu'il appartiendrait, par son âge relatif comme par sa direction, au *Système des Ballons*, dont l'âge se
trouverait même fixé ici avec plus de précision
que dans aucun des points que nous avons
examinés; car nous ne l'avions pas encore
trouvé en contact avec le *millstone-grit* bien
caractérisé.

Il est vrai que le terrain carbonacé du
Devonshire a été regardé comme comprenant
non seulement le calcaire carbonifère, mais
encore le *millstone-grit* et le terrain houiller
proprement dit, ce qui conduirait à assigner
une date encore plus moderne au *Système
des Ballons*. Mais ces rapprochements ne reposent sur aucune détermination précise, et
je ne crois pas qu'on soit réellement fondé à

considérer aucune des couches du terrain
carbonacé du Devonshire comme plus moderne que le calcaire carbonifère. Il y a encore là, sans doute, matière à controverse, et
je fais des vœux pour que cette controverse
s'établisse. Elle déterminera le rôle qui peut
être attribué au *Système des Ballons* dans
la formation du relief de la Grande-Bretagne, et elle contribuera à fixer d'une manière plus assurée encore l'âge relatif de ce
Système de montagnes, celui des différents
dépôts carbonifères, et le degré d'utilité que
peut avoir le principe des directions dans la
solution des grandes *questions géognostiques.*

Quoi qu'il en soit, il existe, dans le midi
de l'Irlande, comme dans le midi de l'Angleterre, des dislocations qui, par leur direction et par leur âge, autant qu'on peut répondre de ce dernier, paraissent appartenir
au *Système des Ballons.* D'après la belle
carte géologique de l'Irlande publiée par
M. Griffith, il existe aux environs de Cork
et dans les montagnes de Barrymore et de
Knockmeiledown, qui s'élèvent au N. de
cette ville, un ensemble de dislocations qui
se dirigent en moyenne de l'E. à l'O., ou de
l'E. un peu S. à l'O. un peu N. Ces dislocations affectent le vieux grès rouge et le
calcaire carbonifère, mais elles paraissent

se distinguer d'autres dislocations plus étendues qui affectent en même temps le *millstone-grit.* Leur origine remonterait, par conséquent, à une époque intermédiaire entre la période du calcaire carbonifère et celle du *millstone-grit*, c'est-à-dire à l'époque de la formation du *Système des Ballons.* Les dislocations dont il s'agit ont, en effet, très sensiblement la direction du *Système des Ballons ;* car la direction O. 16° N., transportée des Ballons d'Alsace à Cork (latit. 51° 48' 10'', longit. 10° 34' 59'' O.), en ayant égard à l'excès sphérique, devient O. 5° 4' N.

Avant de quitter les îles Britanniques, je ferai remarquer que des dislocations appartenant au *Système des Ballons* pourraient être soupçonnées d'avoir exercé une grande influence sur la configuration des montagnes du district des lacs du Cumberland et du Westmoreland.

M. le professeur Sedgwick a distingué depuis longtemps le phénomène de plissement qui a imprimé leur direction caractéristique aux schistes qui forment l'étoffe fondamentale de ce groupe de montagnes, du mouvement d'élévation qui a fait surgir comme de *véritables Ballons,* les montagnes de granite et de syénite qui en forment aujourd'hui les

1   21*

cimes les plus élevées, mouvement qui a été accompagné de nombreuses dislocations.

M. le professeur Hopkins, ayant envisagé dernièrement ce mouvement d'élévation sous un point de vue qui lui est propre (1), le considère comme coordonné à un axe légèrement sinueux qui se dirige à peu près à l'O. 3° N. Or la direction O. 16° N. transportée du Ballon d'Alsace à Keswick (latit. 54° 35′ N., long. 5° 9′ 13″ O. de Paris) avec toutes les précautions déjà indiquées, devient O. 8° 38′ N. La différence avec la direction figurée par M. le professeur Hopkins est de 5° 38′; mais, comme les considérations d'après lesquelles M. Hopkins a figuré cette ligne ne sont pas de nature à fixer une direction avec une rigueur absolue, on peut dire qu'une divergence de 5° ½ seulement est ici peu importante. Sous le rapport de l'époque à laquelle a eu lieu cette élévation, M. le professeur Hopkins établit qu'elle est postérieure au dépôt du calcaire carbonifère et antérieure, en grande partie, à celui du nouveau grès rouge. Il admet, à la vérité, qu'elle est postérieure, non seulement au calcaire carbonifère, mais aussi au *millstone-*

(1) On the elevation and denudation of the district of the lakes of Cumberland and Westmoreland. — *Quarterly Journal of the geological Society*, vol. IV, p. 70.

grit et au terrain houiller; or cette dernière partie de sa conclusion me paraît beaucoup moins évidente que la première.

Le *millstone-grit* est loin d'entourer le
groupe montagneux du Westmoreland avec
la même uniformité d'allure que le calcaire
carbonifère. Bien loin de conserver dans la
ceinture du district des lacs la grande épaisseur qu'il présente dans les moorlands du
Yorkshire, il se réduit, d'après la carte de
M. Greenough, à une bande étroite qui s'a-
mincit et finit par disparaître en avançant
vers l'ouest, et on voit alors le terrain houiller de White-Haven reposer directement,
près de la côte, sur le calcaire carbonifère et
même sur le vieux grès rouge. Il paraît,
d'après cela, que le sol de ces contrées a été
soumis à des perturbations locales particulières entre le dépôt du calcaire carbonifère
et celui du *millstone-grit*, et peut-être entre
le dépôt du *millstone-grit* et celui du terrain
houiller, et il demeure permis de soupçonner que les Ballons du Westmoreland sont,
en principe, du même âge que ceux des
Vosges et dus à des mouvements d'élévation
coordonnés au même grand cercle de la
sphère terrestre.

Peut-être parviendrait-on à constater
l'existence de dislocations du *Système des*

Ballons dans plusieurs autres groupes montagneux des îles Britanniques. Il me paraît
des aujourd'hui très probable que les petites
protubérances de roches anciennes qui poin-
tent isolément au milieu des plaines secondaires du Leicestershire lui doivent le principe de leur existence.

Le prolongement oriental de la ligne tirée
de l'embouchure du Lyfni à Wem passe
très près de Leicester. Elle laisse, au nord,
le massif isolé du *Charnwood-Forest* dont les
principales lignes topographiques lui sont à
peu près parallèles. A côté du Charnwood-
Forest, le terrain houiller d'Ashby de la
Zouche se trouve en contact d'une manière
anormale, comme celui de White-Haven,
avec le calcaire carbonifère, sans l'interposi-
tion du *millstone-grit*. Cet ensemble de circonstances peut faire soupçonner qu'il y a
eu dans ce district un mouvement de dislocation immédiatement postérieur au calcaire
carbonifère, parallèle à la direction du *Système des Ballons*, et que le *Mont-Sorel*, point
culminant du Charnwood-Forest, peut lui-
même être considéré comme un *Ballon*.

Les *Ballons du nord de l'Allemagne*, les
masses granitiques du Hartz, qui se trouvent
presque exactement sur le prolongement de
la ligne d'élévation du Westmoreland, se

prêtent à ce double rapprochement d'une manière plus certaine encore.

Le Hartz se termine, au N.-N.-E., par un escarpement comparable à celui qui termine les Vosges et la Forêt-Noire au S.-S.-O. Cet escarpement, qui coupe obliquement la direction des couches schisteuses, est parallèle à la plus grande longueur de ce groupe de montagnes isolé, et à la ligne sur laquelle les granites de Brocken et de la Rosstrappe se sont élevés en perçant les schistes et les grauwackes déjà redressés antérieurement dans une autre direction ; il est en même temps parallèle au *grand cercle de comparaison du Système des Ballons* dirigé de la cime du Ballon d'Alsace à l'O. 16° N. En effet, si, par la cime du Brocken (latitude 51° 48′ 29″ N., longitude 8° 16′ 20″ E. de Paris), on mène une ligne parallèle au grand cercle dont il s'agit, on trouve que la direction de cette ligne calculée rigoureusement, en ayant égard à la correction due à l'excès sphérique, est à l'O. 19° 15′ N. Or, si l'on trace cette ligne sur une carte géologique du Hartz, on verra qu'elle passe par la *Rosstrappe*, tout près du Rammberg, et qu'elle est parallèle aussi exactement que possible à la ligne légèrement sinueuse qui termine le Hartz au N.-N.-E. Le soulèvement qui a déterminé cette ligne, évidemment postérieur à celui qui avait plissé les schistes et les grauwackes dans la direction *hora* 3-4 (*Système du Westmoreland et du Hundsrück*), n'a pas été le dernier que le Hartz ait éprouvé; mais il a influé plus qu'aucun autre sur la forme générale de son relief, et il a évidemment précédé le dépôt des terrains houillers qui sont situés à son pied.

Les grauwackes qui forment des collines des Teufelsberge et des Hollenberge au N.-O. de Magdebourg, et dans lesquelles on trouve, comme en Devonshire, en Bretagne et dans le sud des Vosges, un grand nombre d'impressions d'Équisétacées et d'autres plantes peu différentes de celles du terrain houiller, ne partagent pas la direction *hora* 3-4 des autres grauwackes de l'Allemagne. Elles appartiennent probablement à la partie la plus récente des dépôts dits de transition, et la direction de leurs couches est presque parallèle à celle de l'escarpement N.-N.-E. du Hartz, dont le soulèvement a sans doute eu quelque influence sur le ridement qu'elles ont éprouvé.

A l'autre extrémité du grand ensemble des terrains schisteux des bords du Rhin, l'Ardenne se termine au nord de Mezières, suivant une ligne dont l'orientation est oblique par rapport à la stratification dirigée à peu près *hora* 3-4 du terrain ardoisier, et dont la direction ne s'écarte pas sensiblement de celle du *Système des Ballons*. La direction O. 16° N., transportée du Ballon d'Alsace à Mezières (latitude 49° 45′ 43″ N., long. 2° 22′ 46″ E. de Paris), devient, toute correction faite, O. 14° 51′ N. Or, le front méridional de l'Ardenne court de l'E. 14 à 18° S. à l'O. 14 à 18° N. ; c'est-à-dire en moyenne suivant une direction O. 16° N., qui ne diffère que de 1° 9′ de celle qui serait rigoureusement parallèle au grand cercle de comparaison du *Système des Ballons*. Le front méridional de l'Ardenne coupant obliquement la direction générale des couches du terrain ardoisier, ressemble, en cela, au front septentrional du Hartz auquel il est parallèle, et qui peut être considéré comme formant l'extrémité diamétralement opposée de la grande bande schisteuse des bords du Rhin. L'un et l'autre doivent probablement leur première origine à la même révolution physique. Les roches à cristaux feldspatiques de Montbermé pourraient bien faire, jusqu'à un certain point, le pendant des granites du Hartz. Le Hartz n'est peut-être plus élevé que parce qu'il a éprouvé,

postérieurement au dépôt des terrains secondaires, un nouveau soulèvement que les
Ardennes n'ont pas éprouvé ou qu'elles
n'ont, du moins, que très faiblement res-
senti (1).

La direction du *Système des Ballons* se
manifeste aussi dans le massif des terrains
schisteux du Hainaut, au nord de Namur,
et on la retrouve encore, mais peut-être accidentellement, entre la Sambre et la Meuse,
aux environs de Philippeville.

Le Système des Ballons s'est également
dessiné dans l'Europe orientale. Les montagnes de Sandomirz, dans le S.-O. de la Pologne, nous présentent des couches de transition, d'une date probablement récente,
redressées dans une direction presque exactement parallèle à celle du *grand cercle de
comparaison* que nous avons mené par le
Ballon d'Alsace. Mais c'est surtout au milieu
des grandes plaines de la Russie que le Système de rides dont nous nous occupons joue
un rôle important.

La belle carte géologique de la Russie
d'Europe, publiée par MM. Murchison, de
Verneuil et Keyserling, nous représente cette
vaste contrée comme divisée en deux parties

(1) *Explication de la Carte géologique de la France*, t. I,
p. 266.

par un axe de terrain dévonien dirigé de
Voroneje vers le golfe de Riga. Cet axe paraît
dû à un soulèvement qui a émergé le bassin
carbonifère de Moscou et l'a rendu inacces-
sible aux dépôts de la période houillère ; qui,
par conséquent, doit être d'une date postérieure au dépôt du calcaire carbonifère et
antérieure à celui du *millstone-grit*. Or, la
direction O. 16° N., transportée du Ballon
d'Alsace à Orel, en Russie (lat. 52° 56' 4" N.,
long. 33° 37' E. de Paris), devient O. 36° 32'
N. Construite sur la carte de Russie , cette
direction coïncide, à très peu de chose près,
avec celle de l'axe dévonien, dirigé de Voroneje vers le golfe de Riga. Je suis conduit,
par là, à considérer l'axe dévonien du centre
de la Russie comme étant, en Europe, l'un
des membres les mieux définis et le plus
largement dessinés du *Système des Ballons*.

Enfin les résultats du voyage géologique
que M. le comte Keyserling a exécuté , en
1843, dans la contrée de la Petschora, semblent annoncer que le *Système des Ballons*
joue aussi un rôle important dans cette partie reculée de la Russie. D'après la carte géologique jointe au bel ouvrage de M. le comte
Keyserling (1), la contrée de la Petschora

(1) *Wissenschaftliche Beobachtungen auf einer reise in
das Petschora land, im jahre 1843.*

est séparée des grandes plaines où coule la Dwina par la chaîne des *monts Timan* qui s'étend obliquement de l'Oural au golfe de Tscheskaja , dont l'ouverture, dans la mer Glaciale, est séparée de celle de la mer Blanche par le cap Barmin-Myss.

La chaîne des monts Timan n'est pas rectiligne. Elle décrit une ligne brisée dont le coude est placé près du 65° parallèle de latitude nord, et dont la seconde partie forme un angle d'environ 25° avec le prolongement de la première.

Le milieu de la plus méridionale de ces deux parties se trouve à peu près par 63° 50 de latitude N., et par 50° 10′ de longitude E. de Paris. Si on mène par ce point une ligne parallèle au grand cercle dirigé du Ballon d'Alsace à l'O. 16° N. et qu'on en calcule la direction en ayant égard à la correction relative à l'excès sphérique qui s'élève pour ce point éloigné à 2° 29′ 53″, on trouve que la parallèle en question se dirige à l'O. 31° 30′ N. Or, en contruisant cette ligne sur la carte de M. le comte Keyserling, on voit qu'elle représente d'une manière très satisfaisante la direction générale de l'axe de la partie méridionale de la chaîne des *monts Timan*. Les flancs de cette partie de la chaîne sont formés par le terrain dévonien et par le calcaire carbonifère; mais M. le comte Keyserling n'y a pas observé le terrain houiller (*millstone-grit*) qu'il figure au contraire comme étant redressé sur les flancs du chaînon septentrional des monts Timan et sur ceux de l'Oural. De là il paraîtrait résulter que le chaînon méridional des monts Timan, qui, comme toutes les montagnes de la contrée, est antérieur au terrain Permien et au terrain jurassique, se distinguerait des chaînons qui l'avoisinent en ce qu'il serait antérieur aussi au *millstone-grit* auquel les autres sont postérieurs, et d'une date immédiatement postérieure au dépôt du calcaire carbonifère. Ce chaînon méridional des monts Timan appartiendrait ainsi par son âge, comme par sa direction, au *Système des Ballons*.

Si cette conclusion se vérifie, elle sera importante, en ce qu'elle donnera une très grande largeur à la zone qu'embrasse, en Europe, le *Système des Ballons*. En effet, une perpendiculaire abaissée de la crête des monts Timan sur le *grand cercle de comparaison du Système des Ballons*, mené par le Ballon d'Alsace, a une longueur égale à environ 27° du méridien. D'un autre côté, M. Durocher croit avoir retrouvé des dislocations dépendantes du *Système des Ballons* dans les schistes anciens de la chaîne des

Pyrénées dont la crête, presque parallèle à notre grand cercle de comparaison, en est éloignée de 6°. La zone embrassée par le *Système des Ballons* aurait donc une largeur de 33° ou de 3,667 kilomètres (plus de 700 lieues).

Dans cette zone, le grand cercle que nous avons mené arbitrairement par la cime du Ballon d'Alsace serait loin d'occuper une position médiane. La ligne médiane passerait à peu près par Kœnigsberg, en Prusse. Mais, comme la zone du *Système des Ballons* pourrait encore être élargie dans la suite vers le midi par de nouveaux chaînons de ce Système qui viendraient à être découverts en Espagne, il serait peut-être convenable de prendre pour le *grand cercle de comparaison* auquel on rapporterait tout l'ensemble, celui que nous avons mené par le *Brocken*, dans le Hartz, vers l'O. 19° 15′ N.

J'avais déterminé le premier depuis longtemps par de simples tâtonnements graphiques. Nous avons vu qu'il cadre avec toutes les observations auxquelles nous l'avons comparé avec assez d'exactitude pour qu'il fût inutile d'en chercher, quant à présent, une détermination plus exacte. Le grand cercle, passant par le sommet du Brocken, que je propose de lui substituer, satisferait

également bien à toutes les observations;
ce sera celui auquel je recourrai dans la
suite de cet article.

Le *Système des Ballons* a laissé sur la surface de l'Europe des accidents orographiques
plus considérables qu'aucun des Systèmes de
rides qui s'étaient formées antérieurement.
Les Ballons des Vosges, du Hartz, du Westmoreland, sont sans doute de fort petites
montagnes, comparativement aux cimes des
Pyrénées et des Alpes; mais celles-ci sont
d'une origine plus récente. Les Ballons n'ont
même pas eu, au moment de leur naissance,
toute l'élévation que présentent aujourd'hui
leurs cimes, par rapport au niveau de la
mer; car ils ont éprouvé depuis lors des
mouvements qui ont encore ajouté à leur
hauteur initiale; mais la cime du Ballon
d'Alsace s'élève à 789 mètres au-dessus de la
ville de Giromagny, située elle-même à peu
près à la même hauteur que le terrain houiller de Ronchamp, qui a rempli une des dépressions de la contrée telle qu'elle était
configurée après la formation du *Sysème des
Ballons*, et cette faible hauteur suffisait probablement pour faire alors du *Ballon d'Alsace* un des rois des montagnes de l'Europe.
Parmi les inégalités de la surface du globe
dont on peut assurer que l'origine remonte

22*

à une époque aussi reculée, on en citerait difficilement de plus considérables.

VII. Système du Forez.

M. Gruner, ingénieur en chef des mines, qui a étudié avec beaucoup de soin et de détail la constitution géologique du département de la Loire, a signalé, dans les montagnes du Forez, un nouveau Système de dislocations (1). Ce Système, orienté, d'après les observations de M. Gruner, sur 11 heures de la boussole, c'est-à-dire au N. 15° O., lui a paru correspondre à une date intermédiaire entre celles des Systèmes auxquels je donnais les nos 2 et 3 lorsque je ne connaissais pas de Systèmes plus anciens que celui du *Westmoreland et du Hundsrück;* c'est-à-dire intermédiaire entre l'époque du *Système des Ballons* et celle du *Système du nord de l'Angleterre.*

Je propose d'appeler ce nouveau Système de montagnes *Système du Forez.* Je suis porté à croire qu'il est un peu plus moderne que M. Gruner ne l'a admis ; cependant il me paraît être réellement plus ancien que le *Système du nord de l'Angleterre,* et par

(1) Gruner, Mémoire sur la nature des terrains de transition et les Porphyres du département de la Loire ; *Annales des mines,* 3e série, t. XIX, p. 53 (1841).

conséquent c'est ici la place où nous devons nous en occuper.

Les dislocations du *Système du Forez* ont affecté tous les terrains qui entrent dans la composition des montagnes de cette contrée, y compris celui dans lequel sont exploitées les mines d'Anthracite des environs de Roanne (Bully, Regny, Thisy, etc.); mais elles ne se sont pas étendues au terrain houiller qui existe, près de là, à St-Étienne, à Bert, au Creuzot, etc. Ils datent, par conséquent, d'une époque intermédiaire entre la période du dépôt du terrain anthraxifère de la Loire, et celle du dépôt du terrain houiller.

Le terrain anthraxifère du département de la Loire est, d'après M. Gruner, la partie la plus récente des terrains de transition de ces contrées, et il y constitue un étage distinct. Il repose en stratification quelquefois parallèle, mais plus souvent encore discordante, sur un terrain schisteux dans la partie supérieure duquel sont intercalées des assises calcaires, et il présente vers sa base (p. 98) un conglomérat souvent très grossier, formé par des fragments généralement peu roulés de calcaire, de schistes, de quartzite, de quartz lydien, et surtout de *porphyre granitoïde*, réunis par un ciment

à grain fin d'une teinte verdâtre. Ce conglomérat passe, par la disparition des fragments, à un grès feldspathique, dont la
pâte, peu différente de la sienne, est une
masse terreuse très fine, le plus souvent
d'une teinte verte foncée ou noire, et qui
constitue une grande partie du terrain. Des
noyaux anguleux très nombreux de feld-
spath lamelleux font souvent de ce grès une
sorte de mimophyre. Les grains de quartz
y sont très rares, de même que dans le porphyre granitoïde, auquel il semble avoir
emprunté la plus grande partie de ses éléments; mais il contient quelquefois de petits fragments de schiste bleu verdâtre, et
de très nombreuses paillettes de mica d'un
brun verdâtre. Au milieu du grès on trouve
des schistes feldspathiques avec empreintes
végétales. Les couches d'anthracite qui y sont
renfermées sont accompagnées au toit et au
mur de schistes très fins, mais elles sont peu
régulières et sujettes à de fréquents rejets,
dus, sans doute, aux dislocations que le terrain a éprouvées. Quelques parties des grès
sont transformées en roches extrêmement du-
res, compactes et cristallines, où tout indice
de stratification a disparu, mais où se manifeste une division en colonnes prismatiques
pseudo-régulières qui leur donne l'apparence

de porphyres verts. Les schistes très fins du toit et du mur des couches d'anthracite semblent eux-mêmes avoir subi quelquefois une sorte de porcelanisation ; la nature et la forme de ces roches pétro-siliceuses rappelle complétement la *pierre carrée* du terrain anthraxifère de la Loire-Inférieure et de Maine-et-Loire. Elles paraissent avoir subi de même un phénomène métamorphique , quoique aucune roche éruptive ne s'en soit approchée; un mouvement moléculaire opéré dans l'intérieur du sol sans élévation considérable de température. C'est seulement par leur composition qu'elles se rattachent aux porphyres granitoïdes qui semblent avoir fourni la plus grande partie de leurs éléments.

Ces Porphyres paraissent avoir commencé à faire éruption, dans le Forez, dès le commencement de la période pendant laquelle s'est formé le dépôt anthraxifère. En brisant les terrains de transition antérieurs et en se brisant eux-mêmes, ils ont formé les gros éléments des conglomérats; les matières plus ténues, cinériformes, que les éruptions ont également produites, ont servi à la formation des Grès et des Schistes des terrains anthraxifères. Enfin une dislocation générale a redressé ces couches formées d'abord

horizontalement et a élevé les crêtes porphyriques et granitiques du Forez sur lesquelles
elles s'appuient, crêtes généralement dirigées, en moyenne, vers le N. 15° O., et dont
la hauteur surpasse celle des Ballons (Puy-
de-Montoncelle, 1,286^m, Pierre-sur-Haute,
1,632^m).

L'âge relatif de ces montagnes dépend essentiellement de celui du terrain anthraxifère qui couvre une partie de leurs flancs,
et, d'après les observations de M. Gruner,
ce terrain paraît constituer une formation
distincte, postérieure au terrain de schiste
et de calcaire qui lui sert de base et auquel
il a emprunté une partie de ses éléments,
notamment les fragments calcaires qu'on y
trouve dans les conglomérats. Ce calcaire,
gris bleuâtre, bitumineux, fossilifère, les
schistes argilo-talqueux diversement colorés
au milieu desquels il est intercalé, et les grès
argilo-quartzeux souvent assez grossiers et
passant à un poudingue quartzeux, qui font
partie du même système, avaient d'abord été
placés par M. Gruner dans le terrain silurien.
D'autres géologues, d'après un nouvel examen des fossiles, les ont crus dévoniens;
M. Édouard de Verneuil, à qui appartenait
naturellement la décision de cette question
paléozoïque, les regarde comme carbonifères.

Dans une lettre qu'il a bien voulu me faire l'honneur de m'écrire vers la fin de l'année dernière, ce savant géologue me disait :

« J'ai étudié dernièrement, aux environs » de Roanne, les différents calcaires et les » ai tous reconnus pour des calcaires carbo- » nifères, comme ceux de Sablé. Je n'ai pas » vu traces de fossiles dévoniens, et, comme » la plupart des schistes, surmontent le » calcaire, il en résulte que presque tout et » peut-être tout le terrain de transition de » la Loire est carbonifère. »

On doit renoncer, d'après cela, à voir dans le terrain anthraxifère du département de la Loire un équivalent du terrain anthraxifère de la Loire-Inférieure qui est inférieur au calcaire de Sablé, et on ne pourrait le maintenir dans le groupe du Calcaire carbonifère qu'en renonçant à la distinction établie par M. Gruner entre l'étage des schistes talqueux, des grès et poudingues quartzeux, et celui des conglomérats et grès anthraxifères de nature feldspathique qui lui a paru recouvrir le premier en stratification discordante. On ne peut cependant pas mettre cet étage anthraxifère en parallèle avec le terrain houiller, dont la constitution si constante dans tout l'intérieur de la France est si différente de la sienne, et dont les couches n'ont pas été affectées par les dislocations du *Système du Forez* qui ont redressé celles du terrain anthraxifère.

De là il me paraît résulter que le terrain anthraxifère du département de la Loire représente, dans l'intérieur de la France, le *millstone-grit* des géologues anglais, auquel les poudingues inférieurs des terrains houillers de St-Étienne et d'Alais n'avaient été assimilés que d'une manière hypothétique.

Le *millstone-grit* s'élèverait ainsi au rang d'une formation indépendante, qui représenterait la période comprise entre l'élévation du *Système des Ballons* et celle du *Système du Forez*. Le *Système du Forez* aurait pris naissance entre le dépôt du *millstone-grit* et celui du terrain houiller proprement dit.

Cet aperçu nouveau me conduisait naturellement à examiner si la structure stratigraphique du reste de l'Europe se prêterait à l'admission d'un nouveau Système de montagnes ainsi caractérisé, et je crois avoir constaté que ce Système se manifeste, en effet, dans beaucoup de contrées, et qu'il fournit les moyens de résoudre plusieurs questions stratigraphiques jusqu'ici non résolues, et qui peut-être même n'avaient

pas encore été suffisamment envisagées.
D'abord ces accidents stratigraphiques du
Système du Forez déterminent, indépendamment de la direction des principales
crêtes du Forez, celles de plusieurs de ses
limites et de plusieurs des lignes orographiques ou stratigraphiques les plus remarquables des parties voisines de la France.

Ainsi la direction N. 15° O. du *Système
du Forez* se dessine dans le bord oriental de
la plaine de la Limagne aux environs de
Thiers, dans le bord occidental de la plaine
de Roanne, et dans le bord occidental de la
plaine de Montbrison, qui semble avoir
formé originairement la limite occidentale
du bassin dans lequel s'est déposé le terrain
houiller de St-Étienne.

Elle se dessine encore dans le bord occidental du massif du Morvan, près de Mou-
lins-en-Gilbert, et dans celle de son bord
oriental, près de Saulieu.

Enfin cette direction se retrouve dans
celle du bord oriental du massif primitif de
l'Ardèche, de Tain à Condrieux, et dans
celle du massif primitif du Rhône, de Vienne
à Lyon et à Limonest, ou même dans celle
que présente, abstraction faite des dentelures, le massif des terrains anciens de la
France centrale de Vienne à Saulieu.

Cette dernière ligne traverse les bassins houillers du Creuzot et d'Autun sans y produire aucun changement, et toutes, en général, me paraissent avoir été mises en relief avant le dépôt du terrain houiller, mais après celui de tous les terrains de transition.

Pour étendre ces remarques à des contrées plus lointaines, il est nécessaire de recourir aux précautions que nous avons déjà employées afin d'y transporter notre direction *parallèlement à elle-même*. A ce sujet, nous remarquerons d'abord que la direction N. 15° O., signalée par M. Gruner dans les montagnes du Forez, peut être considérée comme se rapportant au centre de ce groupe montagneux, et qu'on peut placer ce centre entre la montagne de Pierre-sur-Haute et le pays de Montoncelle, par 45° 51' de lat. N., et par 1° 24' de longitude à l'E. de Paris.

Cette direction transportée à Limoges (lat. 45° 49' 53" N., long. 1° 4' 52" O. de Paris), eu égard à la différence des longitudes, et sans tenir compte de la correction due à l'excès sphérique, qui serait à peu près insensible, devient N. 16° 47' O.; et, construite sur la carte de France, elle est représentée par une ligne qui passe un peu à l'est de Caen (Calvados), et un peu à l'ouest de Ceret (Pyrénées-Orientales).

Or cette ligne est parallèle à plusieurs des lignes terminales des granites du Limousin, à la ligne de jonction des granites et des schistes, ainsi qu'à la direction générale de la bande schisteuse des environs de Céret, et à l'axe général des masses de roches anciennes qui s'étendent de proche en proche du Limousin à la montagne Noire, aux Corbières et aux Pyrénées orientales, et sur lesquels se sont moulés les bassins houillers du Lardin, de Decazeville, de Rhodez, de Carmeaux, de Durban et de Ségure, de Surocca et d'Ogassa (en Catalogne).

Cette ligne rencontre, près d'Alençon et de Falaise, la pointe du massif du Bocage de la Normandie, et elle est parallèle aux troncatures qui y interrompent les rides du *Système du Bocage et des Ballons*.

Cette même ligne est également parallèle à celle qui, partant de la Ménigoute, et passant par Thouars pour aller couper la Mayenne près de Châteauneuf, au-dessus d'Angers, termine à l'est le massif des terrains anciens de la Vendée, en tronquant la bande anthraxifère des bords de la Loire-Inférieure, plissée suivant le *Système des Ballons*.

Elle est parallèle aussi, à très peu de choses près, à la direction du bord occidental de la dépression du Cotentin dans laquelle se sont déposés les terrains secondaires et tertiaires des environs de Valognes et de Carentan, à la base desquels se trouve le terrain houiller du Plessis.

De là il résulte que dans l'ouest de la France, il existe à l'ouest du méridien de Paris un faisceau de dislocations parallèles à la direction du *Système du Forez* postérieures au *Système des Ballons*, et antérieures au terrain houiller.

Ce faisceau de dislocations traverse la Manche et se retrouve en Angleterre.

La ligne menée de Limoges vers le N. 16° 47' O. passe très près de Dudley ; mais elle y coupe le méridien sous un autre angle qu'à Limoges.

Si on transporte la direction N. 15o O. du *Système du Forez*, du centre du Forez à Dudley (lat. 52° 31' 30'' N. , long. 4° 26' 40'' O. de Paris), en ayant égard à la différence des latitudes et des longitudes, et à la correction due à l'excès sphérique, calculée comme si le grand cercle, mené du centre du Forez vers le N. 15° O. , était le grand cercle de comparaison du Système, elle devient N. 19° 30' O.

Or on peut remarquer d'abord qu'une ligne menée par Dudley, vers le N. 19° 30' O., a des rapports très remarquables avec la structure générale de la Grande-Bretagne. Prolongée vers le N.-N.-O., elle passe à Poulton et au cap Rossal, au S.-O. de Lancaster, coupe la partie occidentale du groupe des montagnes des lacs du Westmoreland, traverse ensuite l'Écosse en passant à Glasgow, en sort au cap Row-Rue dans le nord du Rosshire, et coupe l'extrémité N.-E. de l'île Lewis en passant à Aird. Prolongée vers le S.-S.-E., cette même ligne atteint la Manche dans la rade de Spithead, et rase la pointe orientale de l'île de Wight; plus loin elle traverse la France en se confondant presque avec la ligne que nous avons tracée par Limoges. Elle est presque parallèle aux côtes orientales de la Grande-Bretagne, et elle représente la direction générale de l'île entière mieux qu'aucune autre ligne qu'on puisse mener par Dudley.

Pour construire cette même ligne avec facilité sur les cartes géologiques de la partie centrale de l'Angleterre, par exemple sur celle de sir Roderick Murchison, il suffit de remarquer qu'elle passe, d'une part, à Breewood (Staffordshire), et, de l'autre, au confluent des rivières Arrow et Avon, près de Bidford (Warwickshire).

Tracée d'après ces repères faciles à trouver, la ligne de direction du *Système du Forez* suit, à très peu de choses près, l'axe du groupe de collines siluriennes qui s'élève au milieu du terrain houiller de Dudley, et celui des collines du Lower-Lickey, où de petits lambeaux de terrain houiller reposent directement, en stratification discordante, sur le grès de Caradoc (Murchison, *Silurian System*, pl. 37, fig. 7 et 8). Elle est à peu près parallèle aussi au cours de la Saverne, depuis Coalbrook-Dale jusqu'à Worcester, et même jusqu'à Tewkesbury, à la ligne que les rivières Clun, Lug et Wye tracent plus à l'O. dans le pays de Galles, au segment septentrional de la ligne brisée des Malvern-Hills, qui, à partir de Great-Malvern, tourne vers le N.-N.-O., et à la direction générale du contour dentelé des montagnes du pays de Galles, depuis les Malvern-Hills jusqu'à l'embouchure de la Dee. La direction du *Système du Forez* reparaît encore assez exactement dans les crêtes de roches siluriennes sur lesquelles s'appuie le terrain houiller de Coventry.

Or, une des circonstances les plus remarquables qui s'observent dans toute cette contrée, c'est que le terrain houiller y repose indifféremment sur tous les dépôts antérieurs, sur le *millstone-grit*, sur le calcaire carbonifère, sur le vieux grès rouge, et sur les différentes assises siluriennes, affectant ainsi les allures d'une *formation indépendante* de toutes celles qui l'ont précédé, et particulièrement d'une formation indépendante de celle du *millstone-grit*.

Il me paraît résulter de là qu'un système particulier de dislocations doit avoir été produit dans cette partie de l'Angleterre entre le dépôt du *millstone-grit* et celui du terrain houiller proprement dit (*coal measures*), et un examen attentif de l'ensemble de sa structure orographique et stratigraphique, me conduit à penser qu'on doit chercher la direction caractéristique de ce système de dislocation dans les collines siluriennes de Dudley et du Lower-Lickey, où nous avons déjà reconnu celle du *Système du Forez*. Le terrain houiller est lui-même disloqué au pied de ces collines ; mais ces dislocations s'expliquent, ainsi que nous le verrons bientôt, par des éruptions de roches trappéennes postérieures à son dépôt.

La direction N. 19° 30′ O. qui représente, à Dudley, le *Système du Forez*, étant prolongée vers le N.-N.-O., traverse, ainsi que nous l'avons déjà remarqué, la partie occidentale du groupe montagneux du district des lacs du Westmoreland, et elle passe à quelques milles seulement à l'E. de White-Haven où, comme dans le centre de l'Angleterre, le terrain houiller repose indifféremment sur le *millstone-grit*, sur le calcaire carbonifère et sur le vieux grès rouge, ce qui suppose que le sol y a éprouvé des mouvements entre le dépôt du *millstone-grit* et celui du terrain houiller.

Un des faits remarquables que présente la contrée de White-Haven, est l'existence d'un lambeau de terrain houiller complétement isolé et séparé des bassins houillers du Lancashire, du Yorkshire et de Newcastle par de grands espaces où le terrain houiller n'existe pas. Ce fait se rattache probablement à l'existence de dislocations du *Système du Forez* qui se sont produites sur l'emplacement occupé aujourd'hui par la grande chaîne pennine qui constitue la ligne médiane du nord de l'Angleterre.

L'escarpement occidental du massif de Cross-Fell, qui forme un des traits les plus proéminents de cette grande chaîne pennine, est dirigé obliquement, par rapport à la direction générale de l'ensemble de la chaîne et y constitue une anomalie. Sa direction prolongée traverse diagonalement la chaine, entière, de manière à couper la rivière Air entre Leeds et Bingley, en formant avec le méridien un angle d'environ 29°. Mais il fau t remarquer que l'escarpement de Cross-Fell est un simple arrachement dans une masse de couches très faiblement inclinées, et que son orientation, susceptible d'avoir été modifiée par les phénomènes de dénudation, ne peut fournir qu'un simple aperçu de la direction des premiers phénomènes de dislocation qui lui ont donné naissance. Celle-ci doit être représentée beaucoup plus fidèlement par les affleurements des différentes couches carbo- nifères sur les plateaux qui avoisinent Cross- Fell et par les alignements jalonnés par les diverses cimes qui s'élèvent sur ces plateaux. Or, d'après la belle carte de M. Greenough, cette dernière direction est parallèle à une ligne qui suivrait la vallée supérieure de la Tyne, et qui irait ensuite se confondre avec la vallée de la Warfe, près de Kettle Well, en formant avec le méridien un angle de 21°. Maintenant, la direction du *Système du Forez* transportée à Cross-Fell (lat. 54° 42′ N., long. 4° 50′ O. de Paris), en tenant compte de l'excès sphérique calculé comme si l'arc mené du centre du Forez vers le N. 15° O. était le *grand cercle de comparaison du*

Système, cette direction devient N. 19° 50 O. Elle forme, par conséquent un angle de 1° 10' seulement avec la direction imprimée originairement au massif de Cross-Fell, c'est-à-dire qu'elle ne s'en écarte que d'une quantité insignifiante. Elle cadre aussi très sensiblement avec la direction propre du massif du Derbyshire.

Je remarque en même temps que le *mills- tone-grit* couvre généralement les massifs de Cross-Fell et du Derbyshire, et y forme sou- vent les points culminants, mais que le ter- rain houiller proprement dit ne s'élève nulle part dans ces hautes régions. Il me paraît donc naturel de conclure que le soulèvement qui a imprimé à ces deux massifs leurs traits fondamentaux a été produit entre le dépôt du *millstone-grit* et celui du terrain houiller; d'où il suit qu'il se rapporte par son âge, comme par sa direction, au *Système du Forez*.

En adoptant cette supposition, on ex- plique immédiatement le défaut de conti- nuité des terrains houillers de White-Haven, du Lancashire, du Yorkshire et de New- castle, et le contraste qu'ils présentent, sous ce rapport, avec le *millstone-grit*, sans avoir recours à l'hypothèse de dénudations qui seraient difficiles à concevoir à cause de leur

étendue et de la prédilection toute spéciale
avec laquelle il faudrait admettre qu'elles
auraient enlevé le terrain houiller en épar-
gnant le *millstone-grit*.

Les dislocations du *Système du Forez* me
paraissent encore appelées à expliquer une
autre singularité que présente la distribution des terrains houillers de la Grande-
Bretagne. L'indépendance mutuelle des quatre formations du vieux grès rouge, du
calcaire carbonifère, du *millstone-grit*, et
du terrain houiller, se manifeste par la disposition qu'elles affectent dans le Pembrokeshire, contrée si riche en faits géologiques
instructifs et curieux, particulièrement au
point de vue stratigraphique. En suivant
de l'est à l'ouest le bord septentrional de
la bande carbonifère, on voit, d'après la
belle carte géologique de l'ordonnance publiée par sir Henry T. de La Beche, le calcaire carbonifère cesser près de Slebech, sur
les bords de l'Eastern-Cleddau, de s'appuyer
sur le vieux grès rouge pour s'étendre sur
le terrain silurien ; le *millstone-grit* cesser,
près de Haroldstone St-Issels, sur les bords
du Western-Cleddau, de s'appuyer sur le
calcaire carbonifère pour s'étendre sur le
terrain silurien ; enfin, près de Hall-Lodge,
le terrain houiller cesse de s'appuyer sur le

millstone-grit pour s'étendre à son tour sur le terrain silurien. Ici le phénomène prend un caractère très frappant, parce qu'une bande de terrain houiller formant la côte de la baye de St-Bride, s'étend vers le N.-N.-E. sur une longueur de 5 milles (8 kilomètres), transversalement à la direction des couches siluriennes dont elle interrompt le cours. D'après la carte de l'ordonnance, le terrain houiller est séparé du terrain silurien par des failles le long d'une partie de la ligne de contact; cependant, près de Hall-Lodge, de Sympson-Hill, de Rambot-Hill, etc..., il paraît reposer régulièrement sur les tranches des couches siluriennes.

Il semblerait d'après cela que cette langue de terrain houiller a rempli une vallée qui coupait transversalement les couches déjà redressées du terrain silurien. Cette vallée, située à quelques milles au N.-N.-O. de Milford, se dirigeait probablement à peu près suivant la ligne tirée de Milford à Trevine qui suit la direction de la bande houillère de la baie de St-Bride, c'est-à-dire vers le N. 21°O. Or, la direction du *Système du Forez*, transportée à Milford (lat. 51° 42' 42" N. long. 7° 22' 6" O. de Paris) avec les précautions déjà indiquées ci-dessus, devient N.

21° 50′ O. Elle coïncide par conséquent, à moins d'un degré près, avec la direction présumable de la vallée dans laquelle doit s'être déposée la langue de terrain houiller de la baie de St-Bride. De là, il me paraît résulter que le *Système du Forez* est au nombre de ceux qui ont contribué à produire la structure stratigraphique si compliquée du Pembrokeshire.

Quant à la position transgressive du *millstone-grit* par rapport au calcaire carbonifère, elle doit se rapporter à des dislocations dépendantes du *Système des Ballons* qui a joué aussi dans cette contrée un rôle important. Mais la position transgressive du calcaire carbonifère par rapport au vieux grès rouge, ne se rattache à aucun des Systèmes que j'ai examinés ci-dessus, et elle dépend probablement d'une série de dislocations dont je n'ai pas encore saisi la loi.

L'espace et le temps me manquent pour examiner quels sont, dans le reste de l'Europe, les accidents stratigraphiques qui peuvent être rapportés au *Système du Forez ;* je me bornerai à ajouter ici deux remarques.

La direction du *Système du Forez*, transportée à Christiania en Norvége, avec les mêmes précautions que ci-dessus, devient

24

N. 8° 27' O.; cette direction est à peu près celle d'un assez grand nombre de lignes orographiques et stratigraphiques qui, d'après la grande carte géologique de M. Keilhau, se font remarquer dans la contrée très accidentée qui environne la capitale de la Norvége , où elles ne jouent cependant qu'un rôle subordonné ; on voit cette direction se dessiner dans quelques parties de la côte S.-O. de la Suède, entre Christiania et Gotheborg.

La direction du *Système du Forez* joue un rôle plus important dans le nord de l'Oural. D'après la belle carte géologique de la contrée de la Petschora par M. le comte Keyserling, le nord de l'Oural présente un chaînon qui s'écarte de la direction N.-S. pour se rapprocher de la direction N.-E.-S.-O., chaînon qu'on distingue souvent sous le nom de *monts Obdores*, et qui, après avoir rasé le cours de l'Obi, au-dessus d'Obdorsk, s'arrête au bord du golfe de Karskaja qui se rattache à la mer de Karie, dépendance de la mer Glaciale. Or, la direction du *Système du Forez*, transportée dans ces régions orientales de l'Europe, ne coupe plus les méridiens sur le même sens qu'en France: elle s'en écarte vers l'E. au lieu de s'en écarter vers l'O., et elle se rapproche beau-

coup de la direction N.-E.-S.-O. D'après
la carte de M. le comte Keyserling, le
milieu des monts Obdores se trouve à peu
près par 66° 30' N., et par 61° 20' de
long. E. de Paris. Pour transporter en ce
point la direction du *Système du Forez*, il
est essentiel de tenir compte de la correction due à l'*excès sphérique*. Calculée
toujours dans la supposition que l'arc
mené par le centre du Forez vers le N. 15°
O. est le *grand cercle de comparaison* du
Système, cette correction s'élève à 6° 38';
en y ayant égard on trouve que la direction
du *Système du Forez*, transportée au milieu
du chaînon des monts Obdores, devient N.
41° 58' E.; or, cette direction construite sur
la carte de M. le comte Keyserling représente
exactement la corde de la ligne légèrement
courbe suivant laquelle les monts Obdores
y sont dessinés, et elle forme seulement un
angle d'un à deux degrés avec la direction
de la bande de grès houiller qui borde le
flanc N.-O. de ces montagnes! Si l'on ajoute
que M. le comte Keyserling, après avoir
signalé dans ces grès plusieurs gisements de
pierres à aiguiser (*schlief-sandstein*), ne les
compare pas indifféremment à toutes les
couches du terrain houiller, mais qu'il les
signale au contraire comme représentant

seulement un des membres supérieurs du Système carbonifère, et comme étant, d'après leur gisement aussi bien que d'après leur composition pétrographique, la prolongation directe du grès d'Artinsk (1) rapproché par MM. Murchison et de Verneuil du *millstone-grit*, en raison des ganiatites qu'il renferme, on verra que les monts Obdores se rapportent probablement, par leur âge aussi bien que par leur direction, au *Système du Forez*, de même que le chaînon méridional, les monts Timan, se rapporte au *Système des Ballons*. Les monts Obdores sont bien loin sans doute de notre Europe occidentale; cependant leur prolongation méridionale n'est pas plus éloignée des montagnes du Forez que la chaîne du Timan ne l'est elle-même de la prolongation du massif du Hartz.

La direction N. 15° O., que M. Gruner a déterminée par la seule observation des montagnes du Forez, a coïncidé si approximativement avec la plupart de celles avec lesquelles nous l'avons comparée, qu'il n'y aurait, quant à présent, aucun motif pour essayer d'en trouver une plus rigoureuse en prenant une moyenne par la méthode exposée au commencement de cet article. Il y a

(1) Keyserling, *Reise in das Petschara-Land*, p. 868.

d'ailleurs une considération qui me porte à croire que cette direction représente très exactement celle de l'ensemble du Système : c'est qu'elle est presque exactement perpendiculaire à la direction de l'un des Systèmes que nous avons déjà examinés. Il est aisé de calculer que la direction du *Système du Finistère* qui est à Brest E. 21° 45′N., et celle du Forez qui est N. 15° O., étant prolongées jusqu'à leur rencontre mutuelle, se coupent sous un angle de 89° 27′, angle qui ne diffère d'un angle droit que de 33′, c'est-à-dire d'une quantité moindre que les incertitudes dont il est encore bien difficile de dégager la direction d'un Système de montagnes. Or il est dans la nature des choses, ainsi que nous le verrons ultérieurement, que la direction d'un Système de montagnes soit, en effet, perpendiculaire à celle de l'un des Systèmes qui l'ont précédé dans l'ordre chronologique.

VIII. — Système du nord de l'Angleterre.

Je passe maintenant au *Système du nord de l'Angleterre*, qui a pris naissance immédiatement après le dépôt du terrain houiller auquel le *Système du Forez* était antérieur.

L'existence du *Système du nord de l'Angleterre* a été reconnue, pour la première

24*

fois, par M. le professeur Sedgwick, en 1831. Ce savant géologue en a trouvé le type dans la grande chaîne pennine. Nous avons vu que le *Système du Forez* avait produit de nombreux accidents, encore reconnaissables aujourd'hui dans l'espace occupé par cette chaîne ; mais ces accidents ont probablement été amplifiés lors de la formation du *Système du nord de l'Angleterre*, et leur existence ne détruit pas l'exactitude des conclusions de M. le professeur Sedgwick, dont je crois devoir conserver ici le résumé tel que je l'avais consigné, en 1833, dans le *Manuel géologique* de M. de La Bèche, pag. 630, avant qu'on n'eût songé à s'occuper du *Système du Forez.*

Depuis la latitude de Derby jusqu'aux frontières de l'Écosse, le sol de l'Angleterre se trouve partagé par un axe montagneux qui, pris dans son ensemble, court presque exactement du S. au N., en s'écartant seulement un peu vers le N.-N.-O. Dans cette chaîne qui, étant formée entièrement par des couches de la série carbonifère, est aujourd'hui nommée la grande chaîne carbonifère du nord de l'Angleterre, les forces soulevantes semblent, en prenant la chose dans son ensemble, avoir agi (non toutefois sans des déviations considérables) suivant

des lignes dirigées à peu près du S. 5° E.
au N. 5° O. Ces forces soulevantes ont produit de grandes failles, dont l'une forme le
bord occidental de la chaîne dans le Peak
du Derbyshire. Elle est prolongée par une
ligne anticlinale dans les montagnes appelées *Western Moors* du Yorkshire, et, à partir
de là, l'escarpement occidental de la chaîne
est accompagné par d'énormes fractures,
depuis le centre du Craven jusqu'au pied
du Stainmoor. Une autre fracture très considérable, passant au pied de l'escarpement
occidental du chaînon du Cross-Fell, rencontre sous un angle obtus, près du pied du
Stainmoor, la grande faille du Craven.
Cette dernière faille explique immédiatement la position isolée des montagnes du
district des Lacs.

M. le professeur Sedgwick prouve directement, dans le mémoire qu'il a consacré à
la structure de cette chaîne, que toutes les
fractures ci-dessus mentionnées ont été
produites immédiatement avant la formation des conglomérats du nouveau grès rouge
(*Rothe todte liegende*), et il présente les plus
fortes raisons pour penser qu'elles ont été
occasionnées par une action à la fois violente et de courte durée; car on passe sans
intermédiaire des masses inclinées et rom-

pues aux conglomérats qui s'étendent sur
elles horizontalement, et il n'y a aucune
trace qui puisse indiquer un passage lent
d'un ordre de choses à l'autre. Enfin M. le
professeur Sedgwick, recherchant quelle
pourrait être l'origine des phénomènes décrits, indique les différentes roches cristallines qui se montrent en contact avec les
roches de la série carbonifère (le *Toadstone*
du Derbyshire et le *Whinstone* du Cumberland).

L'élévation de la chaîne du nord de l'Angleterre n'a probablement pas été un phénomène isolé ; mais si l'on jette un coup
d'œil sur la [carte géologique de l'Angleterre par M. Greenough, sur celle jointe
au Mémoire de MM. Buckland et Conybeare
sur les environs de Bristol, et sur la carte
géologique de la région silurienne par sir
Roderick Murchison, on est naturellement
conduit à remarquer qu'une partie des roches éruptives, qui percent et qui dislo-
quent les dépôts houillers de Shrewsbury,
de Coalbrook-Dale, de Dudley, du Lower-
Lickey, et celles qui forment l'axe des Malvern-Hills, paraissent liées à une série de
dislocations qui, courant presque du nord
au sud, se prolonge, à travers les couches
de transition récentes et les couches de la

série carbonifère, jusqu'aux environs de Bristol.

La côte, dirigée presque du nord au sud, qui forme la limite occidentale du département de la Manche, et différentes lignes de fracture, dirigées de même dans le sens du méridien que présente le Bocage de la Normandie, doivent aussi probablement leur origine première à des dislocations de la même catégorie que celles de la grande chaîne carbonifère du nord de l'Angleterre.

Peut-être aussi des traces du même phénomène pourraient-elles être reconnues dans le massif central de la France (chaîne de Pierre-sur-Haute, chaîne de Tarare), dans les montagnes des Maures (département du Var), et dans les montagnes primitives de la Corse.

La direction N. 5° O. de la chaîne du nord de l'Angleterre peut être censée rapportée aux environs de Middleham et de Leyburn dans le Yoredale (Yorkshire), lat. 54° 15′ N., long. 4° 15′ à l'O. de Paris. Cette direction transportée à Saint-Étienne (département de la Loire), lat. 45° 26′ 9″ N., long. 2° 3′ 20″ E. de Paris, devient N. 0° 10′ O., c'est-à-dire très sensiblement N. S. Or, on peut voir sur la carte géologique de la France qu'il existe dans la chaîne de Ta-

rare des lignes de masses porphyriques, dirigées du nord au sud. L'une de ces lignes
passe à Thisy, et son prolongement méridional rencontre l'extrémité occidentale du terrain houiller de Saint-Étienne, où elle influe
probablement sur la tendance particulière
que les couches de houille des environs de
Roche-la-Molière ont à se rapprocher de la
direction N.-S. Ces éruptions porphyriques
étant d'ailleurs bien évidemment antérieures au terrain jurassique, on est assez naturellement conduit à les rapporter au *Système du nord de l'Angleterre*, et c'est, en
effet, l'âge que M. Dufrénoy leur a assigné (1).

Parmi les directions de couches que j'ai
relevées dans les montagnes des Maures
(département du Var), il en est un groupe
assez bien déterminé dont la moyenne est
N.-S. Les dislocations auxquelles elles se
rapportent m'ont paru affecter le petit lambeau de terrain houiller du plan de la
Tour. Cette circonstance jointe à leur direction m'a conduit à les rapporter au *Système du nord de l'Angleterre* (2). La direction de ce Système transportée à Saint-

(1) *Explication de la Carte géologique de la France*, t. 1,
p. 105.
(2) *Ibid.*, p. 468

Tropez, lat. 43° 16′ 27″ N., long. 4° 18′ 29″ E. de Paris, devient, en ayant égard à l'excès sphérique calculé comme si l'arc de grand cercle mené dans le Yoredale au N. 5° O. était le *grand cercle de comparaison* du Système, N. 0° 59′ E., la différence est de 59′.

M. Coquand, pendant son voyage dans l'empire du Maroc, a observé dans les terrains paléozoïques, dont il a constaté l'existence sur les côtes de la Méditerranée, aux environs de Tétuan, un Système de dislocations qui lui ont paru se diriger en moyenne au N. 1° 3′ O. (1), et qu'il a rapportées au *Système du nord de l'Angleterre.* En effet, la direction de ce Système, rapportée à Tétuan, lat. 35° 35′ N., long. 7° 45′ O. de Paris, devient, en ayant égard à l'excès sphérique, calculé comme si l'arc de grand cercle, mené dans le Yoredale vers le N. 5° O., était le *grand cercle de comparaison* du Système, N. 6″ 45′ O. La différence est seulement de 5° 42′; et aucun autre des Systèmes européens auxquels on pourrait comparer la direction moyenne déterminée par M. Coquand n'en donnerait une aussi faible.

(1) Coquand, *Bulletin de la Société géologique de France,* 2ᵉ série. t. IV. p. 1208.

288

On pourrait signaler aussi dans les Vosges (1), et dans d'autres parties de l'Europe centrale, quelques accidents stratigraphiques dépendants du *Système du nord de l'Angleterre;* mais, obligé d'abréger, je n'en citerai plus que deux, qui jouent un rôle assez remarquable dans la structure de l'Europe septentrionale.

Si l'on transporte à Wisby dans l'île de Gothland, lat. 58° 39′ 15″ N., long. 16° 6′ 15′ à l'E. de Paris, la direction N. 5° O. du *Système du nord de l'Angleterre*, en tenant compte de l'excès sphérique calculé comme si l'arc mené dans le Yoredale au N. 5° O. appartenait au *grand cercle de comparaison* du Système, elle devient N. 12° 30′ E. Or, si l'on construit cette ligne sur une carte, on verra qu'elle est très sensiblement parallèle à la direction générale de l'île de Gothland, à celle de l'île d'Oland, et à celle de la partie des côtes de la Suède qui s'étend de Nykoping à Calmar et audelà. Les îles d'Oland et de Gothland sont composées de couches siluriennes faiblement accidentées. Leur séparation de la terre ferme de la Suède s'expliquerait très natu-

(1) *Explication de la Carte géologique de la France*, t. I. p. 413.

rellement par des failles parallèles à celles de la grande chaîne du nord de l'Angleterre, et qu'on pourrait supposer du même âge.

Un groupe d'accidents stratigraphiques, appartenant au *Système du nord de l'Angleterre*, me paraît indiqué, avec plus de probabilité encore, dans le nord de la Russie. L'un des traits les plus remarquables de la belle carte géologique de la Russie d'Europe, publiée par MM. Murchison, de Verneuil et Keyserling, est la bande de calcaire carbonifère qui s'étend presque en ligne droite des bords de la Duna au-dessus de Velij, aux rivages de la mer Blanche, près de Mézène, sur une longueur de 300 lieues. Vytegra, au midi du lac Onega, se trouve à peu près à égale distance de ses deux extrémités. Si l'on transporte la direction N. 5° O. du Yoredale à Vytegra, lat. 61° 0,2' 5" N., long. 34° 8' 54" E. de Paris, avec les précautions déjà indiquées, elle devient exactement N. 30° E. Or, si l'on trace cette ligne avec soin sur la carte de M. Murchison, on verra que, partant de Vytegra, elle va, d'une part, couper la Duna, à Suraj, un peu au-dessous de Velij ; que, de l'autre, elle va couper la Duna un peu au-dessus d'Archangel, et passer à l'embouchure même de la rivière de Mézène, et que dans cet intervalle de 300 lieues elle représente, *aussi exactement qu'une ligne droite puisse le faire,* la ligne légèrement sinueuse qui forme le bord N.-O. de la bande du calcaire carbonifère. Cette ligne, le long de laquelle le vieux grès rouge disparaît à la base des coteaux que forme la tranche du calcaire carbonifère auquel il sert de support, représente la direction du mouvement d'élévation qui a déterminé le bord N.-O. du bassin dans lequel s'est formé le vaste dépôt du terrain permien, du trias et du terrain jurassique qui occupe les plaines centrales de la Russie septentrionale. Ce mouvement doit avoir précédé immédiatement le dépôt du terrain permien, qui représente le grès rouge et le calcaire magnésifère du Yorkshire et des comtés adjacents. Il correspond donc, par son âge comme par sa direction, au *Système du nord de l'Angleterre.*

Je m'étais borné, en 1833, à des tâtonnements graphiques, pour déterminer l'orientation N. 5° O. que j'avais adoptée pour représenter dans la chaîne pennine la direction de ce Système. Les épreuves auxquelles je viens de la soumettre montrent qu'elle satisfait, aussi bien que possible, aux observations faites depuis lors. Je crois inutile, d'après cela, de chercher à lui donner plus d'exactitude par le calcul d'une moyenne qui ne la changerait pas sensiblement.

On voit d'ailleurs que les accidents stra-tigraphiques qui peuvent être rapportés au *Système du Forez* et au *Système du nord de l'Angleterre*, sont bien distincts les uns des autres. Ces deux Systèmes se trouvent réunis, et, pour ainsi dire, superposés, dans la grande chaîne pennine et dans les montagnes mêmes du Forez, et ils ont pu pendant longtemps y demeurer confondus. Mais, quoique leurs directions ne diffèrent que de 15°, et quoique leurs âges soient peu différents, ils forment, sur la surface de l'Europe, deux groupes d'accidents très distincts.

IX. — Système des Pays-Bas et du sud du pays de Galles.

Les formations du grès rouge et du zechstein, déposées primitivement en couches à peu près horizontales au pied des montagnes du Harz, du pays de Nassau, de la Saxe, sont bien loin d'avoir conservé leur horizontalité primitive. Elles présentent, au contraire, un grand nombre de fractures et de dérangements, dont une grande partie affectent en même temps les formations du grès bigarré et du muschelkalk, mais dont une

certaine classe ne dépasse pas le zechstein,
et paraît s'être produite immédiatement
après son dépôt. De ce nombre sont les
failles et les inflexions variées dirigées
moyennement de l'est à l'ouest, que présentent les couches du grès rouge, du weiss-
liegende, du kupferschiefer et du zechstein,
dans le pays de Mansfeld, accidents dont
M. Freisleben avait déjà indiqué que la production devait être antérieure au dépôt du
grès bigarré.

Ces accidents remarquables de la stratification des premières couches secondaires du
Mansfeld me paraissent n'être qu'un cas particulier d'un ensemble d'accidents de stratification, qui, depuis les bords de l'Elbe jusqu'aux petites îles de la baie de Saint-Bride,
dans le pays de Galles, et jusqu'à la chaussée
de Sein, en Bretagne, affectent toutes les couches de sédiment dont la formation n'est pas
postérieure à celle du zechstein. Dans cette
étendue de 280 lieues, toutes les couches dont
il s'agit, partout où elles ne sont pas dérobées
à l'observation par des formations plus récentes auxquelles ces mouvements sont
étrangers, se présentent dans un état plus ou
moins complet de dislocation. Il y a même
des points, comme à Liège, à Mons, à Va-
lenciennes, sur les flancs des Mendip-Hills,

et dans le bassin houiller de Quimper, où
elles présentent les contorsions les plus ex-
traordinaires, où leur profil offre par exemple la forme d'un Z, ou des formes plus
bizarres encore. Ces accidents de stratification ont pour caractère commun, que les
couches se sont pour ainsi dire repliées sur
elles-mêmes sans s'élever en montagnes considérables, qu'ils n'occasionnent à la surface du terrain que de faibles protubérances
malgré la complication des contorsions que
les couches présentent à l'intérieur, et que
les plis (ou les lignes de fracture) se sont produits pour moitié, dans une direction parallèle à un grand cercle qui traverserait le
Mansfeld perpendiculairement au méridien
de ce pays, et, pour l'autre moitié, suivant
les directions des dislocations que présentaient déjà en chaque point les couches
plus anciennes, affectées par des bouleversements antérieurs. Ainsi, dans la bande de terrain carbonifère qui s'étend d'une manière
presque continue depuis le pays de Marck,
jusqu'aux environs d'Arras, les couches de
calcaire, de grès, d'argile schisteuse et de
houille, se dirigent tantôt presque de l'est
à l'ouest, parallèlement au grand cercle ci-
dessus désigné, tantôt presque du N.-E. au
S.-O (E. 35° N. dans le Condros), parallèle-

ment à la stratification des terrains schisteux anciens de l'Eiffel et du Hundsrück.
Sur les bords du canal de Bristol et dans
tout le midi du pays de Galles, on voit de
même la stratification souvent très contour-
née du système carbonifère osciller entre
deux directions, l'une courant de l'E. un
peu N. à l'O. un peu S., parallèlement à ce
même grand cercle ci-dessus désigné; l'autre
courant de l'E. 10° S. à l'O. 10° N.,
parallèlement à la direction des couches de
schistes et de grauwacke du nord du Devonshire, qui probablement s'élevaient en
montagnes avant le dépôt de la série carbonifère (ou du moins avant le dépôt du
millstone-grit et du terrain houiller). On
les voit aussi en approchant du pied des
montagnes schisteuses anciennes qui couvrent le nord du pays de Galles, participer
à la direction N. E.-S.-O. qui domine dans
ces montagnes. Un phénomène du même
genre se reproduit dans le bassin *houiller
de Quimper*. Malgré la grande étendue de
terrains récents qui séparent les terrains
carbonifères de la Belgique de ceux des
bords du canal de Bristol, et qui rend leur
continuité problématique, on peut remarquer que de part et d'autre les contorsions
qui affectent les couches présentent des ca-

ractères communs , dont l'un , par exemple,
consiste en ce que les contournements sont
beaucoup plus forts dans la partie méridionale de la bande disloquée que dans la partie septentrionale.

Les lignes précédentes, textuellement ex-
traites de l'article sur les soulèvements des
montagnes, inséré en 1833 dans la traduction française du *Manuel géologique* de
M. de La Bèche, et, en 1834, dans le 3e volume du *Traité de géognosie* de M. d'Au-
buisson continué par M. A. Burat (1),
contiennent une caractérisation complète
du *Système des Pays-Bas et du sud du pays
de Galles*, tant sous le rapport de son âge,
que sous le rapport de sa direction. Les
observations faites depuis seize ans n'ont
pas détruit l'exactitude de ce premier
aperçu, mais elles permettent de lui donner
aujourd'hui beaucoup plus d'étendue et de
précision.

Afin d'y parvenir, je commence par tracer exactement, à travers l'Europe, le grand
cercle de comparaison qui traverserait le
Mansfeld perpendiculairement au méridien
de ce pays. La ville de Rothenburg, située
sur la Saale , par 51° 39′ de lat. N. et par

(1) Volumes déja cités, pag. 611 et 612.

9" 24' 30" de long. E. de Paris, pouvant être
considérée comme le centre du pays de
Mansfeld, le grand cercle de comparaison
que nous cherchons à construire n'est autre
chose que *la perpendiculaire à la méridienne de Rothenburg*. On peut déterminer son point d'intersection avec un méridien quelconque par la résolution d'un
simple triangle sphérique rectangle, et l'on
trouve ainsi que son prolongement occidental
coupe :

Le méridien de Mons (1° 37' 20" E. de
Paris), par 51° 23' 25" N. (58' 25" au N. de
Mons), sous un angle de 83° 54' 4";

Le méridien d'East-Cowes, dans l'île de
Wight (3° 36' 30" O. de Paris), par 50°
55' 20" N. (9' 43" au N. de Cowes), sous un
angle de 79° 49' 33";

Le méridien de Plymouth (6° 29' 26" à
l'O. de Paris), par 50° 33' 31" N. (10' 35"
au N. de Plymouth), sous un angle de 77°
35' 40";

Le méridien de Milford (Pembrokeshire,
7° 22' 6" O. de Paris), par 50° 25' 53" N.
(1° 16' 49" au sud de Milford), sous un
angle de 76° 55' 1";

Le méridien du mont Saint-Michel (près
Penzance, Cornouailles, 7° 48' 54" à l'O. de
Paris), par 50 21' 52" N. (14' 52" au N. du

mont Saint-Michel), sous un angle de 76°
34' 21" ;

Et enfin le méridien du cap Clear (pointe
méridionale de l'Irlande, 11° 49' 34" O. de
Paris), par 49° 40' 26" N. (1° 44' 30" au
sud du cap Clear) , sous un angle de 73°
29' 55".

Dans son prolongement oriental , la *per-*
pendiculaire à la méridienne de Rothenburg
coupe le méridien de Taganrog (sur la mer
d'Azof, 36° 35' 57" à l'E. de Paris) par 48°
20' 53" N. (1° 8' 40" au N. de Taganrog),
sous un angle de 69° 0' 2".

Il serait facile de calculer un plus grand
nombre de points de ce *grand cercle de com-*
paraison, mais ceux qui viennent d'être indiqués suffisent amplement pour les comparaisons que nous avons à établir.

D'abord , une parallèle menée par Mons
à notre grand cercle de comparaison, qui
passe à 58' 25" plus au nord , fera avec le
méridien de Mons un angle de 83° 54' 4" diminué de quelques secondes (excès sphérique d'un petit triangle rectangle). En
nombres ronds, l'angle se réduit à 83° 54' et
la parallèle court de l'E. 6° 6' N. à l'O.
6° 6' S. du monde. La direction générale des
plis du terrain houiller dans cette partie de
la Belgique est représentée aussi exactement

que possible par une ligne tirée de Namur
à Douai, ligne qui passe un peu au sud de
Mons, en se dirigeant de l'E. 6° 30′ N. à
l'O. 6° 30′ S., par rapport aux lignes horizontales de la projection de la carte de Cassini. Mais à Mons ces lignes forment, avec
les parallèles astronomiques, un angle d'environ 1° 15′, d'où il résulte que le plissement général du terrain houiller se dirige
de l'E. 5° 15′ N. à l'O. 5° 15′ S. du monde, en
formant, avec la parallèle à notre *grand
cercle de comparaison*, un angle de 51′ seulement, qu'on peut considérer comme à peu
près négligeable. J'ai indiqué ailleurs (1), en
nombres ronds, la direction E. 5° N. - O.
5° S., comme représentant à Mons le Sys--
tème des Pays-Bas. Celle-ci coïncide encore
plus exactement avec les orientations qui
s'observent en Belgique; mais je préfère
continuer à discuter l'orientation que j'avais
indiquée primitivement. Le défaut d'espace
m'empêche de donner ici aucuns détails sur
le plissement si remarquable des terrains
carbonifères des Pays-Bas. On en trouvera
un aperçu, pour ce qui concerne le nord de

(1) Dans le premier volume de l'*Explication de la Carte
géologique de la France*, on a imprimé O. 5° N.-E.
5° S.: c'est une faute; il devait y avoir O. 5° S. — E.
5° N.

la France et une partie de la Belgique, dans
le chapitre VII de l'*Explication de la carte
géologique de la France*, t. 1, p. 726. Je passe
immédiatement aux terrains carbonifères
des îles Britanniques.

Pour voir comment la direction de la
*perpendiculaire à la méridienne de Rothen-
burg* s'adapte aux orientations observées dans
le midi du pays de Galles, je pars du point
où la perpendiculaire à la méridienne de
Rothenburg coupe le méridien de Milford.
Elle le coupe, ainsi que je l'ai dit, à 1° 16'
49'' au sud de Milford, sous un angle de
76° 55' 1''. Une parallèle menée à ce grand
cercle par Milford même, coupe le méridien
astronomique sous un angle qui se réduit,
en nombres ronds, à 76° 55'. Elle se dirige
de l'E. 13° 5' N. à l'O. 13° 5' S. du monde.
Construite sur une carte d'Angleterre, elle
va passer un peu au sud de Hereford, un peu
au nord de Ledbury, et presque exactement
par Dormington, au nord de la vallée d'élévation de Woolhope. On peut aisément la
tracer d'après cette seule indication, sur la
carte de sir Roderick Murchison, et sur celle
de M. Greenough, et on voit immédiatement qu'elle représente assez exactement
plusieurs des grandes lignes stratigraphiques
des terrains paléozoïques du midi du pays

de Galles ; mais elle ne les représente pas
toutes, car, ainsi que je l'ai annoncé ci-dessus, ces lignes affectent en même temps les
directions de plusieurs Systèmes très différents les uns des autres. Afin de comparer
les éléments de cette structure en apparence
si compliquée , aux types que nous avons
établis précédemment, je transporte à Milford, avec les précautions déjà indiquées
plusieurs fois , les directions du *Système du
Finistère*, du *Système du Westmoreland et du
Hundsrück* et du *Système des Ballons*, et je
trouve qu'à Milford :

Le *Système du Finistère* se dirige à l'E.
22° 12' N. du monde ;

Le *Système du Westmoreland et du Hundsrück* à l'E. 41° 13' N. ;

Le *Système des Ballons* à l'E. 7° 3' S.;

Et le *Système du Forez* au N. 21° 50' O.
Je remarque en outre que les lignes de
projection de la carte de l'ordonnance dévient, de même que celles de la carte de
Cassini, des directions des méridiens et
des parallèles astronomiques , et qu'aux
environs de Milford la divergence est d'environ 2° 15', d'où il résulte qu'à Milford :

Le *Système du Finistère* se dirige à l'E.
19° 57' N. de la carte de l'ordonnance ;

Le *Système du Wesmoreland et du Hunds-*

rück à l'E. 38° 58' N. de la carte de l'ordonnance ;

Le *Système des Ballons* à l'E. 9° 18' S. de la carte de l'ordonnance ;

Le *Système du Forez* au N. 19° 35' O. de la carte de l'ordonnance ;

Et le *Système des Pays-Bas* à l'E. 10° 50' N. de la carte de l'ordonnance.

Ces orientations peuvent être employées sans erreur sensible, dans toute l'étendue des feuilles de *l'Ordnance-Survey*. A Plymouth et au mont Saint-Michel, l'orientation du *Système des Pays-Bas* serait toujours, à très peu de chose près, E. 10° 50' N. de la carte de l'ordonnance.

D'après ces données, je puis facilement comparer les directions normales de mes différents Systèmes avec celles qui se dessinent dans les excellents travaux stratigraphiques publiés dans ces dernières années par les géologues anglais, et particulièrement par sir Henry de La Bèche.

Je vois, par exemple, que les crêtes de roches trappéennes qui s'élèvent au milieu des roches siluriennes, entre Saint-David's Head et la vallée de l'Afon-Taf (feuille 40 de la carte de l'ordonnance), oscillent autour de deux directions moyennes qui courent l'une à l'E. 8° ½ N., et l'autre à l'E.

26

30° N. de la carte de l'ordonnance. La première ne s'éloigne que de 2° 20' de la direction du *Système des Pays-Bas*; la seconde, intermédiaire entre la direction du *Système du Westmoreland et du Hundsrück*, et celle du *Système du Finistère*, fait un angle de 8° 58' avec l'une et de 10° 3' avec l'autre.

Entre Llandeilo-Fawr et Taly-Lly-Chan, la direction moyenne des couches siluriennes est E. 34° N. de la carte de l'ordonnance; c'est à 4° 58' près la direction du *Système du Westmoreland et du Hundsrück*. De Llandeilo-Fawr à Newcastle-Emlyn et au-delà (feuille 41 de la carte de l'ordonnance), la direction moyenne générale des couches siluriennes est E. 28° N. C'est-à-dire à peu près intermédiaire entre la direction du *Système du Westmoreland et du Hundsrück*, et celle du *Système du Finistère*.

D'autres directions moins soutenues, mais assez fréquentes, et certains alignements généraux, se rapprochent beaucoup de l'E. 20° N., c'est-à-dire de la direction du *Système du Finistère*. Quelques unes sont presque exactement E.-O.

La direction moyenne des principaux filons métalliques tracés sur les feuilles 59 S.-E. et 57 N.-E. de la carte de l'ordonnance, au sud de la rivière Dovey, est E.

23° 30′ N. C'est à 3° 33′ près la direction du *Système du Finistère.*

La bande de schistes noirs siluriens, comprise entre deux failles, qui coupe à angle droit la bande houillère de la baie de Saint-Bride à Nolton-Cross (feuille 40 de la carte de l'ordonnance), se dirige à l'E. 24° N. de la carte de l'ordonnance; elle forme donc avec la direction du *Système du Finistère* un angle de 4° 3′ seulement.

Enfin, celle-ci ne s'écarte que de 4° ¾ environ des lignes que sir Roderick Murchison à tracées sur sa carte sous la dénomination d'*axes du Pembrokeshire septentrional.* Celle qui est figurée dans la baie de Saint-Bride, va passer dans l'intérieur tout près de Roch, puis entre Reyneaston et Ambleston, en se dirigeant à l'E. 24° ¼ N. de la carte de l'ordonnance, c'est-à-dire en formant avec la direction du *Système du Finistère* un angle de 4° 48′ seulement.

Au sud du havre de Milford et dans la presqu'île de Rhos-Sili, la direction des belles lignes stratigraphiques dessinées par une série de bandes de roches siluriennes, de vieux grès rouge, de calcaire carbonifère, de *millstone-grit*, de terrain houiller, et de roches de trapp, oscille très légèrement autour de l'E. 10° S. de la carte de l'ordonnance : c'est à 42' près seulement la direction du *Système des Ballons;* et cette direction coïncide aussi presque exactement avec celle des lignes que sir Roderick Murchison a tracées sur sa carte, sous la dénomination d'*axes du Pembrokeshire méridional.* L'une de ces lignes prolongée passe à peu près par Talbenny, par Langwm, et un peu au nord de Saint-Issels, en se dirigeant à l'E. 10° $\frac{1}{2}$ S. de la carte de l'ordonnance, et en faisant avec la direction du *Système des Ballons* un angle de 1° 12' seulement.

La direction du *Système des Ballons* se retrouve au nord de la presqu'île de Rhos-Sili, à 1° 42' près, dans la direction E. 11o S. de la carte de l'ordonnance qui domine généralement dans le terrain houiller entre Swansea et l'embouchure de la rivière de Bury, et qui se continue dans le Pembrokeshire, jusqu'à la baie de Saint-Bride. Cette même direction domine généralement aussi dans le midi du Glamorgan, dans les environs de Bristol, et dans les Mendip-Hills, qui sont à peu près le prolongement des accidents stratigraphiques du midi du Pembrokeshire et du Glamorgan.

Les directions du *Système des Ballons* et du *Système des Pays-Bas* se manifestent l'une et l'autre très fréquemment dans les accidents stratigraphiques des couches carbonifères des Mendip-Hills et des environs de Bristol, et elles s'y croisent en un grand nombre de points. J'en citerai un seul exemple. L'îlot calcaire de Steep-Holme, dans le canal de Bristol, s'élève au point de croisement de deux accidents stratigraphiques appartenant respectivement aux deux Systèmes que je viens d'indiquer. D'une part, il est dans le prolongement de la crête de Warle-Hill ; et d'après la feuille 20ᵉ de la carte de l'ordonnance, la ligne de Warle-Hill à Steep-Holme se dirige à l'O. 13° S. de la carte de l'ordonnance, en faisant avec les directions du *Système des Pays-Bas* un angle de 2° 10′. D'autre part, l'îlot de Steep-Holme est dans le prolongement de la crête de Bleadon-Hill, et la ligne de Bleadon-Hill à Steep-Holme se dirige à l'O. 13° N. de la carte de l'ordonnance, en formant avec la direction du *Système des Ballons* un angle de 3° 42′. Les lignes menées de Steep-Holme à Bleadon-Hill et à Warle-Hill, forment entre elles un angle de 26°, tandis que l'angle formé par les directions calculées des deux Systèmes est de 20° 8′. La différence totale se réduit à 5° 52′ : elle me paraît peu considérable pour des lignes dont la longueur n'est pas très grande, et dont la direction ne

26*

peut être mesurée avec une très grande précision.

Si l'on poursuivait, plus à l'est l'encore, la direction de la série de dislocations que nous venons de suivre du Pembrokeshire aux environs de Bristol, on traverserait la partie de l'Angleterre que recouvrent le terrain jurassique et les terrains plus modernes ; mais on atteindrait au-delà du Pas-de-Calais la protubérance carbonifère du Bas-Boulonnais, dont les accidents stratigraphiques ont probablement une liaison souterraine avec ceux que nous venons d'étudier, et, plus loin encore, le massif des terrains paléozoïques du Brabant méridional, où quelques accidents stratigraphiques ont à peu près la direction du *Système des Ballons*. Il me paraît évident qu'il a dû exister dans cette zone une grande ligne de dislocation du *Système des Ballons*, et, en effet, les cartes de l'ordonnance indiquent dans son voisinage beaucoup d'indices de discordance de stratification entre le calcaire carbonifère et le *millstone-grit* ; mais il est également évident qu'il y a eu dans cette zone des mouvements de dislocation postérieurs au terrain houiller, qui partage lui-même, en beaucoup de points, la direction du *Système des Ballons* ; j'attribue ce dernier fait à ce que des dislocations du *Système des Pays-Bas*, se produisant dans cette même zone avec leur direction caractéristique, comme à Warle-Hill, ont donné un nouveau développement aux accidents stratigraphiques préexistants du *Système des Ballons*.

Sur la lisière nord du bassin houiller du Glamorgan, la direction du *Système des Ballons* se rencontre beaucoup plus rarement que sur sa lisière méridionale; mais la direction du *Système du Westmoreland et du Hundsrück* s'y combine fréquemment avec celle du *Système des Pays-Bas*.

La ligne tirée de Milford à Dormington, qui représente la direction de ce Système, ne coïncide aux environs de Milford même qu'avec un petit nombre d'accidents stratigraphiques; mais, un peu plus à l'est, elle représente, sur une assez grande longueur, la direction dominante. Les lignes polygonales, d'une apparence bastionnée, que sir Roderick Murchison avait tracées sur sa carte, entre Llandeilo-Abereywyn et Llandeilo-Fawr, ne se trouvent pas reproduites sur les feuilles de l'*Ordnance-Survey*, ou bien elles y sont remplacées par le tracé plus compréhensible d'une direction générale parallèle au *Système des Pays-Bas*, coupée par de nombreuses failles.

La direction du *Système des Pays-Bas*
représente aussi assez exactement le bord
du terrain carbonifère au sud de Llandeilo-
Fawr dans les crêtes du Mynydd-Mawr, du
Pen-y-Rhiw-Ddu au Mynydd-Llangyndeyrn.
Ici les bandes étroites de calcaire carbonifère et de vieux grès rouge, dirigées à l'E.
14o N., se rapportent évidemment au *Système
des Pays-Bas*, avec l'orientation duquel
elles ne forment qu'un angle de 3° 10'.

Les grandes lignes géologiques de la région silurienne expirent, en quelque sorte,
à l'approche du bassin carbonifère; cependant elles y produisent une certaine impression. La ligne de contact du terrain silurien
et du vieux grès rouge suit pendant longtemps au S.-E. et à l'E. de Llangadock une
direction E. 34° N. de la carte de l'ordonnance. C'est à 4° 58' près la direction du
Système du Westmoreland et du Hundsrück.
Cette direction pénètre visiblement dans le
calcaire carbonifère, le *millstone-grit* et le
terrain houiller aux montagnes de Tair-Carn-
Uchaf, de Tair-Carn-Isaf, de Smithfaen, au
Mynydd-Bettws, dans le district d'Amman,
et dans la contrée où les deux branches de
la rivière de Bury prennent leur source, au
midi de Llandeilo-Fawr.

Les deux directions se croisent donc sans

se confondre et sans beaucoup s'altérer par
leur réaction mutuelle dans la vallée de la
rivière de Bury.

Un croisement du même genre s'observe
dans la partie supérieure de la vallée de la
rivière de Swansea, la Tawe.

Enfin, la direction du *Système des Pays-
Bas* se dessine, au nord de Merthyr-Tydfil,
par une grande ligne tirée de Pont-Neddfy-
chan sur la rivière de Neath, par Penderyn
et Froonnon-y-Coed à Abergavenny. Cette
ligne court à l'E. 10° N. de la carte de
l'ordonnance, en formant, avec la direction
du *Système des Pays-Bas*, un angle de 50'
seulement. Il est même à remarquer que
cette différence de 50' est comptée dans le
même sens que la différence de 51', indiquée ci-dessus à Mons ; d'où il résulte que
les couches houillères les plus riches de la
Grande-Bretagne et de la Belgique, celles
de Merthyr-Tydfil et de Mons, se coordonnent dans leurs inflexions à deux directions,
entre lesquelles nos constructions et nos
calculs ne nous révèlent qu'une différence
d'une seule minute.

Il serait illusoire d'attribuer une grande
importance à l'extrême petitesse de cette
différence. Les deux directions comparées
entre elles ont été mesurées sur la carte,

dans le Hainaut et dans le Glamorgan, et n'ont été évaluées qu'en nombres ronds. Une évaluation plus précise aurait probablement conduit à une différence d'orientation plus considérable. La matière ne comporte pas la précision des minutes, et lorsque deux directions comparées ne diffèrent que de 1 degré ou même de 2 ou 3 degrés, on peut les considérer comme sensiblement parallèles.

Ce serait plutôt ici le lieu de montrer que, lors même que ces déviations ne rentrent dans les limites d'exactitude qu'on ne peut guère espérer de dépasser, elles sont quelquefois susceptibles d'une discussion qui en atténue l'importance. M. Gras (1) et M. Le Play (2) ont déjà fait voir comment la direction d'un Système de dislocations peut se combiner avec celle d'un autre Système pour produire une direction mixte. Sans chercher à appliquer ici les formules trigonométriques et les ingénieuses constructions de mes savants collègues, je remarquerai simplement que les lignes tracées sur la carte de sir Roderick Murchison, sous les dénominations

(1) S. Gras, *Statistique minéralogique et géologique du département de la Drome*

(2) Fr. Leplay, *Annales des mines*, 3ᵉ série, t. IV, p. 503 (1834).

d'axes du Pembrokeshire septentrional et du Pembrokeshire méridional, formant entre elles un angle de 35° 15', et les directions du *Système du Finistère* et du *Système des Ballons*, transportées à Milford, formant entre elles un angle de 29° 15', la différence totale est de 6°, ce qui suppose une différence moyenne de 3° seulement relativement à chacune des deux directions.

Ces différences prises en elles-mêmes pourraient être considérées comme peu considérables, eu égard à la structure compliquée de la contrée dans laquelle elles s'observent; cependant la partie de ces différences qui doit être attribuée à des irrégularités dans les phénomènes ou dans les observations, est réellement beaucoup moindre.

D'abord, en fait, la différence totale 6° ne se partage pas ainsi par parties égales entre les deux axes : elle se porte principalement sur celui des deux dont la direction est le moins nettement déterminée, sur l'axe du Pembrokeshire septentrional comparé à la direction du *Système du Finistère*.

Pour l'axe du Pembrokeshire méridional la différence n'est que de 1° 12', et cette différence rentre, quant au sens dans lequel elle s'observe, dans une loi déjà observée dans une contrée voisine; car nous avons vu ci-dessus, p. 236, que, dans le nord du Devonshire, la direction des couches est, comme ici, plus éloignée de la ligne E.-O. que la direction calculée du *Système des Ballons*. Seulement, dans le nord du Devonshire, la différence n'est que de 27′, tandis qu'ici elle est de 42′ d'après les mesures prises sur la carte de l'ordonnance, et de 1° 12′ d'après la direction donnée par sir Roderick Murchison à l'axe du Pembrokeshire méridional.

La seconde partie 4° 48′ de la différence totale de 6° se rapporte à l'axe du Pembrokeshire septentrional, qui s'éloigne de la ligne E.-Ô. de 4° 48′ de plus que la direction calculée du *Système du Finistère*. Or cette déviation cadre, de son côté, avec un phénomène de même genre dont il est naturel de la rapprocher. Nous avons vu précédemment, p. 101, qu'à l'île d'Ouessant, près d'une masse granitique, la direction observée des schistes s'écarte de même de la ligne E.-O. plus que la direction calculée du *Système du Finistère*. La différence est même plus forte que dans le Pembrokeshire septentrional, car elle s'élève à 5° 19′ 29″. La direction donnée par sir Roderick Murchison à l'axe du Pembrokeshire septentrional se rattache à celle de certaines masses de trapp et de granite, qui se trouvent, par conséquent, orientées à très peu près de la même manière que les masses granitiques de l'île d'Ouessant.

Mais, dans le Pembrokeshire, on peut entrevoir la cause de la déviation dont semble affectée l'orientation de ces masses éruptives. La direction du *Système du Finistère* n'apparaît ici que comme *direction d'emprunt*, et il serait en soi-même assez naturel qu'en se reproduisant, cette direction se fût rapprochée de celle du *Système du Westmoreland et du Hundsrück*, car cette dernière, quand elle s'est reproduite dans la même région, s'est rapprochée de son côté de celle du *Système du Finistère*, et elle s'est déviée dans ce sens d'une quantité supérieure à la déviation éprouvée par la direction du *Système du Finistère*, puisque nous l'avons trouvée de 4° 58' et même de 10° 58' plus voisine qu'elle n'aurait du l'être dû la ligne E.-O.

Il semble réellement que ces deux directions, en se reproduisant simultanément, aient eu une tendance à se composer en une seule, et il est même probable que cette tendance a eu beaucoup d'énergie, car en peut lui assigner une cause très puissante. En effet, la formation du terrain houiller

27

du sud du pays de Galles a été accompagnée, comme celle de tous les terrains houillers, d'un enfoncement lent et graduel qui,
pour le centre du bassin du Glamorgan , a
été de plus de 3,000 mètres. La faible étendue de ce bassin ne permettrait pas d'appliquer ici, sans modifications , les considérations que j'ai présentées ailleurs (1) au sujet
de l'enfoncement qui a dû accompagner la
formation du bassin jurassique de la France
septentrionale; mais il n'en est que plus
évident qu'un pareil enfoncement a dû faire
jouer tous les plis qui pouvaient préexister
dans les terrains environnants , et que l'enfoncement de la ligne médiane du bassin
où se sont accumulées les couches houillères
du Glamorgan et du Pembrokeshire , a dû
faire tourner chacun des deux bords du bassin autour d'une charnière horizontale. Là
où il existait dans la masse du sol des plis de
deux directions peu différentes l'une de
l'autre, comme c'était probablement le cas
pour la lisière septentrionale du bassin
houiller, le mouvement de flexion occasionné
par l'enfoncement lent du centre du bassin
a dû tendre à produire des plis dans une di-

---

(1) *Explication de la Carte géologique de la France*, t. II,
p. 620.

rection intermédiaire à celles des plis préexistants. De là une sorte de *raccordement entre les deux directions*, telle que celle qu'on observe au nord de Caermarthen et la production de quelques directions irrégulières.

Au reste, cette déviation de la direction du *Système du Westmoreland et du Hundsrück* n'est pas un fait isolé; nous avons déjà vu ci-dessus, p. 210, qu'à la pointe S.-O. de l'Ardenne, la direction du même Système s'infléchit de plusieurs degrés pour se rapprocher de la ligne E. et O., de même qu'à la pointe S.-O. des montagnes du pays de Galles. Ces diverses déviations ne sont donc pas de simples anomalies fortuites; mais elles appartiennent à des faits généraux qui, probablement, deviendront eux-mêmes des lois.

Si des irrégularités que présentent les cartes géologiques du pays de Galles méridional, on déduisait encore toutes les singularités apparentes dont l'application des formules et des constructions de M. Gras et de M. Le Play donnerait immédiatement l'explication, ce qui pourrait paraître livré simplement aux caprices du hasard dans les complications qui résultent de la coexistence de plusieurs Systèmes de directions, se réduirait à assez peu de chose.

Malgré ces déviations partielles et déterminées par des causes qu'on peut entrevoir,
il est certain que les directions des *Systèmes
du Finistère, du Westmoreland et du Hundsrück, des Ballons, du Forez et des Pays-
Bas*, se manifestent souvent avec une
fidélité dont on a lieu d'être surpris au milieu du labyrinthe si compliqué des dislocations du pays de Galles méridional ; et je
ne crois pas avoir fait une supposition dé-
nuée de vraisemblance en disant qu'un ridement de l'écorce terrestre opéré après le
dépôt du terrain houiller parallèlement au
grand cercle de comparaison du *Système des
Pays-Bas*, a fait renaître les ridements
qui s'étaient effectués antérieurement, et a
imprimé aux couches houillères les directions du *Système des Ballons*, du *Système du
Westmoreland et du Hundsrück*, et même,
en quelques points, celle du *Système du
Finistère*, qui était cachée dans les profondeurs du *sol sous-silurien*. Cette supposition
me paraît encore mieux motivée à l'égard
de la direction *quadruple* des dislocations
post-carbonifères du pays de Galles méridional, qu'elle ne l'était pour la double ou
triple direction des couches carbonifères de
la Belgique, à laquelle je l'ai appliquée dès
l'origine.

Le terrain houiller du pays de Galles méridional est traversé par un grand nombre de failles que sir Henry de La Bèche a figurés avec un grand soin sur la carte de l'ordonnance. Elles sont assez généralement perpendiculaires aux lignes terminales du terrrain houiller et, par conséquent, aux directions des plis dont il est affecté. La formation du plus grand nombre d'entre elles est probablement une simple conséquence de la formation des plis eux-mêmes, de même que, dans les chaînes de montagnes, la formation des fissures transversales est une conséquence du soulèvement de l'axe ; quelques unes appartiennent peut-être à des Systèmes de dislocations plus modernes. On peut remarquer aussi dans cette contrée quelques accidents stratigraphiques, dont la direction se rapproche plus de la ligne E.-O. que celle du *Système des Pays-Bas.*

Le même ridement s'est fait sentir également dans le nord du pays de Galles, où on peut saisir la trace d'une longue bande de dislocations du *Système des Pays-Bas*, qui joue un rôle important dans la structure stratigraphique des îles Britanniques.

Dans son mémoire déjà cité (*Esquisse de la structure géologique du pays de Galles*),

27*

M. le professeur Sedgwick, après avoir
parlé des dislocations anciennes qui nous
ont déja occupé, ajoute ce qui suit : « A une
» époque plus moderne a été formée la
» grande dépression de la vallée de Clwyd.
» Vers le même temps et probablement
» avant la période du nouveau grès rouge,
» a été formée une ligne de grande dislo-
» cation marquée par un lambeau de cal-
» caire carbonifère près de Corven, affec-
» tant les plongements des couches de toute
» la contrée intermédiaire jusqu'aux grands
» filons de Minera, et, enfin, soulevant
» une grande masse de calcaire carbonifère
» près de Caergwrle dans le Flintshire. »
Je crois que la première de ces deux dislocations se rapporte au *Système du Forez*
dont la vallée de Clwyd affecte à peu près
la direction, et que la seconde appartient
au *Système des Pays-Bas*. Corven se trouve
à peu près par 53 1' de lat. N. et par
5° 46' de long. O. de Paris. Le grand cercle
de comparaison du *Système des Pays-Bas*
coupe le méridien de Plymouth, 6° 29'
26" O. de Paris, par 50° 33' 31" N., sous
un angle de 77° 35' 40". La direction ainsi
déterminée, transportée à Corven, devient
N. 78° 9' E., ou E. 11° 51' N.-O., 11° 51' S.
Si l'on construit sur une carte d'Angleterre

une ligne qui traverse Corven, suivant cette
direction on voit qu'elle passe à peu près,
d'une part à Chesterfield, dans le Derbyshire,
et de l'autre un peu au sud de Pwllheli
dans la presqu'île de Caernarfon. Cette
ligne ne coïncide sur la carte de M. le professeur Sedwick avec aucun accident stratigraphique très marquant; mais, construite
sur la carte de M. Daniel Sharpe, déja citée
précédemment, elle est exactement parallèle
à plusieurs lignes stratigraphiques assez remarquables, et elle forme un angle de 6 à
7° seulement avec un grand nombre d'autres qui ne s'en éloignent que pour se rapprocher d'autant de la direction du *Système
des Ballons*. Sans prétendre m'immiscer en
rien dans la discussion qui existe au sujet
de cette contrée entre M. le professeur
Sedgwick et M. Daniel Scharpe, je crois que
les apparences exprimées sur la carte de ce
dernier doivent faire présumer qu'un des
éléments de la structure compliquée dont
l'analyse est controversée, a été un pli de
l'écorce terrestre qui a contribué à accroître
la complication en déterminant un nouveau
jeu dans les fentes et les plis déjà existants
et de directions différentes. Ainsi la grande
faille que M. le professeur Sedgwick a tracée
de Corven vers les plaines du Cheshire, en

passant au nord du district de Minera, suit à peu près la direction du *Système du West-moreland et du Hundsrück ;* mais elle pour-rait se rapporter par son âge à la forma-tion du pli dont nous venons de parler, et appartenir ainsi au *Système des Pays-Bas,* de même que certains plis du calcaire car-bonifère et du terrain houiller qui suivent dans le Condros une direction exactement semblable.

Mais si la direction du *Système des Pays-Bas,* transportée à Corven, ne fournit qu'un moyen accessoire de compléter l'explication d'un réseau de dislocations très compli-quées, il suffit de la reporter à 36 kilomè-tres dans le sud aux environs de Welch-Pool, pour qu'elle donne immédiatement la clef de l'une des séries d'accidents orographiques et stratigraphiques les plus remarquables des îles Britanniques.

Dans la seconde édition de sa belle carte géologique de l'Angleterre, publiée en 1839, M. Greenough a donné une attention parti-culière à l'expression du relief des montagnes du pays de Galles. Cette carte figure avec une grande netteté une série de crêtes pa-rallèles dont l'une part de Welch-Pool même et qui toutes se dirigent à l'ouest un peu sud vers le massif de Plynlimmon. Le bas-

fond de Sarn-Gynfelyn, dans la partie méridionale de la baie de Cardigan, n'est probablement que la prolongation sous-marine
de l'une de ces crêtes dont la plus méridionale, partant de Bishops-Castle, se termine
à Llanhystid, au nord de l'embouchure de la
rivière Virrai. Le pied méridional de cette
dernière crête est dessiné sur une longueur
de plus de 33 kilomètres par le cours presque
que rectiligne dans son ensemble des rivières
Iswith et Virrai. Une ligne tracées de Llan-
bystid à Eylwysnewidd, en remontant le
cours presque rectiligne des vallées du
Cwm-Virai et de l'Istwith, se dirige à l'E.
11° N. de la carte de l'Ordonnance. Elle
forme avec la direction du *Système des Pays-
Bas* un angle de 10' seulement! Cette série
de crêtes croise les lignes stratigraphiques
de la contrée et plusieurs séries d'autres crêtes dirigées parallèlement au *Système du
Longmynd*, au *Système du Westmoreland et
du Hundsrück*, au *Système du nord de l'Angleterre;* mais elle ne se confond pas avec
elles, et tout indique qu'elle a été produite
postérieurement.

Elle n'est elle-même qu'une fraction d'un
ensemble beaucoup plus étendu. Si, à partir
de Nottingham, on trace sur la carte d'Angleterre une droite parallèle à la direction dé-

terminée ci-dessus pour Corven, cette droite passera un peu au sud de Derby et d'Uttoxester, puis un peu au nord de Stafford, de Schrewsbury et de Welch-Pool; elle longera les crêtes que nous venons d'étudier, et elle atteindra les côtes d'Irlande, un peu au sud du havre de Wexford.

De Nottingham à Uttoxester, cette ligne représente la *troncature* qui termine, vers le sud, le massif carbonifère du Derbyshire et la limite septentrionale de la dépression que remplit, immédiatement au sud de cette troncature, la partie du nouveau grès rouge qui est postérieure au *Magnesian limestone ;* elle est parallèle à la ligne jalonnée au sud de cette même dépression par les relèvements du terrain houiller qui l'amènent au jour à Asby de la Zouche, à Tamworth, à Dudley, à Coolbrook-Dale et près de Schrewsbury.

Le massif carbonifère du Derbyshire, abstraction faite de quelques légers festons, se termine carrément près de Nottingham par deux lignes droites qui se croisent à peu près à angle droit. L'une, parallèle à la stratification du terrain houiller et au *Système du nord de l'Angleterre*, court au N. 5° O.; elle est bordée par le grès rouge, le *Magnesian limestone* et le nouveau grès rouge.

L'autre, dirigée à l'O. quelques degrés S., parallèlement au *Système des Pays-Bas*, est bordée seulement par le *nouveau grès rouge* postérieur au *Magnesian limestone;* mais le grès rouge et le *Magnesian limestone*, d'après la coloration très expressive de la carte de M. Greenough, ne se sont déposés ni le long de cette dernière ligne, ni même en aucun point de la dépression qui borde la troncature méridionale du Derbyshire. N'est-il pas évident, d'après cela, qu'il existe là deux accidents stratigraphiques sensiblement perpendiculaires entre eux; le côté oriental de Derbyshire appartenant au *Système du nord de l'Angleterre*, qui est antérieur au grès rouge et au *Magnesian limestone*, et la troncature méridionale du Derbyshire appartenant au *Système des Pays-Bas* et étant postérieure au grès rouge et au *Magnesian limestone*, mais antérieure à la partie subséquente de la formation du nouveau grès rouge?

C'est à cette même époque que les crêtes, dirigées à l'O. quelques degrés S., que M. Greenough a figurées sur sa carte près de Welch-Pool, doivent avoir reçu leur relief caractéristique.

La ligne tirée de Nottingham, dans la direction du *Système des Pays-Bas*, après avoir

longé ces crêtes et le bas fond de Sarn-Gynfelyn, atteint les côtes d'Irlande , ainsi que je
l'ai déjà dit, un peu au sud du havre de Wexford. Elle suit ensuite la direction de la côte
méridionale de l'Irlande, en passant un peu
au nord de Dungravan et de Corke , et elle
atteint la baie de Kenmare , en laissant au
sud la saillie que forme cette même côte,
en s'avançant jusqu'au cap Clear.

Cette partie méridionale des côtes de l'Irlande présente une série d'accidents orographiques et stratigraphiques dans lesquels le
Système des Pays-Bas se dessine avec une
netteté toute particulière.

Pour comparer plus rigoureusement la
direction du *Système des Pays-Bas* à celles
des accidents statigraphiques du midi de
l'Irlande, je rappelle que le grand cercle de
comparaison du *Système des Pays-Bas* coupe
le méridien du cap Clear, 11° 49′ 34″ à l'O.
de Paris, par 49° 40′ 28″ de latitude , sous
un angle de 73° 29′ 55″ ; la direction ainsi
déterminée, transportée au cap Clear même,
devient N. 73° 29′ 30″ E. ou E. 16° 30′ 30″
N.-O. 16° 30′ 30″ S. Il est facile de la construire sur la belle carte géologique de l'Irlande, publiée par M. Griffith, et on voit
qu'elle y est représentée par une ligne qui,
partant du cap Clear, va passer à 6 ou 700

mètres (moins d'un demi-mille) au sud du cap Seven-Heads et du cap Old-Head-of-Kinsale, et qui représente aussi exactement que possible la direction des couches de vieux grès rouge dont sont formés tous les caps de cette côte.

Les lignes anticlinales et synclinales que les différentes assises de la série carbonifère, du vieux grès rouge et des schistes anciens, forment entre le cap Clear et Killarney, ont une direction moyenne exactement semblable. Seulement, aux approches de Corke et dans les environs de Killarney, où le *millstone-grit* paraît être en gisement transgressif par rapport au calcaire carbonifère, on voit cette direction se combiner avec une direction O. un peu N. que j'ai déjà signalée ci-dessus comme devant être rapportée au *Système des Ballons*. De plus, dans les pointes qui donnent un contour si dentelé à la côte d'Irlande, entre le cap Clear et l'embouchure du Shanon, et qui constituent en quelque sorte le *Finistère britannique*, on voit fréquemment se dessiner une direction E. 25 à 30° N., qui me paraît devoir être rapportée au *Système du Finistère* dont elle dévie seulement un peu vers le nord ; car la direction de ce Système, transportée de Brest au cap Clear, est E. 25° 31' N. Cette direction affecte, en quelques points, le *millstone-grit* et le terrain houiller, et il en est de même de la direction du *Système des Ballons*, ce qui me paraît prouver qu'ici, comme dans le sud du pays de Galles, ces deux directions ont été reproduites comme *directions d'emprunt* à l'époque de la formation du *Système des Pays-Bas*. Mais c'est autour de la direction de ce dernier Système qu'oscillent le plus souvent les directions des couches de *culm* et de houille que renferme le *millstone-grit* du S.-O. de l'Irlande.

La direction du *Système des Pays-Bas* se dessine, d'une manière très exacte et très prononcée, dans un grand nombre des traits orographiques et stratigraphiques de l'intérieur de cette île. Ainsi on la retrouve, d'après la carte de M. Griffith, dans les montagnes de Caltye, dans celles de Ballintuan et autres au sud et au nord de Kilmallock; dans les montagnes de Slieve-Bernagh, de Slieve-Boughta, et de Slieve-Cullane au nord et au nord-ouest de Limerick; dans les montagnes de Curlew et de Killgarrow, au nord de Boyle, etc., montagnes dont la formation est évidemment postérieure au dépôt du *millstone-grit*, et sans doute aussi à celui du terrain houiller. Le *magnesian-limestone* n'existant pas en Irlande, et le nouveau grès rouge ne se montrant que dans le nord de cette île, on ne peut pousser plus loin la détermination de leur âge relatif.

Mais je ne puis m'étendre, ici, plus au long sur la structure si intéressante et si compliquée de l'Irlande; je me hâte de revenir à l'Angleterre pour examiner les accidents stratigraphiques du *Système des Pays-Bas*, qui existent dans le Devonshire et le Cornouailles.

Nous avons vu que la *perpendiculaire à la méridienne de Rothenburg* coupe les méridiens d'East-Cowes, de Plymouth et du mont Saint-Michel (près Penzance), à 9' 43'', à 10' 35'', et à 14' 53'' au nord de ces trois points respectivement. Il est facile de la construire, d'après ces données, sur une carte d'Angleterre quelconque. On voit alors que le grand cercle dont il s'agit passe à peu près par Deal (Kent), par Petworth (Sussex), par Sidmouth (Devonshire), et par Saint-Colomb minor (Cornouailles), et que sa direction représente, aussi exactement que possible, la direction *générale* de la côte méridionale de la Grande-Bretagne. Cette côte, étant formée en partie de craie et de dépôts tertiaires, ne peut avoir été façonnée qu'à une époque postérieure de beaucoup à la formation du *Système des Pays-Bas;* mais la conformité de direction générale que je viens de signaler me porte à croire que la *direction du Système des Pays-Bas* à été reproduite, comme *direction d'emprunt*, par l'une des révolutions les plus modernes qui ont agi sur le sol de l'Angleterre. De là il résulte que cette direction doit être fortement imprimée dans les couches paléozoïques et dans les roches plus anciennes qui supportent les formations modernes du midi de l'Angleterre, et qu'on doit s'attendre à la trouver très clairement marquée dans les parties du Devonshire et du Cornouailles dont le sol est composé par les roches antérieures au nouveau grès rouge.

Le grand cercle de comparaison du *Système des Pays-Bas*, dont je viens de tracer le cours d'une manière générale, serait représenté, sur la carte de l'ordonnance, par une ligne sensiblement droite, qui ferait, avec les lignes horizontales de projection, un angle de 10° 50' environ, en se dirigeant de l'E. 10° 50' N. à l'O. 10° 50' S. de la carte de l'ordonnance.

Les feuilles 23 et 24 de la carte géologique de l'ordonnance, publiée par sir Henry De la Bèche, montrent en effet que dans le midi du Devonshire, entre Tor-Bay et Plymouth, la direction moyenne des masses lenticulaires de trapp qui affleurent au milieu des terrains schisteux, est assez exactement représentée par une ligne tirée d'Ughborough à l'île Saint-Nicolas. Or cette ligne se dirige à l'O. 10° S. de la carte de l'ordonnance, et ne fait, par conséquent, avec la direction du *Système des Pays-Bas*, qu'un angle de 50'.

La direction d'une grande partie des masses de trapp, des dykes d'Elvan et des filons métallifères qui, dans l'espace situé entre Plymouth et Launceston, près des bords de la Tamer, traversent les schistes compris entre la masse granitique du Dartmoor et celle du Bodmin-moor, se rapproche beaucoup de la précédente. Sauf quelques anomalies, l'orientation de la plupart de ces masses s'éloigne de moins de 10° de celle que nous venons d'indiquer, et, d'après la feuille 25 de la carte de l'ordonnance, un certain nombre d'entre elles s'y rapportent exactement. En général cependant, elles se rapprochent un peu plus de la ligne E.-O., et la direction moyenne est à peu près O. 5° S. de la carte de l'ordonnance : cette direction moyenne forme, par conséquent, avec la direction du *Système des Pays-Bas*, un angle de 5° 50'.

28*

La direction d'une nombreuse série de dykes de trapp et d'Elvan, qui, d'après la feuille 30 de la carte de l'ordonnance, coupent le *killas* du Cornouailles, entre Padstow et Saint-Austle, et au nombre desquels se trouvent les dykes d'Elvan, que le tracé de sir Henry de la Bêche détache si pittoresquement du granite du Bodmin-moor, est également O. 5° S. de la carte de l'ordonnance.

Plus près de la pointe du Cornouailles, à l'O. de Truro, on retrouve encore, dans les dykes d'Elvan et dans les filons métalliques tracés sur les feuilles 31 et 33 de la carte de l'ordonnance, beaucoup de directions qui oscillent de quelques degrés autour de la même direction O. 5° S. Mais on trouve plus souvent encore des directions qui oscillent légèrement autour de l'O. 25° S. de la carte de l'ordonnance, et l'on voit plusieurs dykes d'Elvan passer de l'une à l'autre des deux directions par une inflexion plus ou moins adoucie, ce qui montre clairement que l'une et l'autre ont été produites simultanément. La première me paraît devoir être rapportée au *Système des Pays-Bas*, malgré la divergence de 5° 50' que j'ai déjà signalée, et la seconde au *Système du Finistère*, qui aurait encore fourni ici une *direction d'emprunt*.

La direction du *Système du Finistère*, transportée de Brest au mont Saint-Michel, près Penzance, devient E. 22° 30′ N. du monde, ou E. 20° 9′ N. de la carte de l'ordonnance. La différence avec la direction moyenne mentionnée ci-dessus est de 4° 51′; mais il est à remarquer que cette différence est comptée dans le même sens, et qu'elle est presque de la même quantité qu'à l'île d'Ouessant et dans le Pembrokeshire. Les directions que j'ai indiquées dans le S.-O. de l'Irlande, comme se rapportant, en principe, au *Système du Finistère*, éprouvent aussi une déviation dans le même sens. L'existence de cette déviation devient ainsi une sorte de règle dans toute la contrée maritime dont nous parlons.

La direction du *Système du Finistère* est fortement dessinée sur les cartes de l'ordonnance par les masses de roches amphiboliques qui sont intercalées dans les *killas* entre Penzance et Redruth ; mais celles-ci pourraient bien dater de l'époque antésilurienne à laquelle s'est formé le *Système du Finistère*.

On observe encore d'autres directions dans les dykes d'Elvan et de trapp, et dans les filons métalliques du Cornouailles et du

Devonshire , telles que celles des *Systèmes du Longmynd, du Morbihan* et *des Ballons* , ce qui n'a rien de surprenant. On les voit fréquemment aussi se contourner autour des protubérances granitiques , ce qui est plus naturel encore.

L'ensemble des masses granitiques du Devonshire, du Cornouailles et des îles Sor- 'lingues se coordonne à une ligne brisée analogue à celles que décrivent les bandes de calcaire carbonifère du Condros , mais dont les deux branches forment entre elles un angle plus obtus. En Belgique, les lignes brisées dont nous parlons présentent des angles d'environ 60°. Dans le S.-O. de l'Angleterre , les directions normales des *Système des Pays-Bas* et *du Finistère*, auxquelles se rapportent les lignes dont il s'agit, forment entre elles un angle aigu de 9° 19' ou un angle obtus de 80° 41'. Mais avec les déviations qu'elles présentent habituellement dans le Cornouailles et le Devonshire, ces deux directions forment un angle aigu d'environ 20°, ou un angle obtus d'environ 70°. Or tels sont , en effet, à peu près les angles que forment entre elles deux lignes, menées l'une du centre du groupe des îles Sorlingues au centre de figure de la masse granitique du Bodmin-moor , et l'autre de

ce dernier point au centre de figure de la
masse granitique du Dartmoor. Je suis très
porté à croire que ces deux directions sont
en rapport avec les deux époques d'éruption
de substances granitiques signalées dans ces
contrées par sir Henry de la Bêche (1).

On retrouve la seconde de ces deux directions au nord et à l'est de la zone granitique,
dans la partie du Devonshire où le nouveau
grès rouge recouvre en stratification discordante les roches paléozoïques. On voit fréquemment reparaître dans la structure stratigraphique de cette contrée deux directions qui font entre elles un angle de 15 à
20°. L'une est celle des plis des couches du
Système carbonacé (*Système des Ballons*);
l'autre est celle d'un grand nombre de failles, de filons, et de quelques dykes de
roches éruptives qui ont accidenté plus tard
ce même terrain dans une direction E. 3 à
7° N. de la carte de l'ordonnance (*Système
des Pays-Bas*).

Cette dernière direction se dessine assez
en grand dans le bord septentrional du
golfe que forme le nouveau grès rouge au
milieu des collines du terrain carbonacé de
Silverton à Jacobstow. Une direction pres-

(1) H. T. de la Bêche. *Report on the Geology of Cornwall, Devon and west Somerset.*

que exactement parallèle, ou dirigée E. 7° N. de la carte de l'ordonnance, se manifeste de même à Wasfield, au nord de Tiverton, et les masses de porphyre rouge quartzifère, contemporaines des premières couches du nouveau grès rouge qui s'élèvent aux environs de Silverton, s'allongent à peu près dans le même sens.

En moyenne, toutes ces directions s'écartent d'environ 6° de celle du *Système des Pays-Bas* pour se rapprocher de la direction E.-O.

Cette déviation n'existe pas dans toute l'étendue du Devonshire et du Cornouailles; car sur la ligne de Tor-Bay à Plymouth, les dislocations qu'on peut rapporter au *Système des Pays - Bas* sont, ainsi que nous l'avons vu ci-dessus, presque exactement parallèles au *grand cercle de comparaison* de ce Système. Ce serait cependant une erreur de la considérer comme un accident purement fortuit et purement local. Nous avons déjà remarqué que la direction du *Système des Pays-Bas* se retrouve, et sans doute, comme *direction d'emprunt* dans la direction générale de la côte méridionale de l'Angleterre; or elle s'y retrouve avec ses déviations, car la direction légèrement sinueuse de la grande ligne anticlinale de l'île de Wight et du

Dorsetshire peut être représentée par une
ligne tirée de Culver-Cliff (île de Wight) à
Weymouth, et cette ligne fait précisément
aussi un angle de 6° avec le grand cercle
de comparaison du *Système des Pays-Bas*,
en se rapprochant, comme nous venons de
le voir en Devonshire, de la ligne E.-O.
Cette circonstance conduit naturellement à
penser que les accidents du *Système des
Pays-Bas*, qui existent sans doute au-dessous du Dorsetshire et de l'île de Wight
dans le sous-sol paléozoïque, y existent avec
la même déviation que dans une partie du
Cornouailles et du Devonshire. On voit donc
que cette déviation a dû embrasser une
certaine étendue, et je suis d'autant moins
porté à la considérer comme un simple accident fortuit, qu'elle est dans le même sens
et presque de la même quantité que celle
que la carte de M. Daniel Sharpe indique,
ainsi que nous l'avons vu précédemment,
p. 319, dans un certain nombre de lignes
stratigraphiques du nord du pays de Galles,
aux environs de Corven, et que différents
accidents stratigraphiques, plus rapprochés
de la ligne E.-O. que la direction du *Système des Pays-Bas*, s'observent aussi dans le
sud du pays de Galles et dans le sud de l'Irlande.

Malgré sa réapparition en différents points fort éloignés les uns des autres, cette direction déviée qui s'observe surtout dans des failles et des filons plutôt que dans les plis des roches paléozoïques, est cependant moins persistante que ne le sont celles qui courent dans une direction sensiblement parallèle au grand cercle de comparaison du *Système des Pays-Bas;* et lorsque je remarque, en outre, que cette direction E. 5° N. de la carte de l'ordonnance divise en *deux parties sensiblement égales* l'angle formé par la direction du *Système du Finistère* (E. 19° 57' N. de la carte de l'ordonnance), et par la direction du *Système des Ballons* (E. 9° 18' S. de la carte de l'ordonnance), je suis porté à n'y voir autre chose que la direction du *Système des Pays-Bas* déviée, et, pour ainsi dire, *déjetée* par l'influence mécanique des dislocations du sol préexistantes.

Dans un avenir plus ou moins prochain, lorsqu'on possédera pour une partie un peu considérable de l'Europe des cartes géologiques comparables à celles de l'*Ordnance Survey*, les stratigraphes auront sans dou e à s'exercer fréquemment sur des directions accidentelles du genre de celle-ci, directions dont l'existence n'est pas plus contraire au

principe des directions, que l'existence des
faces secondaires des cristaux n'est contraire aux lois fondamentales de la cristallisation.

En langage cristallographique cette direction accidentelle s'appellerait un *décroisse-
ment tangent* à l'angle obtus formé par les
deux directions du *Système du Finistère* et
du *Système des Ballons*.

On peut concevoir, en effet, qu'un effort
mécanique postérieur à la production de ces
deux directions ait pu tendre à faire naître
accidentellement une direction intermédiaire entre elles, au lieu de faire renaître
séparément ces directions elles-mêmes. Mais
il faut remarquer en même temps, qu'ici
la direction E. 5° N. de la carte de l'ordonnance n'est que la direction moyenne d'un
groupe de fentes et de filons assez diver-
gents dont plusieurs présentent des inflexions, et dont quelques uns suivent exactement, au moins dans une partie de leur
cours, la direction du *Système des Pays-
Bas;* d'où il me paraît résulter que la
direction accidentelle ne peut être considérée comme distincte par son âge de la
direction normale, et que tous les accidents
stratigraphiques que nous venons de suivre
dans le Devonshire et le Cornouailles ap-

partiennent en principe à un seul et même
Système qui, d'après la direction principale,
doit être le *Système des Pays-Bas*.

Leur âge, autant qu'il peut être déterminé, les rapporte en effet à ce Système. Elles
sont toutes postérieures au dépôt des roches
paléozoïques du Devonshire, et même au
plissement que ces roches ont subi dans la direction du *Système des Ballons*, et en masse
elles sont antérieures au dépôt du nouveau
grès rouge. Le tracé des cartes de l'ordonnance et les descriptions de sir Henry De la
Bêche (1) ne laissent aucun doute sur ce
dernier point. Il n'y a d'exception que pour
certaines failles qui coupent le nouveau grès
rouge, mais qui, probablement, appartiennent au même groupe de dislocations modernes que la grande ligne anticlinale du
Dorsetshire et de l'île de Wight. La seule
incertitude qui pourrait subsister sur l'âge
des autres accidents stratigraphiques formant le groupe principal dont il s'agit
uniquement ici, résulterait de l'incertitude
de l'âge des couches les plus anciennes
du nouveau grès rouge du Devonshire et
du conglomérat magnésien des Mendip-
Hills, qui reposent de même en stratification

(1) *Report on the Geology of Cornwall, Devon and west Somerset*, p. 212.

discordante sur les couches carbonifères
affectées par les accidents stratigraphiques
du *Système des Pays-Bas.*

Ce conglomérat magnésien a été mis en
parallèle, pendant longtemps, avec le
magnesian limestone du nord de l'Angleterre. Mais déjà, en 1833, j'ai pu m'appuyer sur l'autorité de M. le professeur
Sedgwick pour regarder les conglomérats
magnésiens des environs de Bristol et des
Mendip-Hills comme plus récents que le
calcaire magnésien du nord de l'Angleterre, qui est parallèle au zechstein (1).
Aujourd'hui les travaux de sir Henry de la
Bêche prouvent clairement que ces conglomérats magnésiens sont loin de former,
comme le *magnesian limestone*, un étage
distinct à la base du nouveau grès rouge.
Dans l'index des couleurs et des signes employés dans le *Geological Survey* de la
Grande-Bretagne pour le S.-O. de l'Angleterre et le S. du pays de Galles, sir Henry
de la Bêche indique un calcaire et un conglomérat magnésiens comme faisant partie
de la série du nouveau grès rouge, et il
ajoute en note que dans la contrée dont il
s'agit ces roches se présentent dans toutes
les parties de la série. Les coupes figurées

(1) *Manuel géologique,* trad. française, p. 632.

par ce savant géologue , sur les feuilles 11,
13, 14, 15, 16, et surtout 17 des *Horizontal
Sections* jointes au *Geological Survey* , ne
laissent aucun doute à cet égard.

Les conglomérats magnésiens du S.-O..
de l'Angleterre s'étendant dans toute la
hauteur du nouveau grès rouge , la présomption d'ancienneté qui avait paru résulter de leur composition magnésienne
se trouve détruite. On pourrait, à la vérité,
se fonder sur les ossements de Sauriens
thécodontes trouvés par M. le docteur
Riley et M. par Stutchbury dans le conglomérat magnésien de Durdham - Down ,
près de Bristol (1), pour soutenir que cette
partie des conglomérats magnésiens descend
jusqu'au niveau géologique du zechstein ;
mais comme les Sauriens thécodontes peuvent exister dans le grès des Vosges aussi
bien que dans toutes les autres couches du
terrain permien de sir Roderick Murchison,
je crois qu'on est moins fondé que jamais à
regarder aucune des parties du nouveau
grès rouge et des conglomérats magnésiens
du S.-O. de l'Angleterre comme plus ancienne que le grès des Vosges.

Les parties les plus anciennes et les plus

(1) *Report on the Geology of Cornwall , Devon and west
Somerset*, p. 219.

grossières de ce dépôt me paraissent correspondre au poudingue de Malmedy dans
l'Ardenne, que je crois pouvoir rapporter
au grès des Vosges ; et les faits observés
dans le S.-O. de l'Angleterre et dans la
Belgique me paraissent concorder avec ceux
signalés ci-dessus aux environs de Nottingham et de Derby, pour placer l'origine du
Système des Pays-Bas entre le dépôt du
magnesian limestone et celui du grès des
Vosges.

Si du Devonshire et du Cornouailles
nous passons actuellement aux côtes méridionales de la Manche, nous verrons
des accidents stratigraphiques que toutes
leurs allures conduisent à rapporter encore
au *Système des Pays-Bas* jouer un rôle assez
important dans la presqu'île de Bretagne.

Nous avons reconnu dans la structure si
compliquée du sol de cette contrée, et dans
les dentelures multipliées de ses côtes, des
traces plus ou moins évidentes des huit
systèmes de dislocations que nous avons
étudiés avant de nous occuper du *Système
des Pays-Bas*. Ces dislocations ne se révèlent à l'extérieur que par de faibles proéminences. Les saillies qu'elles peuvent avoir
déterminées au moment où elles ont été
produites paraissent avoir été rasées posté-

rieurement, ce qui a donné aux horizons de la Bretagne ce caractère de platitude et de monotonie qui fatigue l'œil du géologue.

La presqu'île de Bretagne est cependant traversée par une zone où se dessinent des reliefs un peu plus saillants, et où différentes cimes atteignent et dépassent même la hauteur de 400 mètres au-dessus de la mer. Cette zone, remarquable par ses accidents orographiques, s'étend de l'est, quelques degrés nord à l'ouest, quelques degrés sud, depuis les environs de Falaise et d'Alençon jusqu'aux pointes extrêmes du Finistère, la pointe de Saint-Mathieu et la pointe du Raz, au delà desquelles le groupe d'îles que termine l'île d'Ouessant, ainsi que la chaussée de Sein, prolonge en quelque sorte la région accidentée au sein même de l'Océan.

La côte septentrionale de la Bretagne, presque rectiligne dans son ensemble, de l'île d'Ouessant à l'île de Bréhat, et prolongée par le Banc des Minquiers au nord de Saint-Malo, dessine le côté nord de la région accidentée, suivant une ligne dirigée de l'E. 10° N. à l'O. 10" S. de Cassini. Une ligne tirée de l'E. 4" N. à l'O. 4° S. de Cassini, depuis la montagne des Avaloirs, près de Pré-en-Pail, qui, sans dépasser la hauteur de 417 mètres, forme la cime la

plus élevée de toute la presqu'île et la plus
méridionale des montagnes des environs
d'Alençon, jusqu'à la crête de la montagne
Noire au nord de Gourin (Finistère), dessine le côté méridional de la même zone,
dont la direction moyenne est E. 7° N.,
O. 7° S.

L'accidentation particulière qui distingue
la zone dont je viens de parler est probablement l'effet d'un phénomène géologique
particulier, dont M. Boblaye avait déjà
consigné l'indication dans quelques passages
de son mémoire sur la Bretagne, cités précédemment, p. 206, et que M. Dufrénoy a signalés plus explicitement dans le
3e chapitre de l'*Explication de la Carte géologique de la France*. Après avoir mentionné
deux des époques anciennes de dislocation
dont les traces sont les plus manifestes en
Bretagne, M. Dufrénoy en distingue une troisième sur laquelle il s'exprime ainsi : « La
» troisième, beaucoup plus moderne que les
» deux précédentes, et dont nous ne sau-
» rions fixer l'âge géologique, s'est propagée
» presque de l'E. à l'O., tirant cependant
» de quelques degrés vers le N. La forme
» générale de la côte septentrionale de la
» Bretagne se rattache à cette cause qui a
» influé si puissamment sur la configuration

» de cette contrée : elle se retrouve dans la
» direction de toutes les cimes granitiques
» qui la traversent de l'E. à l'O. Elle paraît
» le résultat de l'arrivée au jour des gra-
» nites qui les composent (1). »

Les masses granitiques se montrent en
effet en plus grand nombre, et avec des contours plus morcelés, dans la zone accidentée
dont nous parlons, que dans tout le reste de
la presqu'île ; et au milieu de leurs contours
festonnés on y voit souvent se dessiner
des directions qui tendent vers l'O. 4° à
9° S., et en moyenne à peu près vers l'O.
7° S. Ces directions se font particulièrement remarquer dans l'orientation générale
de la masse granitique coupée par la
Mayenne, au sud de la ville de Mayenne,
dans le département du même nom ; dans
cèlle de la masse granitique qui traverse la
partie méridionale du département de la
Manche, depuis Bernières, à l'E.-S.-E. de
Vire (Calvados) jusqu'à Caroles sur la
baie de Cancale ; dans celle de la série de
masses granitiques qui de Juvigny (Manche)
s'étend par le Mont-Tomblaine, le Mont-
Saint-Michel et le Mont-Dol, jusqu'à Châ-
teau-Neuf (Ille et-Vilaine) ; dans la forme

(1) Dufrénoy. *Explication de la Carte géologique de
France.* t. I. p. 181

générale de la masse granitique de Hédé;
dans l'orientation des limites méridionales
des masses granitiques de Dinan et de Moncontour, de la masse granitique de Quintin, et des massifs granitiques qui s'élèvent
au nord de Brest et de l'entrée de l'Iroise.

Cette direction est loin d'être la seule qui
se dessine dans les contours et les alignements des masses granitiques de la Bretagne,
même dans la zone que nous considérons ;
mais il existe en Bretagne comme en Cornouailles, et dans beaucoup d'autres pays,
des roches granitoïdes de plusieurs époques.
Indépendamment des porphyres quartzifères
qui deviennent quelquefois granitoïdes,
M. Dufrénoy distingue en Bretagne des granites de deux âges différents. Il dit que la
postériorité du granite porphyroïde par rapport au terrain de transition est certaine, et
il ajoute que probablement ce granite est assez moderne, attendu que le terrain houiller
de Quimper, dont les couches sont contournées dans tous les sens, paraît avoir été bouleversé par des roches qui en dépendent (1).

C'est en effet vers la pointe de la Bretagne, et particulièrement en approchant
de Quimper, que les directions dont nous

(1) Dufrénoy, *Explication de la Carte géologique de la
France.* t. I, p. 194.

nous occupons se dessinent de la manière
la plus distincte.

Ainsi qu'on peut s'en assurer sur la carte
géologique de la France, et mieux encore
sur les belles cartes géologiques des départements des Côtes-du-Nord et du Finistère,
exécutées par M. Lefébure de Fourcy,
ingénieur des mines, les lignes orographiques et stratigraphiques de la montagne
Noire, entre Carhaix et Quimper, la côte
méridionale de la baie de Douarnenez, qui
forme le flanc septentrional de la presqu'île
de Raz, et diverses lignes stratigraphiques
de la presqu'île de Crozon, des environs de
Brest, de la contrée au midi de Belle-Isle-en-
Terre, etc., courent en moyenne à l'O. 7°
S. de la carte de Cassini. Mais à Quimper
(lat. 47° 59′ 50″ N., long. 6° 26′ 42″ O.),
les lignes de projection de Cassini font avec
les orientations astronomiques un angle de
4° 47′ 54″. De là il résulte que les lignes
orographiques et stratigraphiques dont je
viens de parler se dirigent, à très peu
près, de l'E. 11° 48′ N. à l'O. 11° 48′ S.
du monde.

Or la perpendiculaire à la méridienne
de Rothenburg, coupant le méridien de
Plymouth (6° 29′ 26″ O. de Paris), ainsi
que je l'ai dit ci-dessus, sous un angle de

77° 35′ 40″, il est aisé de voir qu'une parallèle qu'on lui mènerait par Quimper se
dirigerait à très peu près, en négligeant les
secondes, de l'E. 12° 23′ N. à l'O. 12° 23′
S. du monde. La direction des lignes orographiques et stratigraphiques dont je viens
de parler ne s'écarte donc de la direction du
Système des Pays-Bas que de 35′, et elle
s'en écarte dans le même sens que les lignes
stratigraphiques des environs de Mons et de
Merthyr-Tydfil, auxquelles elle est parallèle
à 15 ou 16 minutes près.

Il me paraît naturel d'attribuer à ces
accidents stratigraphiques, orientés dans leur
ensemble suivant la direction du *Système
des Pays-Bas*, l'état de dislocation dans
lequel se trouvent les terrains houillers de
Quimper et de Kergogne (Finistère). Les
terrains houillers de Saint-Pierre-la-Cour
(Mayenne) et de Littry (Calvados), quoique plus éloignés de la bande de terrain
disloquée par les mouvements récents des
granites, présentent aussi quelques dérangements qu'on peut rapporter à la même
époque ; mais ces dérangements n'affectent
pas les dépôts de l'âge du grès bigarré et
des marnes irisées qui couvrent une partie
des départements du Calvados et de la
Manche. Ainsi tout ce qu'on peut constater

relativement à l'âge de la série de dislocations qui traverse la Bretagne d'Alençon à
la pointe du Raz cadre avec sa direction
pour la rattacher au *Système des Pays-Bas.*

Il existe encore, dans plusieurs autres
parties de la France, des dislocations que tout
conduit à rapporter au *Système des Pays-Bas.*

Un gisement de houille sèche, qualifiée
d'anthracite, a été reconnu à Sincey (Côte-
d'Or), où il fait partie d'une bande de terrain houiller connue sur une longueur de
24 kilomètres, de Ruffey (Côte-d'Or, entre
Courcelles-lez-Sémur et Bierre) à Villiers-
les-Nonains (Yonne). Dans cet intervalle,
les affleurements carbonifères se montrent
dans tous les vallons qui traversent le terrain d'arkose, et entament les terrains
plus anciens sur lesquels ce dernier repose
en couches à peu près horizontales. Le terrain houiller, encaissé au milieu des premiers, est recouvert par l'arkose en stratification complétement discordante. Aux
recherches de Sincey, les couches carbonifères plongent au N. près du jour; mais à
la profondeur de 150 mètres, elles inclinent
vers le sud d'environ 60°. Dans leur ensemble elles sont presque verticales. Les
affleurements houillers occupent rarement
une largeur de plus de 100 à 200 mètres,

et sont ordinairement bordés vers le nord par des protubérances d'eurite et de granite à petits grains. La série de ces affleurements forme une bande presque rectiligne, dirigée de l'E. 2° N. à l'O. 2° S. (1) de Cassini. Sincey se trouvant par 47° 26′ 40″ de lat. N., et par 1° 47′ 30″ de long. E. de Paris, l'orientation astronomique de ce lieu fait un angle de 1° 19′ 10″ avec celle de Cassini, d'où il résulte que la bande houillère de Sincey se dirige de l'E. 0° 40′ 50″ N. à l'O. 0° 40′ 50″ O. du monde.

Nous avons vu ci-dessus que la perpendiculaire à la méridienne de Rothenburg coupe le méridien de Mons (1° 37′ 20″ à l'E. de Paris) sous un angle de 83° 54′ 4″. Une parallèle à ce grand cercle de comparaison menée par Sincey coupe le méridien astronomique sous un angle de 84° 2′ (en négligeant les secondes), ou se dirige de l'E. 5° 58′ N. à l'O. 5° 58′ S. du monde. Elle forme par conséquent avec la direction de la bande houillère un angle de 5° 17′. Cette différence est sans doute assez forte, mais elle est comptée dans le même sens, et elle est presque de la même grandeur que celle dont nous avons constaté l'exis-

(1) *Explication de la Carte géologique de la France*, t. 1, p. 682.

tence au Cornouailles. Je crois qu'elle ne
doit pas empêcher de rapporter au *Système
des Pays-Bas* le redressement des couches
houillères de Sincey, redressement que sa
date relative, en tant qu'elle peut être déterminée, rapproche d'ailleurs du *Système
des Pays-Bas*, puisqu'il a été effectué entre
le dépôt du terrain houiller et celui des
premières couches de lias.

Je suis encore porté à rapporter à cette
même catastrophe les dérangements multi-
pliés qu'ont subis les couches houillères de
Sarrebruck, avant le dépôt du grès des
Vosges, qui s'est étendu horizontalement
sur leurs tranches, et les mouvements moins
considérables que paraît avoir éprouvés le
sol des Vosges, entre le dépôt de grès rouge
qui n'a rempli que le fond de quelques
dépressions, et celui du grès des Vosges
qui s'y est élevé beaucoup plus haut, et y a
recouvert des espaces beaucoup plus considérables.

Ainsi que MM. d'Oeynhausen et de Dé-
chen l'ont indiqué depuis longtemps, le
gisement du terrain houiller de Sarrebruck
paraît être discordant avec celui des assises
du terrain de transition. Au pied du Hundsrück, on voit en divers lieux, et notamment à Nonnweiler, sur la route de Birken-

feld à Trèves , les couches du terrain
houiller reposant en stratification complétement discordante sur les tranches des
couches inclinées des quartzites , dont la
pente S.-E. de Hundsrück est composée(1).
Les couches de terrain houiller sont dirigées
en général de l'E. N.-E. à l'O. S.-O. (2).
Cette direction est à peu près la même que
celle de l'alignement général des masses de
mélaphyre, qui ont percé le terrain houiller
aux environs d'Oberstein et de Kirn. L'une
et l'autre ont probablement été déterminées
en grande partie par celle de la base méridionale des Hundsrück à laquelle elles sont
à peu près parallèles. L'éruption des mélaphyres et le plissement du terrain houiller
sont antérieurs au dépôt du grès des Vosges,
et me paraissent devoir être rapportés au
Système des Pays-Bas , malgré la déviation
facile à expliquer que présente leur direction
commune.

Les mélaphyres des Vosges me paraissent
avoir de grands rapports avec ceux des environs d'Oberstein et de Kirn, et je suis porté
à supposer que, comme ces derniers, ils
ont fait éruption après le dépôt du terrain

(1) *Explication de la Carte géologique de la France,* t. I.
p. 698.
(2) *Ibid.,* p. 701.

bouiller, et même après le dépôt de grès
rouge, mais avant celui du grès des Vosges (1). L'apparition au jour de ces petites
masses de mélaphyre, qui ne jouent qu'un
rôle peu important dans le relief général
des Vosges, aurait coïncidé avec le plissement des terrains houillers des Pays-Pas et
de Sarrebruck, et avec l'abaissement général du sol des Vosges, qui a permis au grès
des Vosges de le recouvrir en grande partie.

Le sol de la forêt Noire a présenté dans
le même moment un phénomène semblable,
et le sol du pays de Nassau a éprouvé en
même temps un plissement qui y a con-
tourné les couches dévoniennes suivant une
double direction, dont l'une est parallèle à
la crête du Hundsrück, tandis que l'autre,
courant à l'O. quelques degrés S., est sensiblement parallèle au grand cercle de comparaison du *Système des Pays-Bas*.

Le temps et l'espace me manquent pour
achever d'examiner ici, une à une, toutes les
autres lignes de dislocation qui, en divers
points de l'Europe, pourraient être rapportées au *Système des Pays-Bas*. Je me bornerai à citer encore une contrée où il joue
un rôle très remarquable : c'est le terrain

(1) *Explication de la Carte géologique de la France*, t. 1.
p. 369.

carbonifère du Donetz, dans le midi de la Russie.

Nous avons vu ci-dessus que la perpendiculaire à la méridienne de Rothenburg, prolongée à l'est, coupe le méridien de Taganrog (36° 35' 57" à l'E. de Paris) par 48° 20' 53' de lat. N. sous un angle de 69° 0' 2", c'est-à-dire, en négligeant les secondes, à 1° 9' au nord de Taganrog, et en se dirigeant de l'O. 21° N. à l'E. 21° S. Or, si l'on marque sur la carte de sir Roderick Murchison un point situé à 1° 9' au N. de Taganrog, et qu'on trace par ce point une ligne dirigée de l'E. 21° N. à l'O 21" S., on verra d'abord qu'elle passe à peu près par Butschak sur le Dniéper au sud de Kief, et par Troilinska sur la rive droite du Don ; qu'elle représente, aussi exactement que possible, l'axe longitudinal de la région carbonifère ; qu'elle est parallèle à la direction générale de la ligne qui termine cette région le long du cours du Donetz, et à la direction générale de la grande steppe granitique de la Podolie et de l'Ukraine, représentée par une ligne tirée de Saint-Konstantinof à Karakuba. Mais ce n'est pas tout : si l'on trace cette même ligne sur la belle carte géologique de la chaîne carbonifère du Donetz insérée par M. Le Play dans l'atlas du *Voyage dans la*

30*

Russie méridionale, publié par M. Anatole Démidoff, on verra qu'elle représente très sensiblement l'orientation moyenne des directions des couches carbonifères que mon savant collègue y a tracées par centaines. Elle les représente très bien en moyenne dans la plus grande partie du terrain carbonifère ; les seules parties de ce terrain qui échappent à la règle sont celles qui, vers le N.-O., embrassent et percent en quelques points le terrain marno-salifère de Bakmouth. Ici la direction des couches carbonifères dévie généralement, en moyenne, de 18 à 20° vers le N.-O., et cette exception est une vérification nouvelle et peut-être assez heureuse du *principe des directions*.

En effet, la direction du *Système des Ballons*, qui, au Brocken, dans le Hartz, est E. 19° 15' S., étant transportée dans la chaîne carbonifère du Donetz, au point où la perpendiculaire à la méridienne de Rothenburg coupe le méridien de Taganrog (lat. 48° 20' 53" N., long. 36° 35' 57" E. de Paris), devient E. 40° 6' S. Elle coupe la direction du *Système des Pays-Bas* sous un angle de 19° 6', et elle est sensiblement parallèle à la direction particulière suivant laquelle dévient les couches du terrain carbonifère aux approches de Bakmouth.

M. Le Play représente le terrain gypso-salifère qui remplit le fond du bassin de Bakmouth comme beaucoup moins disloqué que
la partie du terrain carbonifère sur lequel
il repose. Il y figure cependant quelques
inclinaisons de couches qui se coordonnent
généralement à la direction du *Système des
Pays-Bas*, et ne prennent qu'accidentellement celle du *Système des Ballons*.

MM. Murchison et de Verneuil ont rapporté au terrain permien, d'après les fossiles
qu'ils y ont trouvés, le terrain gypso-salifère
de Bakmouth (1); et la manière dont il est
représenté sur la fig. 3, pl. I, du tome 1er
de leur savant ouvrage, suppose qu'il ne
partage pas toutes les dislocations du terrain carbonifère, quoiqu'il en ait éprouvé
lui-même de très considérables. Toutes ces
circonstances s'expliqueront très simplement
si l'on admet, comme l'indiquent les directions des couches, que le sol de cette contrée a éprouvé deux dislocations, au moins,
après le dépôt du terrain carbonifère : l'une
immédiatement après le dépôt de ce terrain
suivant la direction du *Système des Ballons;*
l'autre après le dépôt d'une grande partie
du terrain permien, suivant la direction du
Système des Pays-Bas. Cette dernière aurait

(1) *Russia in Europe and the Ural mountains*, t. I, p. 115.

reproduit en quelques points, dans le terrain permien, la direction du *Système des Ballons*, comme elle l'a reproduite dans le terrain houiller du Pembrokeshire. Elle aurait façonné la steppe granitique de l'Ukraine et de la Podolie en même temps et de la même manière qu'elle a façonné les contrées légèrement montueuses des bords du Rhin et de la Meuse, et les zones les plus accidentées de la Bretagne et du Devonshire.

La contemporanéité de ces différents accidents exige seulement que l'on regarde le terrain gypso-salifère de Backmouth comme ne représentant que la partie du terrain permien qui est antérieure au grès des Vosges et au conglomérat magnésien, avec ossements de Sauriens thécodontes des Mendip-Hills, supposition qui me paraît en elle-même aussi vraisemblable que toute autre. Les premiers dépôts postérieurs à l'apparition du *Système des Pays-Bas*, les conglomérats magnésiens inférieurs des environs de Bristol, les conglomérats rouges inférieurs du Devonshire, le poudingue de Malmedy, les poudingues qui recouvrent le terrain houiller du Palatinat autour des masses de mélaphyre d'Oberstein et de Kirn, le grès des Vosges, etc., forment dans les parties de l'Europe où le *Système des*

Pays-Bas a surtout exercé son influence, un horizon géognostique très distinct, mais très discontinu. Ces dépôts manquent dans la région du Donetz comme dans beaucoup d'autres ; mais sur les flancs de l'Oural, où l'influence du *Système des Pays-Bas* paraît avoir été peu sensible, ces dépôts existent en stratification concordante avec ceux qui représentent le grès rouge et le zechstein ; de sorte que MM. Murchison, de Verneuil et Keyserling ont été conduits à les comprendre tous ensemble dans leur *terrain permien*.

Indépendamment des autres considérations qui nous ont conduit à les grouper ensemble, toutes les dislocations que nous venons de suivre depuis les pointes S.-O. de l'Irlande jusqu'à la pointe orientale de la chaîne carbonifère du Donetz, ont encore des caractères communs très remarquables. Nulle part elles n'ont donné une grande saillie aux rides qu'elles ont produites. Bien différentes en cela de plusieurs des systèmes antérieurs, et particulièrement du *Système des Ballons*, nulle part les roches éruptives ne s'y sont élevées à une grande hauteur, et souvent elles sont restées cachées dans les profondeurs de l'écorce terrestre. Peu de systèmes portent aussi évidemment l'empreinte d'une *compression latérale*. Les plis des couches les plus remarquables ont été des *plis rentrants dans l'intérieur de la terre,* tels que ceux des terrains houillers des Pays-Bas et du sud des pays de Galles ; et l'on peut remarquer que dans ces contrées (abstraction faite de la pointe de Pembroke-shire) les dislocations dont le *système des Pays-Bas* se compose se distinguent de celles qui forment le système immédiatement antérieur, dont quelques géologues les rapprochent chronologiquement, en ce qu'elles n'ont que très rarement donné passage à ces roches trappéennes dépourvues de quartz (*toadstone, whinstone*), qui forment presque constamment le cortége des failles N.-S. du *système du nord de l'Angleterre.*

Mais sans donner généralement passage aux roches éruptives, ces plis rentrants et serrés latéralement ont cependant facilité l'issue de certaines émanations métallifères qui ont imprimé un cachet particulier aux parties de l'Europe que traverse la zone affectée par le *Système des Pays-Bas.* Je veux parler des émanations magnésiennes auxquelles le conglomérat magnésien des environs de Bristol et les dolomies de dépôt du grès bigarré et du muschelkalk doivent leur composition ; des émanations zincifères et plombifères auxquelles sont dus les dépôts superficiels de calamine, de blende et de galène des Mendip-Hills, des Pays-Bas, de la Silésie, etc., et peut-être celles qui ont produit les dépôts de manganèse du Devonshire et de la base méridionale du Hartz. Toutes ces émanations ont commencé à se faire jour immédiatement après la formation du *Système des Pays-Bas*, mais elles ont continué à se développer pendant une assez longue période géologique ; et c'est ainsi qu'elles ont pu produire les dépôts de galène renfermés dans le grès bigarré de Bleyberg, près d'Aix-la-Chapelle, et les dépôts de calamine et de galène renfermés dans le muschelkalk dolomitique de Tarnowitz, en Silésie.

Ainsi que je l'ai annoncé au commencement de ce chapitre, j'ai préféré me borner à discuter la manière dont la direction du *Système des Pays-Bas* est représentée par le *grand cercle de comparaison* que j'avais adopté provisoirement en 1833, c'est-à-dire par *la perpendiculaire à la méridienne de Rothenburg*. J'ai fait voir que ce grand cercle satisfait encore à peu près aux observations actuelles. Il est cependant à remarquer qu'il s'en éloigne très souvent d'environ un degré, et presque toujours dans

le même sens, d'où il résulte que le grand
cercle dirigé à Mons, de l'E. 5° N. à l'O. 5°
S., que j'avais proposé subséquemment (1),
approche plus encore de représenter la
moyenne des observations.

On peut remarquer en outre que la *perpendiculaire à la méridienne de Rothenburg*
approche beaucoup d'être perpendiculaire
au *grand cercle de comparaison du Système
du nord de l'Angleterre*, qui se dirige dans
le Yoredale au N. 5° O. Ces deux grands
cercles se coupent un peu aú nord de Ports-
mouth sous des angles d'environ 95° 41',
et 84° 19', l'angle aigu étant tourné vers le
pôle boréal. Il s'en faut donc de 5° 41' seulement qu'ils ne soient perpendiculaires
entre eux. Ainsi que je l'ai déjà indiqué, et
comme je le montrerai plus loin, il serait
très naturel que les directions de deux
systèmes formés à deux époques immédiatement consécutives se rencontrassent
à angle droit ; or si l'on prenait pour *grand
cercle de comparaison du Système des Pays-
Bas* celui qui passe à Mons en se dirigeant
de l'E. 5° N. à l'O. 5° S., cette condition

(1) *Explication de la Carte géol. de la France*, t. I, p. 17.
La désignation de ce grand cercle y a été imprimée incor-
rectement ; on a mis E. 5 S.-O. 5° N., tandis qu'il fallait
mettre E. 5' N.-O. 5 S.

approcherait davantage d'être satisfaite, car
la rencontre aurait lieu sous des angles
d'environ 94° 50' et 85° 10'. Il ne s'en faudrait donc plus que de 4° 50' que les deux
Systèmes ne se rencontrassent à angle droit,
et cette nouvelle considération se joindrait
ainsi à la précédente pour faire regarder le
grand cercle de comparaison passant par
Mons comme préférable à la perpendiculaire à la méridienne de Rothenburg.

Il y a par conséquent tout lieu de penser
qu'en proposant en second lieu de prendre
pour *grand cercle de comparaison du système
des Pays-Bas* celui qui passe à Mons en se
dirigeant de l'E. 5° N. à l'O. 5° S. , ce qui
changeait la direction première de 50 minutes , je me suis rapproché d'autant de la
vérité, et j'emploierai ce dernier grand cercle
de comparaison , dans la suite du présent
travail, de préférence au premier.

Toutefois , ce grand cercle de comparaison ne peut être considéré lui-même que
comme provisoire. La détermination définitive du grand cercle de comparaison du
Système des Pays-Bas exigerait une revue
plus complète encore que celle que je viens
de faire de toutes les dislocations qui
peuvent être rapportées à ce Système, et
l'application régulière de la méthode que

31

j'ai développée au commencement de cet article. La présomption que les deux Systèmes doivent être perpendiculaires entre eux peut d'autant moins suppléer à cette détermination rigoureuse, que le grand cercle, dirigé dans le Yoredale au N. 5° O., n'est lui-même, pour le *Système du nord de l'Angleterre*, qu'un *grand cercle de comparaison provisoire*, et que ce serait seulement à un *grand cercle de comparaison définitif*, et rigoureusement déterminé pour ce système, qu'on pourrait s'attendre à trouver celui du *Système des Pays-Bas* exactement perpendiculaire.

Le temps et l'espace me manquent pour pousser plus loin ici ces recherches, qui donneraient pour le *Système des Pays-Bas* un nouveau *grand cercle de comparaison* différent des deux précédents, qui probablement ne passerait ni par Rothenburg, ni par Mons, mais qui serait trop peu éloigné de l'un et de l'autre pour que l'emploi de l'un ou de l'autre de ces derniers pût conduire, dans la pratique, à des erreurs importantes.

X. Système du Rhin.

Les montagnes des Vosges, de la Hardt, de la forêt Noire et de l'Odenwald, forment deux groupes en quelque sorte symétriques,

qui se terminent l'un vis-à-vis de l'autre
par deux longues falaises légèrement sinueuses, dont les directions générales sont
parallèles l'une à l'autre, et au cours du
Rhin qui coule entre elles depuis Bâle jusqu'à Mayence. Ces deux falaises sont principalement composées d'éléments rectilignes
orientés presque exactement du N. 21° E.
au S. 21° O.; et les montagnes, dont elles
sont pour ainsi dire les façades, présentent
les unes comme les autres, dans beaucoup
de points de leur pourtour ou de leur intérieur, d'autres lignes d'escarpements parallèles aux précédentes.

La direction de la crête de la partie centrale du noyau de roches anciennes des
Vosges n'est pas en rapport avec les directions
que présente la stratification d'une partie de
ces roches, directions qui se rapportent principalement, ainsi que nous l'avons vu ci-dessus, p. 198, au *Système du Westmoreland et
du Hundsrück*, et peut-être aussi en partie
au *Système du Longmynd* et au *Système du
Finistère*. Cette crête qui, comme on l'a vu
également, p. 277, s'articule avec celle du
massif des Ballons sous la forme du jambage
vertical d'un T renversé (⊥), coupe manifes-
tement la direction des roches schisteuses anciennes, et elle est parallèle à la direction

moyenne des escarpements qui viennent d'être mentionnés, à celle d'un grand'nombre de failles qui traversent le grès des Vosges et à la direction générale des assises légèrement inclinées de ce dépôt sédimentaire.

Le relief des Vosges, considéré dans tout son ensemble, se coordonne, comme celui des Pyrénées, à deux lignes de faîte parallèles entre elles, dont l'une se termine vis-à-vis du point où l'autre commence. La première est la crête de la partie méridionale dont nous venons de parler. Elle se poursuit d'une manière continue depuis le Ballon d'Alsace jusqu'à la montagne qui sépare Sainte-Marie-aux-Mines de la Croix. L'autre commence près de Saales, se poursuit par le Donon jusqu'à la montagne de Saverne, et se continue même plus au N. jusque dans la Bavière rhénane, en formant le bord occidental du massif montagneux qu'on nomme les basses Vosges ou la Hardt.

M. le docteur Mougeot de Bruyères a fait remarquer depuis longtemps (1) comment le *Système du Donon* est séparé des chaînes méridionales par le *Col de Saales*, et comment le *Système du Champ-du-Feu* en est séparé par le *Col de Steige*, de telle sorte

(1) *Bull. de la Soc. géol. de Fr.*, 1834-1835, t. VI, p. 45

que le prolongement de la chaîne vosgienne jusque dans la Bavière rhénane appartiendrait au *Système du Donon*, tandis que celui du *Champ-du-Feu*, placé entre la vallée de la Brüche et celle de la Mühlbach, jouerait un rôle plus secondaire. Le massif du Champ-du-Feu s'élève comme un jalon isolé dans le prolongement de la crête de la partie méridionale des Vosges, dont il est séparé par la contrée basse que forment le grès rouge et le grès des Vosges, depuis Saales jusqu'à Villé. Le terrain ondulé et d'une pente incertaine, dont les cols de Saales et de Steige font partie, et qui se rattache vers le nord au Ban-de-la-Roche, remplit, dans les Vosges, une place analogue à celle que la vallée d'Arran occupe dans l'ensemble des Pyrénées.

Les deux crêtes jumelles qui viennent d'être signalées relient entre elles toutes les montagnes auxquelles on a étendu la dénomination de Vosges, et en forment les deux traits les plus saillants; mais elles n'y forment pas des traits isolés. Leur existence se rattache à des failles qui font partie d'un nombreux faisceau de failles parallèles auxquelles sont dues les lignes les plus caractéristiques de l'intérieur et du contour des Vosges.

31*

La manière brusque dont le grès des Vosges
s'élève au-dessus des plaines, phénomène
que l'œil suit d'une manière si distincte et
si uniforme, depuis Remiremont jusqu'à
Pyrmasens, et qui est encore plus prononcé
sur le revers opposé, le long de la plaine du
Rhin, est ce qui particularise les Vosges
comme région distincte, et ce qui leur im-
prime, malgré la complication de leur composition et de leur structure intérieure, un
caractère d'unité. Mais cet isolément, les
Vosges ne l'offrent pas elles-seules ; car, en
face de ces montagnes, sur la rive droite
du Rhin, se dessinent deux autres groupes,
celui de la Forêt Noire et celui de l'Odenwald, qui sont dans un isolement tout à
fait analogue et dont les noms se prennent
dans une acception géographique semblable
à celle que l'usage attribue au nom de
Vosges. C'est par là que les chaînes des deux
rives du Rhin ont des traits de ressemblance si frappants qui ont conduit depuis
longtemps M. Léopold de Buch à les réunir
l'une et l'autre dans un des quatre Systèmes
qu'il a distingués en Allemagne, le *Sys-*
tème du Rhin.

Le cachet d'unité que présentent les
Vosges s'étend même au groupe entier des
montagnes des deux rives du Rhin dont les

dislocations se coordonnent avec une simplicité qui permet de les embrasser dans
leur ensemble, comme si elles formaient
un tout complet, caractérisé dans le relief
extérieur par la disposition symétrique
qu'elles affectent.

Cette symétrie ne se manifeste jamais si
bien que lorsqu'on peut apercevoir à la fois
l'un et l'autre groupe en totalité d'un point
un peu éloigné vers le midi. Des collines de
la Haute-Saône et particulièrement de la
colline de la Motte près de Vesoul, on voit
le profil des Vosges, qui est très bas et très
plat vers le Val d'Ajol, se relever et se bos-
seler assez fortement plus à l'E., dans la région des Ballons. Les montagnes de la forêt
Noire présentent une disposition correspondante dans un sens diamétralement opposé : on peut en juger, en choisissant pour
les examiner un point situé par rapport à
elles, comme l'est la Motte de Vesoul par
rapport aux Vosges.

De la cime de l'Uetliberg, au midi de
Zurich, on distingue à l'horizon la ligne
monotone de la forêt Noire. Elle paraît
bombée, mais très peu festonnée ; moins que
les Vosges ne semblent l'être lorsqu'on les
voit de la Franche-Comté. Cette ligne de la
forêt Noire s'élève vers l'O. avec une extrême

uniformité, à partir des plaines du Wurtemberg, auxquelles elle fait parfaitement continuité, ce qui rappelle le raccordement des Vosges avec les plateaux qui bordent le Val d'Ajol, tel qu'on l'observe de la Motte de Vesoul. L'œil ne rencontre d'autre point d'arrêt, depuis le milieu de la forêt Noire jusque bien loin dans les plaines du Wurtemberg, que le rebord des Randen qu'on aperçoit de l'Uetliberg, au N. 1° E.

Mais pour voir à la fois, avec un égal développement, les Vosges et la forêt Noire, il faut monter, par un temps serein, sur une des hautes cimes du Jura placées dans le prolongement méridional de la plaine du Rhin. Me trouvant, le 28 juillet 1836, au lever du soleil, par un ciel sans nuages, sur la cime du Rôthi-Flube, au-dessus de Soleure, je détournai un instant mes regards du spectacle si attachant que m'offraient les Alpes et leurs magnifiques glaciers, pour considérer les lignes moins hardies de la partie septentrionale de l'horizon. Les Vosges présentaient alors les pentes abruptes de leur flanc S.-E. par-dessus les crêtes successives du Jura et la plaine de Beffort, et je remarquai en même temps la terminaison escarpée qu'elles offrent en se prolongeant vers le nord, le long de la plaine du Rhin. Je suivais de l'œil leur bord oriental jusqu'à la montagne de Sainte-Odile. Je distinguais aussi très nettement le profil de la forêt Noire. L'horizon de la Souabe s'élevait doucement vers ce large massif, qui ne se découpait un tant soit peu que vers le Belchen, presque sur le bord de la plaine du Rhin. Le Feldberg se détachait à peine de la ligne générale. La chute rapide du Blauen, vers la vallée du Rhin, était très sensible. Mes regards s'étendaient sur cette plaine unie, du milieu de laquelle je voyais surgir le petit groupe isolé du Kaiserstuhl, semblable à une taupinière dans le fond d'un large fossé.

L'imagination se représentait aisément cette plaine remplacée par des masses aussi élevées que les Vosges et la forêt Noire entre lesquelles elle s'étend, formant de ces deux groupes une seule proéminence légèrement bombée, dont la voûte extrêmement surbaissée s'inclinait d'un côté vers la Lorraine et de l'autre vers le Wurtemberg. Il semblait qu'il ne manquât que la clef de cette voûte qui se serait un jour abîmée pour donner naissance à la plaine du Rhin, flanquée de part et d'autre par ses culées restées en place, de manière à former sur ses flancs deux escarpements ruineux en regard l'un de l'autre (1).

1) *Explic. de la Carte géolog. de la France*, t. 1, p. 33.

Le profil que je viens de décrire et dans
lequel se manifeste si bien l'unité de structure des montagnes des deux rives du Rhin,
est en même temps celui dans lequel elles
occupent la plus grande largeur, et celui
dans lequel leur terminaison extrême vers
l'est et vers l'ouest est le moins nettement
dessinée par les traits orographiques; mais
cette exception ne détruit pas le fait général de l'isolement qui caractérise ces montagnes. Il le détruit d'autant moins que les
lignes d'élévation quelquefois moins abruptes qui forment, aussi bien que les escarpements déjà signalés, les traits caractéristiques
du groupe naturel ou du *Système de montagnes* dont nous parlons, partagent avec ces
derniers la propriété de se dessiner très
nettement sur une carte géologique de ces
contrées, aussitôt qu'on y distingue par des
couleurs différentes les deux formations, si
souvent confondues ensemble, du grès des
Vosges et du grès bigarré.

Dans la forêt Noire et dans l'Odenwald,
aussi bien que dans les Vosges, les escarpements et les lignes saillantes ci-dessus
mentionnés sont habituellement composés,
en tout ou en partie, de grès des Vosges.
Ils forment en général la tranche ou la
pente douce terminale des plateaux plus ou

moins étendus dont les couches de cette formation constituent la surface. Dans la forêt Noire et dans l'Odenwald, ils paraissent dus comme dans les Vosges, à de grandes fractures, à une série de failles parallèles qui ont rompu et diversement élevé, abaissé ou incliné les différents compartiments dans lesquels elles ont divisé la formation du grès des Vosges, à une époque où cette formation n'était encore recouverte par aucune autre.

Le bouleversement dans lequel ces failles se sont produites est, par conséquent, antérieur au dépôt du système du grès bigarré, du muschelkalk et des marnes irisées, qui tout autour des montagnes des deux bords du Rhin s'étend jusqu'au pied des falaises dirigées du N.-N.-E. au S.-S.-O., mais qui, malgré les traces de dislocation très nombreuses et souvent fort étendues qu'on y observe, ne s'élève jamais, comme le grès des Vosges, en véritables montagnes. Ce groupe de couches s'arrête toujours au pied des montagnes que constituent les formations ses aînées, dans une sorte d'attitude respectueuse, qui est un des caractères géologiques les plus remarquables de la contrée : cela seul donne aux montagnes du *Système du Rhin* un cachet d'ancienneté qui les distingue éminemment du Jura, des Pyrénées, des Alpes, et en général de toutes les chaînes plus modernes et plus élevées sur les flancs desquelles des formations récentes se montrent à de grandes hauteurs.

Les phénomènes modernes, tout en apportant quelques légères modifications au relief des Vosges et en interrompant l'uniformité des plaines environnantes, n'ont pas effacé les limites qui séparent ces plaines des montagnes. Ils n'ont pas ôté le caractère général de plaine au sol récent qu'ils ont accidenté ; ils n'ont donné naissance dans la contrée qui nous occupe qu'à de simples collines. La distinction de la plaine et de la montagne remonte donc ici à une cause antérieure, et les limites des deux régions restent toujours généralement en relation avec les dislocations qui viennent d'être indiquées, ou avec d'autres dislocations antérieures plus ou moins anciennes et plus ou moins considérables que nous avons signalées dans les articles précédents.

L'espèce d'isolement dans lequel les Vosges, la forêt Noire et l'Odenwald se trouvent au milieu des plaines qui les entourent, et même par rapport aux ondulations que ces plaines présentent, est donc dû principalement aux accidents stratigraphiques qui forment le caractère essentiel du *Système du Rhin;* mais les failles dirigées en moyenne au N. 21° E. , qui sont ici les plus remarquables de ces accidents, ne sont qu'une petite partie d'un Système de dislocations beaucoup plus étendu qui traverse le sol d'une partie considérable de l'Europe.

La ligne presque droite suivant laquelle se terminent à l'est les grauwackes du Westerwald près de Hombourg, de Giessen, de Marbourg, est dans le prolongement presque exact de la faille qui limite les basses Vosges de Wissembourg à Wachenheim.

On observe aussi des traces de fractures analogues et semblablement dirigées, dans les montagnes entre la Saône et la Loire, dans celles du centre et du midi de la France, et jusque dans les parties littorales du département du Var.

La bande de terrains houillers en lambeaux intercalés pour la plupart dans les replis des roches cristallines, qui traverse le centre de la France en ligne droite de Decise (Nièvre) à Pleaux (Cantal), marque une dislocation parallèle aux précédentes, et qui en est probablement contemporaine.

Les reliefs longitudinaux qui sont dans

32

les Vosges les traits caractéristiques du *Système du Rhin*, doivent leur origine à une série de failles orientées à peu près parallèlement les unes aux autres, du S. 18° à 23° O., au N. 18° à 23° E.; c'est à dire en moyenne du S. 20° 1/2 O., au N. 20° 1/2 E. Cette direction peut être rapportée aux environs de Saales dans l'intérieur des Vosges. Transportée à Strasbourg, qui se trouve à plus d'un demi-degré de longitude plus à l'est, au milieu de la plaine du Rhin et à peu près au centre des groupes montagneux qui en forment les deux flancs, cette direction devient à très peu près N. 21° E. : c'est la direction que j'ai adoptée depuis longtemps, à la suite de nombreux tâtonnements, pour le *Système du Rhin*. Pour transporter cette direction dans quelques uns des points de l'Europe dont je viens de parler, je supposerai que le *grand cercle de comparaison* du Système passe à Strasbourg, et qu'il coupe le méridien de cette ville sous un angle de 21°.

Afin de comparer à cette direction celle de la bande de lambeaux houillers qui traverse le centre de la France, je remarque d'abord que la partie la plus continue et la moins sinueuse de cette bande est la partie qui s'étend du lambeau houiller de Pleaux (Cantal) à celui de Fins et Noyant (Allier). Or, la ligne qui joint le centre du terrain houiller de Pleaux au centre du terrain houiller de Noyant court au N. 22° ⅛ E.; le milieu de cette ligne se trouve un peu à l'O. de Pontgibeaux dans un point situé environ par 45° 50' de lat. N., et par 0° 23' de long. E. de Paris. Ici, les orientations de Cassini ne forment avec les orientations astronomiques qu'un angle de 16' 30", d'où il résulte qu'au point ci-dessus désigné la direction de la bande houillère du centre de la France se dirige, en négligeant les secondes, du N. 22° 46' E., au S. 22° 46' O. du monde. La direction du *Système du Rhin*, transportée de Strasbourg à ce même point, devient à très peu près N. 18° 17' E., S. 18' 18° O.; elle forme, par conséquent, avec la direction de la bande houillère du centre de la France, un angle de 4° 28'. Sans être complétement négligeable, cette divergence paraîtra cependant peu considérable, si l'on remarque que la direction de la bande houillère dont il s'agit est simplement jalonnée par des lambeaux discontinus du terrain houiller qui ne sont pas rangés rigoureusement en ligne droite.

La bande de lambeaux houillers de la

France centrale se perd au nord, près de Souvigny et de Decize, sous les couches non disloquées du trias. Elle est à peu près parallèle à une ligne qu'on tirerait du centre du bassin houiller de Bert et Montcombroux (Allier), à Saint-Eugène, dans le bassin houiller du Creusot (Saône-et-Loire), ligne qui marquerait probablement à peu près la direction de l'une des dislocations que le terrain houiller du Creusot a subies avant le dépôt du trias.

Dans toutes les contrées qui viennent d'être indiquées, les plis et les fractures dont il s'agit sont antérieurs au dépôt du trias. Partout aussi on peut reconnaître qu'ils sont postérieurs au dépôt du terrain houiller. Il est vrai que l'absence, dans ces mêmes contrées, des formations comprises entre le terrain houiller et le grès bigarré, empêche qu'on ne puisse déterminer d'une manière complète l'époque relative de leur formation; mais on peut dire du moins que rien ne contredit jusqu'ici l'induction que fournit leur direction, pour les rapprocher de celles qui caractérisent le *Système du Rhin*.

Le centre de l'Angleterre présente aussi des accidents stratigraphiques qui, d'après leur direction et d'après leur âge, paraissent

devoir être rapportés au *Système du Rhin*.
La direction du *Système du Rhin* transportée
de Strasbourg à Dudley, en prenant pour
grand cercle de comparaison celui qui passe
à Strasbourg en se dirigeant au N. 21° E.,
devient à très peu près N. 13° E. Elle est
représentée sur la carte d'Angleterre par
une ligne tirée de Dudley à Longney, point
situé sur la rive gauche de la Saverne, entre
Gloucester et Newham : construite sur la
carte de M. Greenough et sur celle de
M. Murchison, cette ligne représente à peu
près l'axe longitudinal de l'espace dont le
terrain houiller de Dudley occupe la surface,
et celui de l'enceinte que forment autour
de cet espace les collines composées par les
couches inférieures du nouveau grès rouge.
Cette même ligne est par suite à peu près
parallèle à l'ensemble des failles et des inflexions auxquelles ces collines doivent leur
relief, quoiqu'elle forme un angle d'environ
9°, avec la faille que M. Murchison a tracée
de Wolverhampton à Cannock et à Wolse-
ley-Park. D'après les coupes de la planche 37 du *Silurian System*, ces accidents
stratigraphiques n'affectent d'une manière
bien prononcée que les couches inférieures,
coloriées d'une teinte plus foncée, du terrain
de nouveau grès rouge, couches que leur

position inférieure et leur composition conduisent assez naturellement à regarder comme représentant le grès des Vosges.

Le terrain houiller de Coal-Brook-Dale, pouvant donner lieu à des remarques du même genre, l'existence du *Système du Rhin* me paraît assez clairement indiquée dans la partie centrale de l'Angleterre.

Ce Système a probablement influé sur la structure de quelques points du nord du Pays de Galles, et il me paraît se dessiner aussi dans quelques uns des traits généraux de la configuration des îles Britanniques.

J'ai remarqué depuis longtemps (1) que les montagnes de l'Écosse et de l'Irlande, depuis les îles Orcades et Shetland, jusqu'aux granites de Wicklow et de Carlow, paraissent porter les traces de dislocations appartenant au *Système du Rhin*. Une parallèle menée par Belfast (Irlande), au grand cercle qui est orienté à Strasbourg N. 21° E., se dirige à très peu près au N. 9° 50′ E. Cette ligne, construite sur la carte des îles Britanniques, passe à peu près à Ferns (comté de Wexford), dans le midi de l'Irlande et à l'île Na-Gurach, entre le cap Wrath et Durness dans le nord de l'Écosse. Elle est

(1) *Explication de la Carte géologique de la France*, t. 1, p. 445

à peu près parallèle à la direction générale
de la côte orientale de l'Irlande, et à celle
de la côte occidentale de l'Écosse, depuis
la pointe méridionale de la presqu'île de
Cantire au sud jusqu'au cap Wrath au nord.
Elle trace à peu près l'axe longitudinal de
la longue presqu'île de Cantire et le bord
occidental de la région la plus élevée des
Highlands, et elle est parallèle à l'axe de
la longue chaîne d'îles qui s'étend de Bara-
Head à North-Uist (axe dont le prolongement atteindrait les îles Feroe), ainsi
qu'aux axes longitudinaux des archipels,
des Orcades et des Shetland.

D'autres lignes d'une importance plus secondaire, mais très remarquables encore,
suivent aussi la même direction, et aucune
circonstance importante ne me paraît s'op-
poser à ce que cet ensemble de traits orographiques soit considéré comme dû à des lignes
de fracture ou d'élévation d'une date immédiatement antérieure au dépôt du trias.

S'il en est réellement ainsi, le *Système
du Rhin* a joué dans le modelage général
de l'archipel britannique un rôle aussi important que le *Système du Westmoreland*,
du Hundsrück, le *Système des Ballons*, le
Système du Forez, le *Système du nord de
l'Angleterre* et le *Système des Pays-Bas*.

Le *Système du Rhin* me paraît avoir joué aussi un rôle assez considérable dans les montagnes de la Scandinavie.

Si, par Trondheim, en Norvége, on mène une parallèle au grand cercle qui est orienté à Strasbourg au N. 21° E., cette parallèle se dirige au N. 23° 42′ E. Construite sur la carte de Norvége, elle va passer à l'O. de Tromsoë, dans l'île de Hvaloën, dont elle trace à peu près la ligne médiane et suit dans toute sa longueur le pied de la grande chaîne du Kiöl qui sépare la Norvége septentrionale de la Suède. Elle est sensiblement parallèle à la crête de cette chaîne et à plusieurs des accidents orographiques du midi de la Norvége, notamment, d'après la belle carte de M. Keilhau, à l'axe longitudinal du bassin de Christiania.

J'ai cru devoir rapporter la chaîne des Alpes scandinaves au *Système des Alpes occidentales* dont il sera question ci-après ; je ne vois pas de raison suffisante pour abandonner cette opinion. Mais, comme la direction du *Système des Alpes occidentales* diffère extrêmement peu de celle du *Système du Rhin*, et comme les couches intermédiaires, par leur âge, entre le vieux grès rouge et les terrains tertiaires pliocènes, manquent dans tout le littoral occidental de la Scandinavie, des accidents stratigraphiques appartenant aux deux Systèmes peuvent y exister simultanément sans qu'il soit possible de les distinguer.

Obligé de terminer ici ce paragraphe, j'ajouterai seulement qu'il ne s'en faut que d'environ 4° que la direction du *Système du Rhin* soit perpendiculaire à celle du *Système des Ballons*. Le grand cercle de comparaison du *Système du Rhin* orienté, à Strasbourg, au N. 21° E., passe à une très petite distance à l'O. du Brocken, dans le Hartz. Le grand cercle de comparaison que nous avons adopté pour le *Système des Ballons* passe au Brocken, où il est orienté à l'O. 19° 15' N. Une parallèle au grand cercle de comparaison du *Système du Rhin* menée par le Brocken court au N. 23° 14' E. Elle coupe le grand cercle de comparaison du *Système des Ballons* sous des angles de 86° 1' et de 93° 59', angles qui ne diffèrent de l'angle droit que de 3° 59'. Les réflexions faites ci-dessus p. 360, à l'occasion de l'intersection presque orthogonale des *Systèmes du nord de l'Angleterre et des Pays-Bas*, trouveraient encore leur place ici. Il y a seulement à ajouter que, dans le cas actuel, le pôle astronomique se trouve dans l'angle obtus que forment les deux directions, tandis que, dans le cas pré-

cédent, il se trouvait dans l'angle aigu, ce
qui conduirait à penser qu'il n'y a rien de
constant dans ces anomalies.

XI. Système du Thüringerwald, du Böh-
merwald-Gebirge, du Morvan.

Le terrain jurassique, déposé par couches
presque horizontales dans un ensemble de
mers et de golfes, a dessiné les contours des
divers Systèmes de montagnes dont nous
avons déjà parlé, et en même temps ceux
d'un Système particulier qui se distingue par
la direction O. 40° N. E. 40° S. environ
de la plupart des lignes de faîte et des vallées qu'il détermine, et par la circonstance
que les couches du grès bigarré, du muschelkalk et des marnes irisées s'y trouvent
dérangées de leur position originaire, aussi
bien que toutes les couches plus anciennes.
Les couches jurassiques, au contraire, s'é-
tendent horizontalement jusqu'au pied des
pentes et sur les tranches des couches redressées de ce Système; d'où il résulte que
le mouvement qui lui a donné naissance a
dû avoir lieu entre la période du dépôt des
marnes irisées et celle du grès inférieur du
lias. Ce mouvement doit avoir été brusque
et de peu de durée, puisque dans beaucoup
de parties de l'Europe, il y a liaison entre

les dernières couches des marnes irisées et les premières du grès du lias; ce qui montre que la nature et la distribution des sédiments a changé à cette époque géologique, sans que la continuité de leur dépôt ait été interrompue.

Lorsqu'on promène un œil attentif sur la carte géologique de l'Allemagne par M. Léopold de Buch, ou sur celle plus détaillée encore du nord de l'Allemagne par M. Hoffmann, on y reconnaît aisément l'existence d'un Système de dérangements qui court à peu près de l'O. 40° N. à l'E. 40° S., en affectant indistinctement toutes les couches d'une date plus ancienne que le *keuper* (marnes irisées, *red marl*) et le *keuper* luimême, et qui ont concouru à déterminer les contours sinueux des golfes dans lesquels se sont ensuite déposées les couches jurassiques du nord et du midi de l'Allemagne. Ces accidents comprennent la plus grande partie de ceux que M. Léopold de Buch a groupés sous le nom de Système du N.-E. de l'Allemagne. Le Thüringerwald, et la partie du Böhmerwald-Gebirge comprise entre la Bavière et la Bohême, qui en forme presque exactement le prolongement, sont le chaînon le plus proéminent de cette ensemble d'accidents plus étendu que prononcé, et peuvent servir à donner un nom à tout le Système.

La direction O. 40° N., qui est celle de l'ensemble des deux chaînes du Thüringerwald et du B¨hmerwald-Gebirge, se rapporte naturellement au milieu de la longueur de la chaîne totale, point qui se trouve à peu près entre Eger et Beyreuth par 50° 0' 50" de lat. N. et 9° 38' 48" de long. E. de Paris, et qui ne coïncide avec aucune cime portant spécialement le cachet du Système qui nous occupe, mais plutôt avec des masses d'une origine antérieure rompues et déplacées lors de la formation de ce Système. Cette même direction, transportée au Greifenberg, qui est l'une des cimes les plus centrales et les plus élevées du Thüringerwald, et les mieux en harmonie par leur forme individuelle avec celle de la chaîne entière (lat. 50° 43' 10" N., long. 8° 21' 10" O. de Paris), devient, en négligeant les secondes, O. 39° N. Or cette direction qui représente celle de la chaîne entière rapportée au Greifenberg représente aussi très sensiblement la moyenne des directions propres au *Système du Thüringerwald et du Bohmerwald-Gebirge* qu'on peut mesurer sur la belle carte géognostique de la Thuringe publiée récemment par M. le professeur Bernhard Cot-

385

ta (1). D'après cela, je crois devoir adopter, comme grand cercle de comparaison provisoire du *Système du Thüringerwald et du Böhmerwald-Gebirge*, un grand cercle passant par la cime du Greifenberg (Thüringerwald) et orienté en ce point de l'O. 39° N. à l'E. 39° S. C'est à ce grand cercle que je comparerai, dans les diverses parties de l'Europe, les directions des accidents stratigraphiques d'une date intermédiaire entre l'époque du trias et celle du terrain jurassique.

En France, comme en Allemagne, on peut reconnaître les traces d'un ridement général du sol, dans une direction voisine du N. 50°O. ou de l'O. 40° N.; mais ce ridement n'a produit, en France comme en Allemagne, que des accidents d'une faible saillie, qu'il est impossible de désigner tous dans un extrait aussi abrégé que celui-ci, et dont il serait même difficile de bien exprimer la disposition sans le secours d'une carte sur laquelle seraient figurées les contours de la *mer jurassique*. J'en indiquerai cependant quelques uns qui sont faciles à suivre sur la carte géologique de la France.

La région occupée dans les plaines de la Lorraine par les marnes irisées se divise

(1) B. Cotta, *Geognostische Karte von Thüringen*, en 4 feuilles, 1847.

33

en deux compartiments situés, l'un au midi
et l'autre au nord de Lunéville, et séparés
par un étranglement où le muschelkalk de
Xermaménil et de Mont se rapproche beaucoup des plateaux de lias (1). Cette courbe
saillante que présente le bord du muschelkalk correspond à celle que forme le
bord du grès bigarré pour s'avancer jusqu'à Domptail (Vosges). Les assises du
terrain jurassique n'offrant pas de courbure analogue, on est conduit à penser
que les couches du trias ont éprouvé ici un
mouvement antérieur au dépôt du terrain
jurassique, et à expliquer cette disposition
par l'existence d'un axe de soulèvement appartenant au *Système du Thüringerwald
et du Morvan*, qui passerait à Domptail.

Domptail se trouve à peu près par 48°
27' de lat. N. et 4° 18' de long. E. de
Paris. Une parallèle menée par ce point
au grand cercle de comparaison du *Système
du Thüringerwald*, orienté au Greifenberg,
à l'O. 39° N., se dirige à l'O. 35° 55' N. du
monde. L'orientation de Cassini, formant à
Domptail un angle de 3° 13′ 24″ avec l'o-
rientation astronomique, la même parallèle
se dirige, en négligeant les secondes, à l'O.

(1) *Explication de la Carte géologique de la France*, t. II.
p. 63.

32ᵇ 42′ N. dé la projection de Cassini. Cetté parallèle prolongée atteint, d'un côté, dans l'intérieur des Vosges, les masses serpentineuses du Bonhomme et se dirige, de l'autre, vers les saillies du terrain de transition qui jalonnent la ligne d'Arras à Ferques, dans le département du Pas-de-Calais, et qui marquent, vers le nord, ainsi que je l'ai indiqué ailleurs (1), la limite souterraine du bassin parisien. Une ligne tirée de Domptail à Ferques, qui en est éloigné de 100 lieues, se dirige exactement à l'O. 36° N. de Cassini ; elle s'écarte de la parallèle menée par Domptail de 3ᵇ 18′. Elle ne coïncide pas non plus d'une manière absolue avec la ligne jalonnée par les crêtes saillantes du seuil souterrain du nord de la France, ligne qui court à l'O. 38 ou 40° N. de Cassini ; mais le rapprochement de ces diverses lignes demeure toujours un fait remarquable.

On peut voir, dans l'*Explication de la Carte géologique*, que la limite souterraine dont je parle est coudée. J'ai eu soin d'y faire observer que les lignes tirées de Pommier-Sainte-Marguerite à la Héry d'une part, et à Marquise de l'autre, ne sont pas

(1) *Explication de la Carte géologique de la France*, t. 1. p. 778.

très éloignées d'être le prolongement l'une
de l'autre; elles forment seulement, comme
le montre le diagramme de la page 582,
tome II, de l'*Explication de la carte géologique*, un angle très obtus, de 156° environ, qui correspond à peu près à l'angle
obtus que doit faire aussi, près de là, vers
Boursy, sur la route de Cambray à Bapaume,
la crête souterraine dirigée de Caffiers,
Ferques et Hardinghen, sur Arras et Monchy-le-Preux, avec le prolongement souterrain du front méridional de l'Ardenne.

Ce changement de direction n'influe pas
très sensiblement sur la manière dont les
couches jurassiques viennent s'appliquer
sur les tranches de celles du terrain ancien.
Les deux tronçons de la ligne brisée dont
nous venons de parler ont donc également
fait partie du contour de notre grand bassin
bassin jurassique parisien; et il devait, en
effet, en être ainsi, si la ligne qui termine
l'Ardenne au midi appartient réellement,
ainsi que nous l'avons indiqué précédemment, p. 251, au *Système des Ballons*, antérieur au calcaire carbonifère, et si, comme
nous venons de le dire, la crête souterraine qui s'étend d'Arras à Ferques ou, plus
exactement encore, de Monchy-le-Preux à
Caffiers, appartient au *Système du Thürin-*

gerwald, antérieur au terrain jurassique (1).

Le faîte de la section N.-O. du seuil souterrain peut être représenté par une ligne tirée d'Arras ou de Pernes à Ferques (O. 40° N. de Cassini); on pourrait cependant lui préférer une ligne tirée de Houdain à Ferques (O. 38° N.). Cette dernière ligne, dirigée à l'O. 38° N. de Cassini, forme avec la direction du *Système du Thüringerwald* un angle de 5° 18', car une parallèle au grand cercle de comparaison orienté au Greifenberg à l'O. 39 N. courrait ici, à peu près comme à Domptail, à l'O. 32° 42' N. (de l'orientation de Cassini, qui du reste, dans cette contrée traversée par le méridien de Paris, diffère peu de l'orientation astronomique). Pour la ligne de Pernes à Ferques, la différence serait plus grande et s'élèverait à 7° 18'. Ces différences sont sans doute assez fortes, mais elles se rapportent à la direction présumée d'une crête dont on ne voit que quelques sommités, ou plutôt dont quelques points seulement sont entamés par des dénudations dont la profondeur a dépendu d'accidents d'une tout autre classe.

On peut voir sur la carte géologique de la

(1) *Explication de la Carte géologique de la France,* t. 1 p. 589 et 590.

France qu'il existe en Belgique, entre Fosse et Dinant, d'une part, entre Charleroy et Thuin de l'autre, des accidents statigraphiques de détail qui affectent bizarrement le calcaire catbonifère et le terrain houiller. Ces accidents stratigraphiques se dirigent, en moyenne, à l'O. 30 à 35° N. de cassini, et je crois qu'ils appartiennent au *Systeme du Thüringenwald*, de même que ceux qui ont produit le seuil souterrain dont je viens de parler.

Quoi qu'il en soit, cette saillie du terrain ancien a été pendant la période uiassique le bord d'une terre assez étendue; car, après avoir quitté le terrain jurassique du nord de la France, on ne retrouve plus ce même terrain, dans la direction du N.-E., que sur les bords de l'Ems et du Weser.

Prolongée plus loin encore, la ligne que nous venons de suivre de Domptail à Caffiers (dans le Bas-Boulonnais), passe en Angleterre un peu au sud de Dudley, et en Irlande un peu au nord de Dublin et de Cavan. On pourrait soupçonner qu'elle a formé le bord S.-O. d'un détroit au fond duquel s'est déposé le lias dont M. Murchison a signalé un lambeau à Prees dans le Sropshire, et qui a été reconnu depuis longtemps au-dessous des trapps basaltoïdes dont sont formées les falaises des Portrush, dans le nord de l'Irlande.

Là ride peu saillante, mais fort étendue du *Système du Thüringerwald* dont nous venons de suivre les traces depuis Domptail jusqu'en Irlande, a été accompagnée vers le S.-O. d'autres rides parallèles, mais pour la plupart moins étendues.

Les Vosges, ainsi que je l'ai indiqué ci-dessus, p. 370, sont moins nettement terminées à leur angle S.-O. que dans tout le reste de leur pourtour. Là, on voit le grès bigarré s'élever, contrairement à ses allures ordinaires, sur des plateaux qui font continuité avec la masse des montagnes. Ce fait, rapproché de la direction O. 30 à 40° N. que présente la pente S.-O. des Vosges, me porte à conjecturer qu'il s'est produit là une ride appartenant au *Système de Thüringerwald*. Il existe des serpentines dans le S.-O. et le S. des Vosges (à Eloyes, à Sainte-Sabine, au Goujot, à Champdray, à Houx, aux Xettes-de Gérardmer, aux Arrentés-de-Corcieux, au Bressoir, à Odern), et M. Hogard croit leur apparition postérieure au dépôt du grès des Vosges (1). Si cette opinion se confirmait, je regarderais comme probable que les roches dont il s'agit se-

(1) Hogard, *Système des Vosges*, p. 301.

raient même postérieures à tout le groupe du trias, et que leur sortie correspondrait à la formation des rides dont il vient d'être question. Elles seraient contemporaines des roches analogues du Limousin dont je parlerai ci-après.

Au centre de la France, près d'Avallon et d'Autun, on voit les premières couches jurassiques, le lias et l'arkose moderne qui en dépend, venir embrasser des protubérances allongées dans la direction O. 30° à 40° N., et composées à la fois de roches granitiques ou porphyriques et de couches dérangées appartenant au terrain houiller et à un arkose particulier plus ancien que celui du lias et contemporain des marnes irisées.

Entre Saulieu et Pierre-Écrite, la route d'Autun semble contourner un massif de montagnes incliné vers l'E. (orientation du *Système du Forez*). En la suivant, on voit très bien qu'au bas de la pente sur laquelle elle est tracée vient se terminer un plateau de calcaire à gryphées qui commence lui-même au pied d'une suite de coteaux, à profils horizontaux et formés par les assises solides du premier étage oolithique, qui limitent l'horizon.

Les diverses cimes du Morvan au flanc

duquel appartient la montagne de Saulieu s'alignent en différentes files dont l'une correspond au mont Bessey près d'Igornay, une seconde aux montagnes granitiques voisines de mont Saint-Vincent, et les autres aux Caps porphyriques qui se sont élevés à travers le terrain houiller d'Autun, dont les couches sont bouleversées à leur approche. L'orientation commune de ces différentes files est peu éloignée de l'O. 40° N.

Ces rangées de cimes atteignent leur hauteur maximum dans leur partie occidentale avant de se terminer à une ligne qui à l'O. de Château-Chinon se dirige à peu près du N. au S. On voit ainsi les formes orographiques du Morvan se coordonner à deux directions, ou à deux groupes de directions, dont la première se rapproche des directions des *Systèmes du Forez, du nord de l'Angleterre* et *du Rhin*, et peut-être de celles d'autres Systèmes plus modernes, tandis que la seconde est celle des files de cimes dont nous parlons.

Une ligne tirée suivant cette dernière direction de la montagne de Genièvre, au sud de Château-Chinon, par Beuvray, vers les montagnes granitiques situées au nord de mont Saint-Vincent, forme à peu près le bord méridional de la région réellement

montueuse, car plus au sud il n'y a plus que
de faibles proéminences Cette ligne court
de l'O. 35° à 40° N., à l'E. 35° à 40° S. La
limite septentrionale de la région montueuse
est de même formée par une ligne qui dés
environs de Saulieu court vers l'O. 30° à
40° N.

Les masses granitiques du Morvan qui
finissent presque abruptement vers l'O. et
sont contiguës à des terrains calcaires plus
ou moins accidentés, s'abaissent au contraire
vers le N.-E. d'une manière insensible et
finissent par former une pente douce, presque plane, qui fait à peu près continuité
avec celle des plateaux d'arkose et de calcaire à gryphées (1). La direction générale
de la pente suivant laquelle la surface du
massif granitique du Morvan se perd ainsi
sous le lias des plaines de l'Auxois, est environ O. 35° N. de l'orientation de Cassini.
Une parallèle au grand cercle de comparaison orienté au Greifenberg vers l'O. 39° N.
du monde se dirigerait ici à très peu près
comme à Domptail à l'O. 32° 42' N. de Cassini. La différence est seulement de 2° 18';
mais pour quelques unes des directions que
j'ai mentionnées, elle serait un peu plus
forte.

(1) *Explic. de la Carte géolog. de la France*, t. II. p. 278.

Les files de cimes du Morvan, qui vont généralement en s'élevant vers l'O., s'abaissent au contraire vers l'E.; mais elles produisent encore des mouvements sensibles dans l'ancien sol granitique au delà des points où les porphyres ont paru. Dans cette partie orientale de leur cours, l'arkose ancien, contemporain des marnes irisées, se trouve soulevé sur leurs croupes, et c'est ainsi qu'on le trouve sur les hauteurs de Pierre-Écrite, sur le mont Bessey au nord d'Igornay, et en différents points élevés des environs de Conches et de Mont-Saint-Vincent.

Les circonstances géologiques qui portent les arkoses de la formation des marnes irisées sur le mont Bessey et sur les hauteurs de Pierre-Écrite, dans le Morvan (580^m), me paraissent comparables à celles qui élèvent le grès bigarré à 780^m au-dessus de la mer, sur les plateaux qui séparent la vallée du Val-d'Ajol de celle de la Moselle. C'est entre les deux saillies auxquelles elles ont donné naissance qu'a existé le détroit dirigé du N.-O. au S.-E., par lequel le terrain jurassique s'est étendu du bassin parisien vers l'espace occupé aujourd'hui par les collines de la Haute-Saône, par le Jura et par les Alpes.

Une autre ride du même Système a façonné de Seez à Bayeux, et au delà, la côte
S.-O. du bassin jurassique, et lui a imprimé
une direction générale de l'E. 40° S. à l'O.
40° N., plus ou moins défigurée cependant
par de nombreuses dentelures déterminées
par des crêtes qui appartiennent au *Système
des Ballons*. Cette ride a élevé, avant le dépôt du lias, le lambeau de trias qui forme
le sol de la partie méridionale du Cotentin,
entre les mines de houille de Littry (Calvados) et celles du Plessis (Manche).

L'ensemble de la ligne sinueuse suivant
laquelle les terrains de transition et dé
trias se perdent sous le terrain jurassique,
depuis les environs de Seez jusqu'aux environs de Bayeux, ou plus exactement jusqu'à
Pretot, à l'O. de Carentan (Manche), court
à l'O. 40° N. de la projection de Cassini. Une
parallèle au grand cercle orienté au Greifenberg vers l'O. 39° N. courrait ici, à très
peu près comme à Domptail, à l'O. 32° 42′ N.
La différence est de 7° 18′. Cette différence
est sans doute assez forte, mais il est à observer que la direction de la ligne festonnée
à laquelle elle se rapporte est de sa ma-
ture assez mal définie.

La même direction et des circonstances
géologiques analogues se retrouvent dans

une série de montagnes et de collines serpentineuses, granitiques et schisteuses, qui,
depuis les environs de Firmy, dans le département de l'Aveyron, se dirige vers les
pointes du Finistère, en déterminant la direction générale des côtes de la Vendée et
du S.-O. de la Bretagne. Une ligne tirée de
Brive (Corrèze) à la pointe de Penmarch
(Finistère) se dirige à l'O. 35° 40' N. de
Cassini. Une parallèle au grand cercle de
comparaison orienté au Greifenberg vers
l'O. 39° N. courrait ici comme à Domptail
à l'O. 32° 42' N.; la différence est 2° 58'.

Cette ligne, qui traverse l'île de Belle-Île
suivant son axe longitudinal, est en même
temps parallèle à la limite S.-O. du massif
granitique du bocage vendéen, aux axes
des principales masses granitiques de la
Loire-Inférieure et à la direction générale
des côtes de Bretagne, de l'île de Noirmoutiers à la pointe de Penmarch. Elle est presque parallèle aussi, mais imparfaitement
cependant, à la direction que M. Boblaye,
dans un passage déjà cité, p. 136, a assignée au plateau méridional de la Bretagne.
D'après M. Boblaye, la direction générale
du plateau méridional de la Bretagne est de
l'O.-N.-O. à l'E.-S.-E., c'est-à-dire de l'O.
22° 30' N. à l'E. 22° 30' S. du monde, ou
ce qui revient au même (attendu que l'orien-

tation de Cassini diffère, à Vannes, de 3°
46' de l'orientation astronomique), de l'O.
26° 16' N. à l'E. 26° 16' S. de la projection
de Cassini. La différence avec la direction
du *Système du Thüringerwald* est de 6° 26';
mais avec la direction propre de la ligne
tirée de Brives à la pointe de Penmarch, la
différence est de 9° 24'.

Cette dernière ligne est à peu près parallèle à la direction de l'axe du bassin jurassique qui a recouvert en partie les terrains
houillers de Vouvant et de Chantonay (Vendée), et à la crête de roches primitives qui
sépare le bassin jurassique de Vouvant et
de Chantonay, des plaines jurassiques de
Fontenay-le-Comte. Elle l'est également à
la direction suivant laquelle les terrains de
gneiss et de grès bigarré de la Corrèze se
perdent sous les terrains jurassiques.

Vers l'extrémité S.-E. de cette ligne,
notamment aux environs de Brives et de
Terrasson, le grès bigarré se présente en
couches inclinées formant des lignes anticlinales, et des crêtes dirigées assez exactement dans la direction dont nous parlons;
tandis que partout où les couches jurassiques s'approchent de cette suite de proéminences, elles conservent leur horizontalité, sauf quelques cas peu nombreux, où

des accidents, dirigés dans des sens différents, la leur ont fait perdre accidentellement.

Il existe donc là évidemment une ride de l'écorce terrestre dont l'origine est d'une date intermédiaire entre la période du trias et la période jurassique, et il n'est pas moins certain que cette ride est en rapport avec des traits orographiques très largement dessinés dans cette partie de la France. Son origine se lie probablement à l'apparition des roches serpentineuses du Limousin. (*Voy.*, relativement à ces dernières, le chapitre II de l'*Explication de la Carte géologique de la France*, t. I, p. 170.)

La direction de cette ride se rapproche de celle du *Système du Morbihan*; cependant elle s'en rapproche moins que de la direction du *Système du Thüringerwald*, car la direction du *Système du Morbihan* est, à Vannes, O. 38° N., et par suite O. 41° 46' N. de Cassini. La différence avec la direction de la ligne de Brives à la pointe de Penmarck est de 6° 6', tandis que celle-ci ne s'éloigne que de 2° 18' de la direction O. 32° 42' N., de Cassini, du *Système du Thüringerwald*. Les directions du *Système du Morbihan* et du *Système du Thüringerwald* forment entre elles un angle de 9° 4'.

M. de Buch avait déjà remarqué que la
direction du Système du N.-E. de l'Allemagne se retrouve dans celle d'une partie
des accidents du sol de la Grèce. En effet,
le grand cercle de comparaison du *Système
du Thüringerwald* orienté au Greifenberg
vers l'O. 39° N., étant prolongé du côté du
S.-E., va traverser la Turquie d'Europe vers
l'entrée méridionale des Dardanelles. Une
parallèle à ce grand cercle, menée par Corinthe, court du N. 42° 20′ O. au S. 42°
20′ E., et se trouve presque exactement
dans le prolongement de la ride du *Système
du Thüringerwald*, que j'ai indiquée dans le
S.-O. des Vosges. Elle est parallèle, à deux
ou trois degrés près, à la direction générale
des crêtes des chaînes, en partie sous-mari-
nes, qui constituent l'île de Négrepont, l'At-
tique et une partie des îles de l'Archipel.
Ce Système de crêtes, que MM. Boblaye et
Virlet ont nommé *Système olympique*, est
composé de roches de la classe des primitives, dont les couches affectent, en général,
la même direction N. 42° à 45° O. que les
crêtes elles-mêmes. Il résulte des observations de MM. Boblaye et Virlet, que la formation de ces crêtes est antérieure au dépôt
des assises inférieures du terrain crétacé.
Ainsi, le peu qu'on sait sur l'époque de leur

apparition se trouve conforme à l'idée de M. de Buch, qui les rapprochait du Thüringerwald, d'après la considération de leur direction.

L'orientation du *Système du Thüringerwald*, quoique dirigée, comme celle du *Système du Morbihan*, dans la région du N.-O., fait avec cette dernière un angle très sensible : j'ai indiqué, par aperçu, précédemment, pag. 140, que cet angle était de 10o $\frac{1}{2}$; tout calcul fait, il n'est que de 9o 4', mais cette différence est encore supérieure aux erreurs possibles des déterminations. J'ajouterai que la direction du *Système du Thüringerwald*, transportée au Binger-Loch, est O. 36o 47' N., et que le grand cercle de comparaison du *Système du Longmynd* étant orienté en ce point, ainsi que nous l'avons vu ci-dessus, pag. 130, au N. 30° 15' E., il ne s'en faut que de 6° 20' environ qu'ils ne soient perpendiculaires entre eux. Le pôle astronomique est compris dans l'angle aigu que forment leurs directions. La direction du *Sytème du Rhin* transportée de même au Binger-Loch est N. 21° 5' E., d'où il résulte qu'il s'en faut de 15° 42' que le *Système du Thüringerwald* ne lui soit perpendiculaire. Le pôle de la terre est compris dans l'angle aigu que forment les

34*

deux directions. L'angle de 15° 42′ qui exprime le défaut de perpendicularité des deux Systèmes est assez considérable; il n'est cependant pas assez grand pour empêcher qu'on ne puisse rapporter au *Système du Thüringerwald* plusieurs failles que leur direction conduirait de prime abord à considérer comme se rapportant, sauf une déviation accidentelle, au *Système du Rhin*. M. le professeur Hopkins, dans son mémoire sur l'origine des filons (1), a montré, par une démonstration ingénieuse, qu'un léger bombement du sol peut faire naître simultanément, ou presque simultanément, deux séries de failles orientées suivant deux directions perpendiculaires entre elles. La même relation s'observe entre la direction de la crête d'une chaîne de montagnes et celle des déchirures de ses flancs. Les bombements appartenant au *Système du Thüringerwald*, qui se sont opérés dans beaucoup de parties de l'Europe, ont donc pu y faire naître des failles dont la direction moyenne serait parallèle à 15° 42′ près à celle du *Système du Rhin*. Peut-être faut-il ranger dans cette catégorie une partie des failles que j'ai signalées dans le paragraphe

(1) W. Hopkius, *Memoir on physical geology. Transactions of the Cambridge philosophical Society*, vol. VI, part. I.

précédent, près de Dudley et Coal-brook-
Dale. La direction de la grande faille de
Wolverhampton à Cannock et à Wolsley-
Park fait un angle de 9° avec la direction
du *Système du Rhin*, mais il ne s'en faut que
de 6° 42′ qu'elle ne se dirige particulièrement à la direction du *Système du Thüringerwald*. Les filons cuprifères dirigés au
N.-N.-E. qui, d'après la carte de M. Murchison, traversent le nouveau grès rouge
au sud et au nord du bassin de lias de Prees,
sont à peu près dans le même cas. On pourrait les rapporter à des fissures transversales du *Système du Thüringerwald*.

XII. Système du mont Pilas, de la Côte-d'Or
et de l'Erzgebirge.

Une foule d'indices se réunissent pour
attester que dans l'intervalle des deux périodes auxquelles correspondent le dépôt
jurassique et la série des formations crétacées (*wealden formation*, *green sand and
chalk*), il y a eu une variation brusque et
importante dans la manière dont les sédiments se disposaient sur la surface de l'Europe. Cette variation a été considérable;
car si l'on essaie de rétablir sur une carte
les contours de la nappe d'eau dans laquelle
s'est déposée la partie inférieure du terrain

crétacé, on les trouve extrêmement différents de ceux de la nappe d'eau dans laquelle s'est formé le terrain jurassique (1).
Elle a été brusque ; car, en beaucoup de
points, il y a passage de l'un des Systèmes
de couches à l'autre, ce qui annonce que
dans ces points la nature du dépôt et celle
des habitants de la surface ont varié, sans
que le dépôt des sédiments ait été suspendu.

Cette variation subite paraît avoir coïncidé avec la formation d'un ensemble de
chaînons de montagnes, parmi lesquelles on
peut citer la Côte-d'Or (en Bourgogne), le
mont Pilas (en Forez), les Cévennes et les
plateaux de Larzac (dans le midi de la
France), et même l'Erzgebirge (en Saxe).

L'Erzgebirge, la Côte-d'Or, le Pilas, les
Cévennes, font partie d'une série presque
continue d'accidents du sol, qui se dirigent
à peu près du N. - E. au S. - O., ou de l'E.
40° N. à l'O. 40° S., depuis les bords de
l'Elbe jusqu'à ceux du canal du Languedoc
et de la Dordogne, et dont la communauté

(1) J'ai essayé, il y a quelques années, de figurer les contours de ces mers géologiques ; M. Beudant a bien voulu
insérer dans le volume de *Géologie* du cours élémentaire
d'histoire naturelle à l'usage des collèges et des maisons
d'éducation, p. 295 et 299 de la seconde édition, les cartes
que j'ai essayé d'en dresser, et que j'ai souvent montrées
dans mes cours.

de direction et la liaison, de proche en proche, conduisent à penser que l'origine a été contemporaine, que la formation s'est opérée dans une seule et même convulsion.

Les observations de deux ingénieurs des mines distingués, M. de Senarmont et M. Meugy, ont constaté avec évidence que le bord méridional du terrain houiller de Rive-de-Gier a été soulevé, redressé, on pourrait même dire *étiré* par le soulèvement du massif du Pilas, et la belle carte géologique du bassin houiller de la Loire, publiée par M. l'ingénieur en chef Gruner, montre que ce bassin, tronqué par le soulèvement du Pilas, présente le long de sa base une terminaison presque rectiligne qui se dirige dans son ensemble, de Cremillieux à Tartaras, de l'O. 36° S. à l'E. 36° N; c'est à très peu de chose près la direction de la crête même du Pilas. Cette crête se relève dans son prolongement N.-E. près de la Verpillière (département de l'Isère), où une protubérance granitique disloque le calcaire du Jura ; et l'on voit par là que le soulèvement du Pilas est postérieur, non seulement au dépôt du terrain houiller, mais encore à celui du terrain jurassique.

Dans les départements de la Dordogne et de

la Charente, en Nivernais, en Bourgogne, en Lorraine, en Alsace, et dans plusieurs autres parties de la France, les dérangements de stratification dirigés dans le sens des chaînons de montagnes dont nous parlons embrassent les couches jurassiques, tandis qu'ils n'affectent pas les couches inférieures du terrain crétacé à la rencontre desquelles ils se terminent près des rives de la Dordogne, de même qu'en Saxe, où les couches de grès vert (*quadersandstein*), qui forment les escarpements pittoresques de ce qu'on appelle la Suisse saxonne, s'étendent horizontalement sur la base de l'Erzgebirge.

Les couches schisteuses anciennes qui forment le corps de l'Erzgebirge doivent, sans aucun doute, leur redressement à des accidents stratigraphiques très anciens (*Système du Finistère?*, *Système du Westmoreland et du Hundsrück*). Les couches tertiaires à lignites qui supportent les basaltes du Scheibenberg, du Pöhlberg, du Bärenstein, attestent, d'un autre côté, qu'un soulèvement très moderne a complété le relief actuel de l'Erzgebirge. Mais lorsqu'on observe l'exactitude avec laquelle le terrain crétacé inférieur (*quadersandstein*, *plaenerkalk*) s'est modelé sur les contours de la

masse générale de la chaîne, depuis Nieders-
choena en Saxe, jusqu'à Tœplitz et à Podhor-
sam, en Bohême, ce que n'avaient fait ni le
trias ni le terrain jurassique, on ne peut
méconnaître la date de la saillie générale
que présente l'Erzgebirge au-dessus des terrains plus bas qui l'entourent, et qui sont
formés comme lui-même de roches schisteuses anciennes fortement redressées.

Au nord de l'Erzgebirge, les plaines de
trias de la Saxe présentent plusieurs rides
légères parallèles à la direction de la Côte-
d'Or. Il en est de même des plaines triasiques et jurassiques de la Franconie, de
l'Alsace, de la Lorraine et de la Bourgogne.
La Côte-d'Or, située au milieu de l'espace
compris entre l'Elbe et la Dordogne, fait
partie d'une série d'ondulations des couches
triasiques et jurassiques qui, après avoir
donné naissance aux accidents les mieux dessinés du sol du département de la Haute-
Saône, se reproduit encore, plus au midi, dans
les hautes vallées longitudinales des montagnes du Jura, par-dessous lesquelles toutes
les couches du terrain jurassique viennent
passer pour se relever dans leurs intervalles,
et former les croupes arrondies qui les séparent. Dans le fond de plusieurs de ces vallées, on trouve des couches évidemment

contemporaines du grès vert d'après les fossiles qu'elles contiennent (terrain néocomien et grès vert proprement dit); et comme
ces couches ne s'élèvent pas sur les crêtes
intermédiaires qui semblent avoir formé
autant d'îles et de presqu'îles , elles sont
évidemment d'une date plus récente que le
reploiement des couches jurassiques qui a
donné naissance à ces crêtes, aux vallées
longitudinales et à tout le Système dont
elles font partie , et qui comprend la Côte-
d'Or.

Il suit naturellement de là que, indépendamment des accidents plus anciens qui ont
déterminé l'inclinaison de diverses couches,
et notamment des couches schisteuses anciennes qui composent en partie le sol des
provinces de l'Allemagne et de la France
comprises entre les plaines de la Prusse et
celles de la Gascogne , ce sol a éprouvé un
nouveau mouvement de dislocation, entre la
période du dépôt du terrain jurassique et
celle du dépôt des terrains crétacés ; mouvement qui a, pour ainsi dire, marqué le moment du passage de l'une des périodes à
l'autre. La direction suivant laquelle cette
dislocation s'est opérée est indiquée par la
direction générale des crêtes dont le terrain
jurassique fait partie, et dont le terrain cré-

tacé entoure la base. Cette direction , ainsi
que je l'ai dit plus haut, court, en général,
à peu près du N.-E. au S.-O. Cependant il
y a quelquefois des déviations suivant la
direction de fractures plus anciennes. Ainsi,
dans la Haute Saône, dans le midi de la
Côte-d'Or et dans le département de Saône-
et-Loire, on voit un grand nombre de fractures de l'époque qui nous occupe suivre la
direction propre au *Système du Rhin*.

Des faits analogues s'observent au pied des
Vosges. J'ai signalé depuis longtemps le fait
que les dépôts du grès bigarré et du muschelkalk, qui sont également développés sur tout
le pourtour des Vosges , n'atteignent pas un
niveau aussi élevé à l'est de la falaise qui
borde les Vosges du côté de l'Alsace que sur
la pente opposée de la chaîne , et que, dans
les points de la plaine de l'Alsace où on les
voit au pied de l'escarpement du grès des
Vosges, leurs couches sont souvent inclinées,
quelquefois même contournées d'une manière qui ne leur est pas ordinaire. Cette
remarque m'a naturellement conduit à me
demander si un état de choses si particulier
ne pourrait pas être attribué à une grande
fracture, à une *faille*, qui , à une époque
postérieure au dépôt du muschelkalk , et
peut-être beaucoup plus récente , se serait

manifestée suivant la ligne qui forme actuellement le bord oriental de la région montueuse. Cette faille, sans occasionner une
dislocation générale, aurait simplement fait
naître la différence de niveau actuellement
existante entre des points qui, lors du dépôt
du muschelkalk, ont dû probablement se
trouver à la même hauteur (1). Mais il
n'est pas nécessaire, pour expliquer ce phénomène, d'imaginer qu'il se soit produit, à
une époque moderne, une faille ou une série de failles entièrement nouvelles. Il suffit
de concevoir qu'un nouveau déplacement ait
eu lieu entre les deux parois de failles déjà
existantes. La base des montagnes était
limitée par des failles dans les vides desquelles il s'était amassé, suivant toute apparence, des filons; et les mouvements dont
je parle correspondent aux *miroirs* qu'on
observerait dans ces filons.

Ces mouvements ont quelquefois eu lieu
à des époques très récentes; car on voit, en
beaucoup de points, non seulement le mus-

(1) Elie de Beaumont, *Observations géologiques sur les
différentes formations qui, dans le Système des Vosges, séparent la formation houillère du lias. (Annales des mines,
2ᵉ série. t. I, p 402, et t. II, p. 46; et Mémoires pour servir à une description géologique de la France, t. I, p. 18
et 169.)

chelkalk, mais encore le calcaire jurassique
et même certains dépôts tertiaires, participer plus ou moins complétement à l'inclinaison du grès bigarré. Mais les plus considérables de ces mouvements secondaires
appartiennent probablement à l'époque qui
a suivi immédiatement le dépôt du terrain
jurassique.

L'ensemble des circonstances que je viens
de signaler est surtout bien visible à Saverne, où la chaîne des Vosges se réduit à
une simple falaise de grès des Vosges, au
pied de laquelle le muschelkalk se présente
en couches inclinées, et qui est couronnée
par le grès bigarré. Je l'ai figurée dans l'*Explication de la Carte géologique de la France*,
t. I, p. 428, au moyen d'un diagramme
dressé d'après mes observations de 1821, et
sur lequel on pourra suivre la description,
aussi exacte que détaillée, écrite par M. de
Sivry quarante ans auparavant (1). Ce dessin fera aisément comprendre que la hauteur de la côte de Saverne (200^m) donne à
peu près la mesure du glissement qui a eu

(1) De Sivry, *Journal des observations minéralogiques
faites dans une partie des Vosges et de l'Alsace*, page 21:
ouvrage qui a remporté le prix au jugement de *Messieurs
de la Société royale des sciences belles-lettres et arts de
Nancy, en 1785.

lieu dans la faille préexistante, et par suite
duquel la Lorraine s'est trouvée élevée au-
dessus de l'Alsace. Mais la manière dont
cette faille se poursuit au midi jusqu'à
Saales, et au nord jusqu'à Pyrmasens, et la
circonstance curieuse que, vers le midi, c'est
son côté oriental qui est le plus bas, tandis que c'est le contraire vers le nord, montrent qu'elle existait avant le dernier glissement dont nous venons de parler. Avant
ce glissement récent, les deux côtés de la
faille devaient être presque exactement de
niveau à Saverne, qui correspond presque
rigoureusement au point où le mouvement
relatif de ces deux côtés changeait de sens ;
et alors les Vosges devaient être à peu près
interrompues en cet endroit.

Les fissures qui croisent et qui rejettent
les filons des Vosges sont aussi dans le cas
de donner lieu à des modifications dans le
relief de ces montagnes, et de détruire l'u-
niformité des couches déposées à leur pied.
Ces dernières sont traversées par un grand
nombre de failles, dont les plus remarquables, dirigées, à peu de chose près, de l'E.
40° N. à l'O. 40° S., forment un ensemble
qui s'étend au loin, en occasionnant les
principaux accidents des collines de la
Haute-Saône et de la Côte-d'Or. Elles appar-

tiennent au Système de dislocation qui a marqué la limite entre le terrain jurassique et le terrain crétacé inférieur.

Les accidents stratigraphiques qu'on peut rapporter à ce Système, sans avoir en général beaucoup d'amplitude, sont très répandus, soit dans les montagnes, soit même dans les contrées presque planes d'une grande partie de l'Europe. Je pourrais en citer un grand nombre dans toute la France orientale, depuis Marseille jusqu'à Longwy. On en trouve aussi dans le nord de la France ainsi qu'en Angleterre.

Le ploiement rapide des couches jurassiques dans l'anse qui précède le cap de la Crèche, un peu au nord de Boulogne-sur-Mer, vis-à-vis du fort de ce nom, est un des faits les plus remarquables que présente cette belle coupe. Les bancs inférieurs du grès grossier dur plongent d'environ 30° au N. 25° O. La batterie de la Crèche est bâtie sur leur prolongement. La masse entière du terrain éprouve de ce côté un fort contournement (1), auquel participent les marnes kimméridiennes et même les grès du sommet de la falaise. Les couches s'inclinent et se relèvent ensuite pour reprendre leur pre-

(1) F. Garnier, *Mémoire géologique sur les terrains du bas Boulonnais*, p. 8

35*

mière position (1). Les bancs puissants et solides de grès plongent du sommet de la falaise vers le N. en s'enfonçant sous le niveau de la mer. La saillie de la falaise, qui constitue la pointe avancée du cap, n'est formée que par la tranche de ces bancs, que l'on coupe presque perpendiculairement à leur direction, quand on suit sur la plage le pied des escarpements (2).

Il est bon de remarquer que la direction de ces couches jurassiques repliées fait un angle de 40 à 50° avec la direction du grand axe de l'enceinte elliptique que forment les couches crétacées. Ce pli doit être plus ancien que le relèvement des couches crétacées en forme de dôme elliptique. Les couches crétacées n'en présentent pas de semblables, et, d'après cette circonstance, il paraît devoir être rapporté au *Système de la Côte-d'Or* (3) à laquelle sa direction le rattache aussi, quoique d'une manière imparfaite. La coïncidence des directions est, en effet, peu exacte ; mais comme les couches contournées de la Crèche ne laissent

(1) Rozet, *Description géognostique du bassin du bas Boulonnais*, p. 60.

(2) C. Prévost, *Bulletin de la Société géolog. de France*, t. X (1839), p. 396.

(3) *Explication de la Carte géologique de la France*, t. II p. 568 et 569

voir leur direction que sur une faible étendue, la divergence me paraît ici de peu
d'importance.

On trouve une coïncidence de directions
beaucoup plus approximative lorsqu'on compare à la direction du *Système de la Côte-
d'Or* celle de certains accidents stratigraphiques beaucoup mieux définis que le précédent, qui affectent le terrain jurassique des
plaines de la Grande-Bretagne.

L'une des découvertes de détail les plus
intéressantes qui aient été faites récemment,
en Angleterre, est celle du lambeau de lias
qui existe à Prees, au N.-E. de Wem, dans
les plaines de Shropshire. L'existence de cet
out-lier peut, en effet, conduire à conjecturer que le grand dépôt jurassique des plaines
de l'Angleterre se liait primitivement à celui
du N.-E. de l'Irlande et des îles occidentales
de l'Écosse, et que la ligne d'escarpements,
dirigée du S.-O. au N.-E., qui en termine
aujourd'hui la masse principale, est le résultat de dislocations plus ou moins fortes, suivies de dénudations.

On peut prendre pour grand cercle de
comparaison du *Système de la Côte-d'Or* un
grand cercle passant à Dijon (lat. 47° 19' 25",
long. 2° 41' 50" E. de Paris) et orienté en ce
point à l'E. 40° N.

Une parallèle menée à ce grand cercle par Prees (lat. 52° 58' N., long. 5° 3'—O. de Paris) se dirige à l'E. 45° 57' N. Construite sur une carte d'Angleterre, elle passe à une très petite distance au nord de Wem et à une distance également très petite au sud d'Audelm. Tracée sur la carte de M. Murchison, cette ligne représente très sensiblement l'axe longitudinal du bassin de lias de Prees et du bassin de marne rouge dans lequel il est contenu, et celle de la ligne synclinale de ce double bassin. Elle est parallèle, à deux degrés près, à la ligne anticlinale qui se dessine au nord de Prees dans le nouveau grès rouge des Peckforton-Hills; mais elle forme des angles de 15 à 20° avec les lignes anticlinales qui, d'Ashley-Heath et de Goldstone-Common, se dirigent vers les masses trappéennes des Breidden-Hills. Si ces dernières lignes anticlinales sont de l'âge du *Système de la Côte d'Or ;* leur direction dérive sans doute de celle de dislocations antérieures des roches sous-jacentes. Quant à la ligne synclinale du bassin de Prees et à la ligne anticlinale des Peckerton-Hills, leur direction, de même que l'âge des couches qu'elles affectent, conduit à les rapporter au *Système de la Côte d'Or.*

Je remarquerai, en dernier lieu, que la

ligne de direction que nous avons tracée par
Prees est très sensiblement parallèle à la
direction générale des escarpements oolithiques , depuis les collines des Cotswolds, au
nord de Bristol, jusqu'aux collines de Kes-
teven, au sud de Grantham. Il me paraît
extrêmement probable que ces masses jurassiques déjà soulevées, mais moins tronquées
vers le N.-O. qu'elles ne le sont aujourd'hui
par l'effet des dénudations qu'elles ont subies à diverses époques, ont formé le rivage
de la mer dans laquelle, ou sur les rivages
de laquelle se sont déposés les terrains crétacés et même le terrain wealdien du S.-E.
de l'Angleterre. Cette côte avait, par conséquent, à peu près la direction du *Système de
la Côte-d'Or*.

Comme on devait naturellement s'y attendre, la direction des chaînes du mont Pilas,
de la Côte-d'Or, de l'Erzgebirge et des autres
chaînes qui ont pris leur relief actuel immédiatement avant le dépôt du grès vert et
de la craie, a eu une grande influence sur la
distribution de ce terrain dans la partie occidentale de l'Europe. On conçoit, en effet,
qu'elle a dû avoir une influence très marquée sur la disposition des parties adjacentes
de la surface du globe qui, pendant la période

du dépôt de ce même terrain, se trouvaient à sec ou submergées.

Parallèlement aux directions des chaînes que je viens de citer, s'étend des bords de l'Elbe et de la Saale à ceux de la Vienne, de la Charente et de la Dordogne, une masse de terrain qui, comme le montre la carte déjà citée, formait évidemment, dans la mer qui déposait le terrain crétacé inférieur, une presqu'île liée vers Poitiers aux contrées montueuses, déjà façonnées à cette époque, de la Vendée, de la Bretagne et, par elles, à celles du Cornouailles, du pays de Galles, de l'Irlande et de l'Écosse. La mer ne venait plus battre jusqu'au pied des Vosges ; un rivage s'étendait de Ratisbonne vers Alais, et, le long de cette ligne, on reconnaît beaucoup de dépôts littoraux de l'âge du grès vert, tels que ceux de la Perte du Rhône et des hautes vallées longitudinales du Jura. Plus au S.-E., on voit le même terrain prendre une épaisseur et souvent des caractères qui prouvent qu'il s'est déposé sous une grande profondeur d'eau, ou dans une mer dont la profondeur s'est considérablement accrue, pendant que le dépôt s'opérait, par l'enfoncement de son propre fond.

Il est à remarquer que le terrain du grès vert et de la craie a pris des caractères

différents sur diverses côtes de la presqu'île
que je viens de désigner, et ce n'est peut-être
que dans le large golfe qui continua longtemps à s'étendre entre la même presqu'île
et les collines oolithiques de l'Angleterre,
jusqu'aux montagnes de l'Écosse et de la
Scandinavie, que sa partie supérieure s'est
déposée avec cette consistance crayeuse de
laquelle est dérivé son nom général quoi
qu'elle tienne, selon toute apparence, à une
circonstance exceptionnelle.

XIII. Système du mont Viso et du Pinde.

On est dans l'habitude de réunir en un
seul groupe toutes les couches de sédiment
comprises entre la partie supérieure du calcaire du Jura et la partie inférieure des dépôts tertiaires. Parmi ces couches sont comprises la craie avec les sables et argiles qui
lui servent de support; couches que les géologues anglais désignent par les noms de
Wealden formation greensand and chalk.
M. d'Omalius d'Halloy a proposé de nommer
terrain crétacé ce groupe de couches, de
même qu'on nomme terrain jurassique le
groupe de couches dont le calcaire du Jura
fait partie. Ces mêmes couches, que le besoin d'un nombre limité de coupures a fait
réunir, forment un assemblage beaucoup

plus hétérogène et beaucoup moins continu que celles dont on compose le groupe
jurassique. Il me paraît bien probable que,
pendant la durée de leur dépôt, il s'est
opéré plus d'un bouleversement, soit dans
nos contrées mêmes, soit dans les parties
de la surface du globe qui en sont peu
éloignées. Il me semble même qu'on peut
dès à présent signaler un groupe assez étendu,
et assez fortement dessiné, d'accidents de
stratification et de crêtes de montagnes,
comme correspondant à la plus tranchée des
lignes de partage que nous offrent les couches comprises dans le groupe crétacé.

L'ensemble des couches du terrain crétacé
peut, en effet, se diviser en deux assises très
distinctes par leurs caractères zoologiques et
par leur distribution sur la surface de l'Europe : l'une, que je propose de désigner sous
le nom de terrain crétacé inférieur, comprendrait les diverses couches de l'époque
de la formation wealdienne et celles du grès
vert jusques et y compris le *reygate firestone*
des Anglais, ou jusques et y compris notre craie
chloritée et notre craie tufeau ; l'autre, que
je propose de désigner sous le nom de terrain
crétacé supérieur, comprendrait seulement
une partie de la craie marneuse, la craie
blanche et les couches qui la suivent.

La ligne de partage entre le terrain crétacé inférieur et le terrain crétacé supérieur me paraît correspondre à l'apparition d'un Système d'accidents du sol que je propose de nommer *Système du mont Viso*, d'après une seule cime des Alpes françaises qui, comme presque toutes les cimes alpines, doit sa hauteur absolue actuelle à plusieurs soulèvements successifs, mais dans laquelle les accidents de stratification propres à l'époque qui nous occupe se montrent d'une manière très prononcée.

Les Alpes françaises, et l'extrémité S.-O. du Jura, depuis les environs d'Antibes et de Nice jusqu'aux environs de Pont-d'Ain et de Lons-le-Saulnier, présentent une série de crêtes et de dislocations dirigées à peu près vers le N.-N.-O. et dans lesquelles les couches du terrain crétacé inférieur se trouvent redressées aussi bien que les couches jurassiques.

La pyramide de roches primitives du mont Viso est traversée par d'énormes failles qui, d'après leur direction, appartiennent à ce Système de fractures. Des accidents stratigraphiques orientés de même jouent un grand rôle dans toute la contrée, qui s'étend du mont Viso aux rives du Rhône; et au pied des crêtes orientales du Devoluy, formées par

36

les couches du terrain crétacé inférieur redressées dans la direction dont il s'agit, sont déposées horizontalement, près du col de Bayard, des couches qui se distinguent des précédentes par la présence d'un grand nombre de nummulites, de cérites, d'ampullaires et d'autres coquilles appartenant à des genres et même souvent à des espèces qu'on avait crus pendant longtemps exclusivement propres aux terrains tertiaires, couches auxquelles beaucoup de géologues aiment à conserver la dénomination de tertiaire, que M. Brongniart leur a donnée dans son mémorable Mémoire sur les terrains calcaréo-trappéens du Vicentin.

Plusieurs géologues ont cru pendant quelque temps que la craie blanche manquerait dans le midi de l'Europe, et que le terrain nummulitique en occuperait la place. J'ai moi-même partagé cette opinion; mais M. de Verneuil a constaté dès 1836 que la craie blanche existe en Crimée au-dessous du terrain nummulitique; M. Leymerie l'a reconnue, dans la même position, au pied des Pyrénées; et dernièrement M. Murchison a observé, en Savoie, en Suisse et en Bavière, des sections naturelles qui montrent un ordre ascendant à partir du terrain néocomien, par une zone chargée de fos-

siles du gault et du greensand supérieur, à
un calcaire contenant des *Inocérames* et l'*A-
nanchites ovata* qui, soit qu'il soit blanc,
gris ou rouge, occupe la place de la craie
blanche, et sans doute aussi celle de la craie
de Maëstricht (calcaire pisolithique des environs de Paris); il a observé des passages
concordants de ce calcaire à inocérames
[Thonne (Savoie), Hoher-Sentis (Apenzell),
Sont-Hofen (Bavière)] à des couches coquil-
lières et nummulitiques (Flysh) qui sont encore caractérisées par une Gryphée qu'on ne
peut distinguer de la *Gryphœa vesicularis*
de la craie. Plus haut, on ne trouve plus dé
fossiles crétacés (1). Je n'ai pas constaté si
le petit groupe de couches calcaires à inocérames de Thonne, que je connaissais depuis
longtemps, mais dans lequel je n'avais
pas eu le bonheur de trouver les Inocérames et les Ananchites, existe aux environs de Gap; mais, d'après les allures générales des couches, je crois avoir de bonnes
raisons pour présumer que ce serait plutôt
à la base des couches à nummulites du col
de Bayard qu'à la cime des montagnes du
Devoluy qu'il faudrait chercher ce mince
représentant de la craie supérieure, d'où il
résulterait que l'époque du soulèvement du

(1) Murchison, *Philosophical Magazine*, mars 1850.

Système du mont Viso a été intermédiaire
entre les périodes représentées d'une part
par le terrain néocomien et le grès vert, et
de l'autre par la craie blanche, le calcaire
pisolithique, et le terrain nummulitique.

Toutefois ce ne serait encore là qu'une
conjecture; mais les observations géologiques que M. Duhamel, ingénieur en chef
des mines à Chaumont, a recueillies dans
le département de la Haute-Marne, et celles
que MM. Sauvage et Buvignier ont faites
dans les départements de la Marne et de la
Meuse, ont constaté, près de Joinville et de
Saint-Dizier et généralement en différents
points de l'espace compris entre Chaumont,
Bar-le-Duc et Vitry-le-Français, l'existence
de plusieurs failles dirigées en moyenne vers
le N-N.-O. à peu près. Ces failles, situées
presque exactement dans le prolongement
des accidents stratigraphiques que je viens
de signaler dans les Alpes françaises, et dont
elles partagent la direction, affectent le
terrain jurassique et le terrain crétacé inférieur, et y causent souvent des dénivella-
tions considérables; mais elles ne paraissent
pas s'étendre dans la craie blanche des coteaux de Sainte-Ménéhould. Elles semble-
raient plutôt avoir contribué à déterminer
les limites du bassin dans lequel cette craie

s'est déposée. Elles doivent par conséquent
avoir été produites entre la période du dépôt du grès vert et celle du dépôt de la craie.

C'est donc entre les périodes du dépôt de ces
deux parties du vaste ensemble des terrains
crétacés que les couches du *Système du mont
Viso* ont été redressées. L'époque de son apparition diviserait les terrains crétacés en
deux groupes, dont le supérieur se distinguerait zoologiquement de l'inférieur par la
rareté comparative des Céphalopodes à cloi-
sons persillées, tels que les Ammonites, les
Hamites, les Turrilites, les Scaphites, qui
abondent dans certaines couches du terrain
crétacé inférieur, et qui sont au moins beaucoup plus rares dans les terrains crétacés
supérieurs; car c'est depuis peu d'années
seulement que la présence de véritables
Ammonites a été bien constatée dans la
craie de Maëstricht, équivalent du calcaire
pisolithique de Paris, et les observations de
M. Gras et de M. Pareto qui ont signalé des
Ammonites dans le terrain nummulitique
de la vallée du Var et de la rivière de Gênes
sont encore contestées.

Dans l'intérieur de la France, on pourrait
signaler quelques accidents stratigraphiques
appartenant au *Système du mont Viso*, et
c'est probablement une ride légèrement

36*

saillante de ce Système qui a empêché la
craie blanche du bassin parisien de s'étendre
sur la craie tufeau des environs de Blois, de
Tours et de Saumur.

Plus à l'ouest , de nombreuses lignes de
fractures, d'assez nombreuses crêtes formées
en partie par les couches redressées du terrain crétacé inférieur, se montrent depuis
l'île de Noirmoutiers, où M. Bertrand Ges-
lin en a indiqué un exemple (1) ; jusque
dans la partie méridionale du royaume de
Valence. A Orthès (Basses-Pyrénées) et dans
les gorges de Pancorbo (entre Miranda et
Burgos), on trouve les couches du terrain
crétacé inférieur redressées dans la direction
dont il s'agit.

MM. Boblaye et Virlet ont signalé dans la
Grèce un Système de crêtes très élevées
nommé par eux Système pindique, dont la
direction approcherait d'être parallèle à
celle du grand cercle qui passe par le
mont Viso (lat. 44° 40′ 2″ N.; long. 4° 48′
10″ E.) en se dirigeant du N.-N.-O. au
S.-S.-E., et dont les couches les plus récentes leur paraissent se rapporter au terrain
crétacé inférieur. Toutefois ; la différence
réelle d'orientation, dans la Morée, est plus

(1) *Mémoires de la Société géologique de France*, 1re série.
t. I, p. 317.

grande que la plupart de celles que nous
avons enregistrées jusqu'à présent. Une parallèle menée par Corinthe (lat. 37° 54' 54"
N., long. 20° 32' 45"E.) au grand cercle de
comparaison orienté au mont Viso, vers le
N. 22° 30' O., se dirigerait au N. 12° 33
30" O. Cependant la direction du *Système
pindique* est, d'après MM. Boblaye et Virlet, N. 24 à 25° O. (1); la différence est de
11° 26' 30" à 12° 26' 30", mais cette différence tient probablement à quelques déviations locales : car M. Viquesnel qui, dans
ses voyages en Turquie, a exploré avec un
grand soin le prolongement septentrional de
la chaîne du Pinde, en Macédoine et en
Albanie, trouve que sa direction normale
dans cette contrée est N. 15° O. (2). Or,
cette direction ne s'écarte de celle du *Système du mont Viso* que de 2° 26' 30", et
même d'une quantité moindre encore en
raison de ce qu'en Macédoine et en Albanie,
la chaîne du Pinde est située à 2° environ
à l'ouest du méridien de Corinthe. Dans
cette chaîne, les dislocations orientées, sui-

---

(1) Boblaye et Virlet, *Expédition de Morée*, t. II, 2° partie ; *Géologie et Minéralogie*, p. 30.
(2) Viquesnel, *Journal d'un voyage dans la Turquie d'Europe*. — *Mémoires de la Société géologique de France*, t. I de
la 2° série, p. 207.

vant la direction normale N. 15, O., s'associent, d'après M. Viquesnel, à un grand nombre d'autres qui courent au N. 23°, 37° et 40° O., déviations qu'il attribue à l'influence de dislocations préexistantes du *Système de Thüringerwald* (*Système olympique*).

La direction du *Système Thüringerwald*, transportée à Corinthe, est, comme nous l'avons vu ci-dessus, page 400, N. 42° 20' O. La direction du *Système du mont Viso*, transportée au même point, est, comme nous venons de le voir, N. 12° 33' 30" O. La ligne qui diviserait en deux parties égales l'angle formé par ces deux directions serait orientée au N. 27° 26' 45" O. Elle ne formerait par conséquent qu'un angle de $2° \frac{1}{2}$ à $3° \frac{1}{2}$ avec la direction du *Système pindique* en Morée, telle que MM. Boblaye et Virlet l'ont indiquée. Cette dernière me paraît d'après cela pouvoir être considérée comme une déviation de la direction du *Système du mont Viso*, résultant de sa combinaison avec la direction du *Système de Thüringerwald*; la direction anormale N. 23° O. mentionnée par M. Viquesnel est probablement dans le même cas. Le Devonshire nous a offert ci-dessus, page 336, des faits du même genre.

XIV. Système des Pyrénées.

Le défaut de continuité qui existe dans la série des dépôts de sédiment, entre la craie et les formations tertiaires, et la conséquence qu'à cette époque de la chronologie géologique il y a eu renouvellement dans la manière d'agir des causes qui produisent les dépôts de sédiment, sont au nombre des points les mieux avérés de la géologie.

Nulle part, ce défaut de continuité n'est plus manifeste qu'au pied des Pyrénées. D'après les observations de plusieurs géologues, les formations tertiaires, parmi lesquelles se trouve compris le calcaire grossier de Bordeaux et de Dax, s'étendent horizontalement jusqu'au pied de ces montagnes, sans entrer, comme la craie et le terrain nummulitique, dans la composition d'une partie de leur masse ; d'où il suit que les Pyrénées ont pris, relativement aux parties adjacentes de la surface du globe, les traits principaux du relief qu'elles nous présentent aujourd'hui, après la période du dépôt des terrains crétacés et du terrain nummulitique, dont les couches redressées s'élèvent indistinctement sur leurs flancs, et avant la période du dépôt des couches parisiennes et autres couches tertiaires de divers âges, qui s'étendent indistinctement jusqu'à leur pied. Souvent, dans le bassin de la Gasco-gne, toutes ces couches modernes semblent se confondre les unes avec les autres, ce qui tend à prouver que, pendant une grande partie des périodes tertiaires ; cette portion de l'écorce du globe est restée à peu près immobile.

La même concordance n'existe pas entre les terrains tertiaires de la Gascogne et le terrain nummulitique auquel plusieurs géo-logues, préoccupés surtout d'un certain point de vue paléontologique, proposent d'appli-quer comme au calcaire grossier la qualifica-tion d'éocène, présumant peut-être que deux étages de terrain qu'on aura compris sous une même dénomination seront, par cela même, réputés concordants.

Nous avons observé, M. Dufrénoy et moi, en 1831, près de Saint-Justin (Lan-des), sur la route de Mont-de-Marsan à Nérac, dans le lit même de la petite ri-vière de Douze, qui forme en ce point des cascades, une superposition discordante des couches horizontales des terrains tertiaires de la Gascogne sur les couches redressées du terrain nummulitique. Les premières couches tertiaires superposées à ce terrain nous ont paru appartenir au calcaire grossier parisien de Bordeaux; mais on a cru amoindrir dernièrement l'importance de la superposition de Saint-Justin en alléguant que les premières couches superposées pourraient, d'après leurs fossiles, être considérées comme miocènes. Cette objection me paraît plus spécieuse que solide; car dans les environs de Bordeaux, comme dans les environs de Paris, l'étage miocène est sensiblement concordant avec l'étage éocène parisien. Si donc l'étage éocène parisien manque à Saint-Justin, il est certain que sa place y serait parmi les couches horizontales et non parmi les couches inclinées. Ces dernières, si l'on juge à propos de les nommer éocènes, ne peuvent appartenir qu'à un étage éocène antépyrénéen.

De son côté, le terrain nummulitique est très habituellement en concordance de stratification avec les couches supérieures du terrain crétacé proprement dit. Les falaises de Saint-Jean-de-Luz à Biaritz me l'ont montré avec évidence; car lorsque nous les avons visitées, M. Dufrénoy et moi, nous avons dû renoncer à y trouver aucune limite précise entre les deux terrains. MM. de Verneuil et Paillette viennent de constater la même concordance près de Santander; et M. Murchison, qui, dès 1829, avait annoncé, de concert avec M. le professeur Sedgwick,

un fait semblable dans les Alpes, vient de le
sanctionner de nouveau dans une publication déjà citée plus haut(1), en y attachant,
non sans raison , une assez grande impor-
ance. On arriverait donc , par simple voie
d'exclusion, à conclure que c'est seulement
entre le terrain nummulitique et le terrain
parisien que peut exister la discordance de
stratification, dont ne peut manquer d'être
accompagnée une chaîne comme les Pyrénées.

Il est, en effet, certain que le soulèvement
des Pyrénées est postérieur au dépôt du terrain nummulitique. Tout le long de la base
septentrionale des Pyrénées, les couches
nummulitiques se redressent à l'entrée de la
région montagneuse. Le long de leur base
méridionale, depuis Venasque jusqu'à Pam-
pelune, les couches les mieux caractérisées
de ce terrain se redressent de même en
s'appuyant sur le pied de la chaîne et elles
s'élèvent sur ses flancs à une hauteur suffisante pour montrer qu'elles participent complétement aux inflexions par l'effet desquelles
les couches crétacées les plus incontestables
' étendent jusqu'aux cimes du Marboré et
aux escarpements gigantesques du cirque de
Gavarnie.

(1) Murchison, *Philosophical Magazine*, mars 1849.

Si l'on jette les yeux sur des cartes suffisamment détaillées de la France et de l'Espagne, on voit que les Pyrénées y forment un
Système isolé presque de toutes parts; la
direction qui y domine le détache également
des Systèmes de montagnes de l'intérieur de
la France et de ceux qui traversent l'Espagne
et le Portugal. Cette chaîne, considérée en
grand, s'étend, d'après M. de Charpentier,
depuis le cap Ortegal, en Galice, jusqu'au
cap de Creuss, en Catalogne; mais elle paraît composée de la réunion de plusieurs
chaînons parallèles entre eux, qui courent
de l'O. 18° N. à l'E. 18° S., dans une direction oblique par rapport à la ligne qui
joint les deux points les plus éloignés de la
masse totale.

Cette direction des chaînons partiels, dont
la réunion constitue les Pyrénées, se retrouve
dans une partie des accidents du sol de la
Provence, qui ont en même temps cela de
commun avec eux, que toutes celles des couches du Système crétacé qui y existent y sont
redressées; tandis que toutes les couches
tertiaires qu'on y rencontre s'étendent trans-
gressivement sur les tranches des premières.

La réunion des mêmes circonstances caractérise les Alpes maritimes près du col de
Tende, qui est dominé par des cimes de

37

terrain nummulitique, ainsi que les chaînons les plus considérables des Apennins. Les principaux accidents du sol de l'Italie centrale et méridionale, et de la Sicile, se coordonnent à quatre, ou même à six, directions principales, dont l'une, qui est celle des accidents les plus étendus, est parallèle à la direction des chaînons des Pyrénées. On la reconnaît dans les montagnes situées entre Modène et Florence, dans les Morges, entre Bari et Tarente, dans un grand nombre d'autres crêtes intermédiaires, et même dans deux rangées de masses volcaniques qui courent, l'une à travers la terre de Labour, des environs de Rome aux environs de Bénévent; et l'autre, dans les îles Ponces, de Palmarola à Ischia. Ces dernières masses, bien que d'une date probablement plus moderne, semblent marquer comme des jalons les lignes de fracture du sol qu'elles ont traversé.

Les montagnes qui appartiennent à cette série d'accidents du sol sont en partie composées de couches redressées du terrain du grès vert et de la craie; tandis qu'elles sont enveloppées de couches tertiaires dont l'horizontalité générale ne se dément qu'à l'approche des accidents d'un âge différent, auxquels sont dues les autres lignes de direction.

Les mêmes caractères de composition et de direction se retrouvent dans la falaise qui, malgré des dislocations plus récentes, termine encore la masse des Alpes au nord de Bergame et de Vérone. Ils se retrouvent aussi dans plusieurs lignes de fracture qu'on peut suivre dans les Alpes de la Suisse et de la Savoie, notamment dans le canton de Glaris, où elles affectent le Système nummulitique; dans les Alpes juliennes, entre le pays de Venise et la Hongrie ; dans une partie des montagnes de la Croatie, de la Dalmatie, de la Bosnie, et même dans celles de la Grèce, où MM. Boblaye et Virlet les ont observées dans les chaînons qu'ils ont désignés sous le nom de *Système achaïque*.

Le pic de Nethou, point culminant du groupe de la Maladetta, étant à la fois la cime la plus élevée et l'une des plus centrales des Pyrénées, il est naturel de rapporter à ce point, situé par 42° 37′ 54″ de lat. N. et par 1° 40′ 53″ de long. O. de Paris, la direction O. 18° N., E. 18° S. que j'ai assignée aux chaînons des Pyrénées, et l'on peut prendre pour grand cercle de comparaison provisoire de tout le Système un grand cercle passant au pic de Nethou et orienté en ce point à l'O. 18° N. Une parallèle menée par Corinthe à ce *grand cercle de comparai-*

son, court très sensiblement à l'O. 32° N.,
ou au N. 58° O. La direction du Système
achaïque de MM. Boblaye et Virlet étant
N. 59 à 60° O., on voit que la différence
n'est, comme ils l'ont dit eux-mêmes, que
de 1 à 2°.

Toutes ces chaînes sont postérieures au
dépôt du terrain nummulitique du midi de
l'Europe qui couvre une partie de leurs
flancs et qui s'élève quelquefois jusqu'à leurs
crêtes.

Les mêmes caractères stratigraphiques et
les mêmes preuves d'une origine plus récente
que le terrain nummulitique, ou du moins
plus récente que tous les dépôts antérieurs
eux-mêmes à l'argile plastique, se retrouvent
dans une partie des monts Carpathes, entre
la Hongrie et la Gallicie, ainsi que dans
quelques accidents du sol du nord de l'Allemagne, parmi lesquels on remarque principalement certaines lignes de dislocation qui
affectent le quadersandstein (grès vert) de la
vallée de l'Elbe, entre Tetschen et Schandau,
ainsi que la direction même de la vallée
de l'Elbe, de Herrnskretchen à Meissen, et
surtout les lignes de dislocation le long desquelles les couches du terrain crétacé se redressent au pied de l'escarpement N.-N.-E.
du Hartz.

Quelques accidents peu saillants des plaines de l'intérieur de la France paraissent se rapporter aussi au *Système des Pyrénées*. Ainsi le midi du département de Maine-et-Loire présente une petite crête qui s'étend de Montreuil-Bellay à Concourson, parallèlement à la direction des Pyrénées. Cette crête, composée de couches de transition, de couches jurassiques et même de craie tufeau, est évidemment très moderne. Tout annonce cependant qu'elle est antérieure au dépôt des faluns de Doué et même à celui du calcaire grossier de Machecoul.

Enfin, dans le N. de la France et le S. de l'Angleterre, la dénudation du pays de Bray et celle des Wealds, du Surrey, du Sussex, du Kent et du Bas Boulonnais, paraissent avoir pris la place de protubérances du terrain crétacé dues à des soulèvements opérés immédiatement avant le dépôt des premières couches tertiaires, suivant des directions générales parallèles à celles des Pyrénées, mais quelquefois avec des accidents partiels parallèles aux directions d'autres soulèvements plus anciens.

Le district du département du Pas-de-Calais, connu sous le nom de *Bas Boulonnais*, et la contrée montueuse et bocagère, appelée *Wealds*, de Kent, de Sussex et de Surrey, qui se trouve en face, de l'autre côté de la Manche, sont entourés par une ceinture de collines crayeuses, à pentes souvent incultes et gazonnées (en anglais, *downs*), qui n'est interrompue que par le canal de la Manche, sur les rivages de laquelle elle se termine en falaises.

Les collines crayeuses qui forment l'enceinte dont je viens de parler ne sont autre chose que les tranches de plateaux crayeux dont les couches se relèvent plus ou moins rapidement vers l'intérieur de l'enceinte elliptique. L'espace creux embrassé par cette même enceinte ne présentant aucune trace des dépôts tertiaires qui s'étendent sur une partie des plateaux circonvoisins, il est généralement admis qu'il a été creusé par dénudation, aux dépens des couches crayeuses, depuis le dépôt des couches tertiaires.

Le méridien du pic de Nethou, situé à $1° 40' 53''$ à l'O. de celui de Paris, rencontre la côte du comté de Sussex, un peu à l'E. de Hastings, c'est-à-dire vers le milieu du diamètre de l'espace dénudé. Si, par ce point de rencontre, on mène une parallèle au grand cercle de comparaison du Système des Pyrénées, orienté au pic de Nethou vers l'O. 18° N., elle se dirigera (en ayant égard à l'excès sphérique d'un triangle rectangle) à l'O. 18°

9' N. Construite avec le soin convenable sur une carte d'Angleterre, cette ligne passe un peu au S. de Battle et un peu au N. de Horsham. Elle pénètre un peu au S. de Boulogne, dans le bassin demi-circulaire du bas Boulonnais; elle est sensiblement parallèle à la direction générale de la partie orientale et la moins disloquée de la ligne des North-Downs, de Folkstone à Seven-Oaks, et à toute la ligne des South-Downs, de Beachy-Head à Winchester. Elle est également parallèle à *une partie* des lignes d'élévation que M. le professeur W. Hopkins a tracées sur sa carte du S.-E. de l'Angleterre.

Je crois qu'elle peut être considérée comme très sensiblement parallèle à la direction fondamentale du bombement des couches crétacées dont la dénudation des Wealds et du bas Boulonnais a pris la place, et que ce bombement appartient en principe, par son âge comme par sa direction, au Système des Pyrénées.

M. W. Hopkins a publié, dans les *Transactions de la Société géologique de Londres*, un mémoire des plus remarquables sur la structure géologique du district des Wealds et du bas Boulonnais (1). Dans ce mémoire,

(1) *Transactions of the geological Society of London* 2e série, t. VII, p. 1.

le savant professeur explique toute la structure du district dont il s'agit, avec une netteté et une simplicité qui laisseraient bien peu de chose à désirer, par l'application de ses principes déjà publiés antérieurement (1) à une *hypothèse fondamentale* que j'aurais été heureux de pouvoir adopter assez complétement pour enrichir cet article des conséquences auxquelles elle conduit mathématiquement. Malheureusement cette hypothèse est, je crois, plus simple et plus compliquée à la fois que la réalité. Elle suppose essentiellement que toutes les lignes d'élévation du district dont il s'agit résultent originairement de l'action d'une force élévatrice qui a agi *simultanément* sur toute l'étendue d'une base *curviligne*, de manière à produire partout des tensions coordonnées, dans leur direction en chaque point, à la forme arquée de la base. Or je ne vois pas la nécessité de supposer que le district des Wealds doit sa structure à une action élévatrice *unique*; et, si cette action n'a pas été unique, je ne vois pas non plus pourquoi on supposerait qu'elle a toujours agi sur une même base curviligne, plutôt que d'admettre qu'elle a agi successivement sur des bases rectilignes différentes en étendue et en direction.

(1) Voyez plus haut, p 402.

Les lignes d'élévation tracées sur les diagrammes théoriques de M. Hopkins, p. 39 et suiv., sont et devaient être des *courbes régulières*; mais les lignes d'élévation, fidèlement tracées sur sa carte, approchent beaucoup plus d'être des *lignes brisées* conformément à mon point de vue.

Les Alpes, comme je l'ai indiqué dès l'origine de mes travaux en ce genre, me paraissent résulter de soulèvements successifs.

Le *Système de la chaîne principale des Alpes* a été précédé, comme nous le verrons bientôt, par le *Système des Alpes occidentales*, précédé lui-même, dans la même contrée, par le *Système des îles de Corse et de Sardaigne*, le *Système des Pyrénées*, le *Système du mont Viso*, etc.

Les Pyrénées résultent aussi de plusieurs soulèvements superposés, et, d'après M. Durocher, on peut y en compter jusqu'à sept.

MM. Boblaye et Virlet ont reconnu, en Morée, les effets successifs de neuf Systèmes de dislocations d'âges et de directions différentes.

La structure des Vosges, complétement analysée, m'en révèle une douzaine.

D'autres contrées, la Bretagne, le Cornouailles, le Pembrokeshire, nous ont montré, et quelquefois sur une petite étendue, plusieurs Systèmes d'âges différents se croisant en différents sens.

La structure du district wealdien n'est pas assez simple pour qu'on lui attribue gratuitement le privilége de n'avoir éprouvé qu'un seul soulèvement. Je crois qu'on peut y en distinguer plusieurs, et que, par ce moyen, on peut démêler ses rapports avec la structure du reste de l'Europe, au lieu d'y voir, suivant l'hypothèse fondamentale de M. Hopkins, un petit domaine à part régi par des lois indépendantes.

M. Hopkins, en admettant un soulèvement unique, a dû nécessairement le supposer postérieur aux couches disloquées les plus récentes et notamment aux couches tertiaires de l'île de Wight et des environs de Guildford. Mais, si l'on admet plusieurs soulèvements successifs, il suffit qu'un seul d'entre eux soit postérieur aux couches tertiaires dont il s'agit. Les autres peuvent être plus anciens.

Sans parler des soulèvements antérieurs au terrain jurassique que M. Hopkins a lui-même écartés en les mentionnant, je crois qu'on peut distinguer trois Systèmes de dislocations d'âges et de directions différentes parmi les accidents stratigraphiques dont

M. Hopkins attribue l'origine première à une seule et même action élévatrice :

1° Les couches jurassiques de la falaise de la Crèche, près de Boulogne, présentent des contournements qui me paraissent se rapporter, comme je l'ai dit plus haut, au *Système de la Côte-d'Or*. L'action du même Système paraît être imprimée aussi au mont Lambert, près Boulogne. Ainsi, d'après les diagrammes 28 et 31 de M. Hopkins, les couches jurassiques plongent vers la région du N.-O. Ce soulèvement explique immédiatement pourquoi les couches wealdiennes, si puissantes dans le Kent, ne sont représentées que d'une manière douteuse et presque imperceptible dans le bas Boulonnais.

2° Le soulèvement général de la grande protubérance des Wealds, dont M. Hopkins lui-même a très nettement tracé les limites, a eu lieu, comme sa direction l'indique, lors de la formation du *Système des Pyrénées*, c'est-à-dire immédiatement avant le dépôt de l'argile plastique ; et ce soulèvement explique, ainsi que je le dirai ci-après, comment les couches tertiaires présentent une composition variable dans une contrée où la craie se fait remarquer par sa composition uniforme.

3° Enfin, un troisième soulèvement, orienté suivant une nouvelle direction, a redressé les couches tertiaires et déformé en quelques points la grande protubérance wealdienne. Je m'occuperai ultérieurement de ce dernier, lorsque nous en serons à l'époque à laquelle il se rapporte.

La dénudation du pays de Bray s'étend de Nouailles, près de Beauvais, à Bures, près de Neufchâtel, où elle se confond avec la vallée de la Béthune. Sa ligne médiane est dirigée de l'E. 40° S. à l'O. 40° N. à peu près, et se trouve, par conséquent, parallèle aux deux bords du large détroit qui réunit les deux grandes expansions du bassin jurassique de Paris et de Londres. Le soulèvement dont les déchirures ont été l'origine de cette dénudation est cependant beaucoup plus moderne que le *Système du Thüringerwald et du Morvan*, auquel nous avons rapporté l'émersion des deux rivages du détroit, puisqu'il est nécessairement postérieur à toutes les couches qui entrent dans la charpente de la région dénudée, et au nombre desquelles se trouve la craie. Mais la structure de la protubérance dans laquelle le pays de Bray constitue une échancrure n'est pas aussi simple qu'elle le paraît au premier abord ; on y reconnaît plusieurs séries de dislocations, et l'on peut croire que son allongement de l'E. 40° S. à l'O 40° N. est dû, au moins en partie, à l'influence d'accidents stratigraphiques souterrains cachés par le terrain jurassique, et appartenant réellement au *Système du Thüringerwald et du Morvan.* Je dis, au moins en partie, parce que la direction des courants diluviens qui ont opéré ou du moins complété la dénudation a eu une influence nécessaire sur celle que la dénudation, considérée dans son ensemble, a elle-même conservée (1).

Mais quoique la dénudation du pays de Bray ne suive pas exactement la direction des Pyrénées et se rapproche beaucoup plus de la ligne N.-O. S.-E., on retrouve encore à peu près cette direction dans quelques uns des traits les plus saillants de la contrée, tels que la grande falaise crayeuse qui s'étend de la côte de Sainte - Geneviève (route de Beauvais à Beaumont-sur-Oise) vers le Coudray-Saint-Germer, Beauvoir-en-Lions et Bosc-Edeline. On la reconnaît également dans les lignes auxquelles se sont arrêtées, sur la pente de l'ancienne protubérance crayeuse, les assises tertiaires successives

(1) *Explication de la Carte géologique de la France,* t. II, p. 298.

qui constituent une partie du sol des environs de Beaumont-sur-Oise, de Gisors et d'Ecouis, et qui dessinent l'ancien relief de la craie, à peu près comme les courbes horizontales qu'on trace aujourd'hui sur les plans, dessinent les pentes du terrain.

La manière dont cette partie des contours du bassin tertiaire parisien s'est moulée sur la direction pyrénéenne de la falaise méridionale du pays de Bray n'est pas un fait isolé, et encore moins un fait contraire aux allures générales des terrains tertiaires des deux rives de la Manche.

La plus grande dimension du dépôt du calcaire grossier s'étend, au sud du pays de Bray, des carrières de Venables, à l'est de Louviers (Eure), à celles des environs d'Épernay (Marne), suivant une ligne à très peu près parallèle à la direction du *Système pyrénéo-apennin*, ligne au sud de laquelle la formation du calcaire grossier se perd assez rapidement, et près de laquelle s'observent les plus célèbres alternations de dépôts marins et d'eau douce que présente le bassin de Paris.

En Angleterre, la ligne qui termine au sud le bassin de Londres, de Canterbury (Kent) à Shalbourne (Berkshire), et celle qui termine au nord le bassin de l'île de

Wight, de Seaford (Sussex), à Salisbury (Wiltshire), ne forment, avec l'axe de la dénudation des Wealds, que des angles assez petits et dans des sens opposés. Ces deux lignes, légèrement sinueuses, semblent faire partie d'une courbe concentrique à la dénudation des Wealds. Tout annonce que leurs extrémités occidentales se réunissaient avant la dénudation qui a séparé le bassin de l'île de Wight de celui de Londres, en laissant pour témoins de leur ancienne continuité les lambeaux tertiaires répandus sur la surface de la craie, entre Salisbury et Shalbourne. (*Voyez* l'important mémoire de M. Buckland, intitulé : *On the formation of the valley of Kingsclare and other valleys by the elevation of the strata that inclose them; and on the original continuity on the basins of London and Hampshire.* — *Transactions de la Société géologique de Londres,* nouvelle série, t. II, p. 119.) Les soulèvements cratériformes de la vallée de Kingsclare et autres, que M. Buckland a si bien décrites sous le nom de *vallées d'élévation,* ont contribué à rompre cette continuité, et font partie, comme le redressement simultané des couches crayeuses et tertiaires dans l'île de Wight et dans les contrées adjacentes, de cette série d'accidents stratigra-

phiques, plus récente que la grande élévation des Wealds, dont j'ai déjà annoncé que
je parlerai ultérieurement.

A l'extrémité opposée de la grande protubérance wealdienne, les collines de sable
coquillier de Cassel (Nord) et des environs
semblent être, de ce côté-ci du détroit, la
prolongation des dépôts coquilliers de la
partie méridionale du bassin de Londres
(Chobam-Park, à l'extrémité méridionale
de Bagshot-Heath, etc.); et les nombreux rapports qui existent entre les collines de sable
coquillier de Cassel (Nord) et de Laon (Aisne),
joints à la présence des dépôts de grès et de
sables tertiaires répandus comme des témoins sur la surface de la craie, dans la
contrée basse qui sépare Laon de Cassel,
rendent bien difficile de ne pas croire qu'il y
avait de même continuité, dans cette direction, entre les nappes d'eau sous lesquelles se formaient les dépôts marins de
Paris, de la Belgique et de Londres.

Enfin, les amas d'argile plastique, de
grès et de poudingue, répandus par lambeaux au-dessous des dépôts de sable granitique et de silex, qui, jusqu'au haut des
falaises de la Hève et de Honfleur, forment
la base du sol fertile des plaines de la haute
Normandie, rappellent ceux de Christchurch

et de Poole, et semblent aussi indiquer une ancienne connexion entre les dépôts tertiaires inférieurs de Paris et de l'île de Wight.

Tout annonce donc que ces divers dépôts se sont formés sous une nappe d'eau qui tournait tout autour des protubérances crayeuses, en partie remplacées aujourd'hui par les dénudations des Wealds et du pays de Bray ; et la manière dont les dépôts tertiaires viennent mourir en s'amincissant sur les pentes de ces protubérances, dont ils ont en tant de points dessiné les contours, montre qu'elles existaient déjà pendant la période tertiaire.

Comme rien ne conduit cependant à penser que les couches crayeuses dont l'uniformité de composition est si remarquable se soient déposées avec l'inclinaison souvent assez forte qu'elles présentent sur les bords des dénudations dont je viens de parler, on voit que les protubérances dont ces dénudations ont pris subséquemment la place ont dû être produites entre la période du dépôt de la craie et la période du dépôt des terrains tertiaires.

L'espace creux embrassé par chaque enceinte crayeuse ne présentant aucune trace des dépôts tertiaires qui s'étendent sur une

38*

partie des plateaux circonvoisins, il est généralement admis, ainsi que je l'ai déjà rappelé, qu'il a été creusé par dénudation, aux dépens des couches crayeuses, depuis le dépôt des couches tertiaires. Mais il n'est pas nécessaire d'admettre qu'il ait été creusé d'un seul coup; il peut l'avoir été en partie par des actions faibles et séculaires. Il est en soi-même probable que le creusement a commencé pendant la période du dépôt du terrain tertiaire inférieur, et la composition de ce terrain le montre même avec évidence. Le transport, dans les bassins alors existants, des sables enlevés par les eaux courantes aux terrains stratifiés déjà découverts (crétacés, jurassiques, triasiques), etc., explique en effet de la manière la plus naturelle, ainsi que M. Constant Prévost l'a exprimé depuis longtemps dans son ingénieuse théorie des affluents, l'origine des sables tertiaires. Le creusement de la dénudation des Wealds est la source la plus probable des sables des bassins de Londres et du Hampshire (Bagshot-Sand, etc.); et si l'on admet que les sables inférieurs du calcaire grossier proviennent en grande partie du creusement de la dénudation du pays de Bray, on conçoit immédiatement le fait, singulier en apparence, de la concentration

de ces sables dans la partie septentrionale
du bassin parisien , et à portée des ouver-
tures par lesquelles ils pouvaient s'écouler
du pays de Bray. On s'explique même ainsi
un fait de détail remarquable que présentent les sables tertiaires des environs de
Beauvais et du Soissonnais. Ces sables , superposés immédiatement à la craie, commencent par un conglomérat de silex très
mélangé de matière verte ; plusieurs de
leurs assises inférieures sont très chloritées,
et celles-ci sont surmontées par de nombreuses assises très légèrement chloritées.
Or, si les matériaux de ce dépôt proviennent, en effet, de la démolition lente de la
protubérance crétacée du pays de Bray , ils
doivent, en effet, être disposés dans l'ordre
qui vient d'être énoncé ; car cette démolition a dû donner d'abord des silex provenant de la craie blanche et de la craie tufeau , puis de la matière verte en abondance
provenant de la craie chloritée, et enfin des
sables faiblement chloritées, comme la grande
masse des sables du pays de Bray.

Une partie des argiles tertiaires peut donner matière à des remarques analogues.

La convulsion qui accompagna la naissance des Pyrénées fut évidemment une
des plus fortes que le sol de l'Europe eût

jusqu'alors éprouvées. Ce ne fut qu'à l'apparition des Alpes qu'il en éprouva dè plus fortes encore ; mais pendant l'intervalle qui s'écoula entre l'élévation des Pyrénées et la formation du Système des Alpes occidentales, intervalle pendant lequel se déposèrent la plus grande partie des couches qu'on nomme tertiaires, l'Europe ne fut le théâtre d'aucun autre événement aussi important. Les soulèvements qui pendant cet intervalle changèrent peut-être à plusieurs reprises les contours bassins tertiaires ne s'y firent pas sentir avec la même intensité, et le *Système des Pyrénées* forma pendant tout ce laps de temps le trait dominant de la partie de la surface de notre planète qui est devenue l'Europe. Aussi le cachet pyrénéen se découvre-t-il presque aussi bien sur la carte où M. Lyell a figuré indistinctement toutes les mers des diverses périodes tertiaires, que sur celle où j'ai cherché à restaurer séparément la forme d'une partie des mers où se déposèrent les terrains tertiaires inférieurs. (*Mémoires de la Société géologique de France*, 1ʳᵉ série, t. I, pl. 7.)

On peut, en effet, remarquer qu'une ligne un peu sinueuse, tirée des environs de Londres à l'embouchure du Danube, forme

la lisière méridionale d'une vaste étendue
de terrain plat, couverte presque partout
par des formations récentes. Cette ligne,
qui est sensiblement parallèle à la direction
pyrénéo-apennine, semble donc avoir été
le rivage méridional d'une vaste mer qui,
à l'époque des dépôts tertiaires, couvrait
une grande partie du sol de l'Europe, et
qui se trouvait limitée vers le sud par un
espace continental traversé par plusieurs
bras de mer, et dont les montagnes du
Système des Pyrénées formaient les traits
les plus saillants.

Les lambeaux de terrain tertiaire qui se
sont formés dans les dépressions de ce même
espace y sont souvent disposés suivant des
lignes parallèles à la direction générale du
Système des Pyrénées : on conçoit toutefois
que comme ce grand espace présentait aussi
des irrégularités résultant de dislocations
plus anciennes et dirigées autrement, il a
dû s'y former aussi des lambeaux tertiaires
coordonnés à ces anciennes directions. C'est
par cette raison que la direction dont il
s'agit ne se manifeste que dans une partie
des traits généraux primitifs du bassin tertiaire de Paris, de l'Ile de Wight et de
Londres. L'enceinte extérieure qui environne
l'ensemble de ces dépôts se trouve en effet

en rapport avec des accidents de la surface
du sol tout à fait étrangers au *Système des
Pyrénées*, auquel semblent au contraire se
rattacher les protubérances crayeuses qui,
s'interposant entre eux, les ont empêchés
de former un tout sans lacunes.

De nouvelles montagnes s'étant ensuite
élevées pendant la durée de la période tertiaire, les plus récentes des couches comprises sous cette dénomination sont venues
s'étendre le long des nouveaux rivages que
ces montagnes ont déterminés, mais sans
que la forme générale des nappes d'eau
cessât de présenter de nombreuses traces
de l'influence prédominante du Système
pyrénéen.

Le terrain nummulitique du midi de l'Europe s'était déposé antérieurement dans des
mers d'une étendue et d'une forme toutes
différentes, dont les contours portaient l'empreinte de la direction du *Système du mont
Viso* et des Systèmes antérieurs, mais non
celle de la direction du *Système des Pyrénées*.

Le *Système du mont Viso* est en quelque
sorte la personnification de la discordance
qui existe entre les couches du terrain crétacé inférieur et celles du terrain crétacé
supérieur. Cette discordance de stratifica-

tion n'a, pas plus que celles qui correspondent à d'autres Systèmes de montagnes, le privilége d'être universelle, et elle n'empêche pas que, dans beaucoup de points et sur des espaces très étendus, il n'y ait concordance et même passage graduel dans toute la série des couches, depuis le terrain néocomien jusqu'au terrain nummulitique inclusivement, ainsi que je l'ai annoncé moi-même depuis longtemps (1). J'avais même été tellement frappé de cette concordance et de ce passage, que j'avais cru pouvoir dire que « si les couches à Hamites, » Scaphites, Turrilites, Ammonites, etc., de » la Savoie, ne sont pas plus récentes que la » partie supérieure du grès vert, » il ne se trouve pas dans la Provence, le Dauphiné, la Savoie, la Suisse, de couches qu'on puisse rapprocher par leurs fossiles de la craie blanche de Meudon; et que dans les points de la Savoie où le terrain nummulitique repose sur les couches en question (notamment au col de Tanneverge, dans la vallée du Reposoir, à *Thonne*, etc.), les couches nummulitiques font suite immédiate au terrain crétacé à Turrilites, de manière à ne laisser que difficilement concevoir

(1) *Bulletin de la Société géologique de France*, 1re série, t. IV, p. 389 (1834).

qu'une longue période se soit écoulée entre les dépôts des deux systèmes en contact. Considérant néanmoins que des liaisons apparentes de cette nature ont souvent été reconnues illusoires, et que, dans les observations qu'il a faites en Crimée, M. de Verneuil a trouvé le terrain nummulitique superposé à la craie blanche, j'ai admis, *avec doute*, la possibilité de l'existence d'une *lacune* considérable entre les couches à Turrilites, et les couches nummulitiques de la Savoie et des autres parties du bassin de la Méditerranée (1).

Sir Roderick Murchison, dans le mémoire qu'il a lu à la Société géologique de Londres, le 13 décembre 1848, établit que *cette lacune n'existe pas*, que la continuité des couches est complète, et que les couches supérieures à celles qui contiennent les Turrilites et autres fossiles du grès vert, renferment réellement les équivalents de la craie blanche, que j'avais originairement supposé devoir être compris dans la masse immense du terrain nummulitique ; d'où il résulte qu'il y avait seulement une *lacune dans mes observations*, résultant de ce que je n'avais pas trouvé de fossiles dans le groupe de couches, très mince en Savoie, qui, à la

(1) *Bulletin de la Société géologique de France*, 2ᶜ série, t. IV, p. 566 et 568 (1847).

base du terrain nummulitique, représente
réellement la craie blanche (1).

Je dois être naturellement enclin à admettre cette conclusion, qui prouve que mes
observations, sans être complètes, étaient
exactes au fond; j'observerai seulement que
la *lacune* ne sera complétement comblée et
ma concession reconnue sans objet, que lorsqu'on aura trouvé, dans la série méridionale,
quelques uns des fossiles caractéristiques du
calcaire pisolithique, tels que le *Cidarites
Forschammeri*, les Ammonites, Baculites,
Hamites, etc., de la cràie de Maëstricht, ou
d'autres équivalents. Or la *Gryphœa vesicularis*, signalée par sir Roderick Murchison,
les Ammonites trouvées par M. Gras et par
M. Pareto, les Hamites découvertes en
Toscane, me portent à croire qu'il en sera
finalement ainsi. Les idées que j'ai successivement émises rentreront alors d'elles-
mêmes dans la thèse mise en avant par

(1) Je dois dire ici que dans l'excursion que nous avons
faite, M. Sismonda et moi, en septembre 1838, au col du Lau-
zanier (Basses-Alpes), ce savant géologue a reconnu comme
présentant à ses yeux des caractères décidément crétacés un
groupe de couches très mince, qui forme dans cette localité la base du terrain nummulitique, et qui repose en stratification discordante sur le terrain jurassique. Je ne retrouve pas en ce moment le mémoire où M. Sismonda doit
avoir publié cette observation, qui ne peut diminuer en rien
le mérite de celle de sir Roderick Murchison.

sir Roderick Murchison ; mais je devrai
reconnaître, et certes je le ferai avec plaisir, que la découverte faite si heureusement
par lui des fossiles crétacés du calcaire de
Thonne, aura été pour moi le *trait delumière*
qui aura éclairci cette partie de la question.

Il ne restera plus de discussion possible
que sur le point de savoir si le terrain
nummulitique méditerranéen correspond
réellement au calcaire grossier parisien ou à
la *lacune* qui existe incontestablement entre
celui-ci et le calcaire pisolithique. Mais, ici,
je crois qu'on est réellement moins éloigné
de s'entendre qu'on ne *prétend* l'être; car
c'est d'après de *simples probabilités*, auxquelles il me paraît difficile d'attacher une
grande importance, que sir Roderick Murchison croit voir définitivement (p. 505 et
506), dans les assises supérieures *dépourvues
de fossiles animaux* du macigno et du
flysh (grès à fucoïdes), qui couronnent le
terrain nummulitique méditerranéen, les
équivalents chronologiques du calcaire grossier parisien. Or ces couches *dépourvues
de fossiles* peuvent correspondre tout aussi
bien, et même je crois plus naturellement
encore (1), à la *lacune* dont j'ai parlé.

(1) Un coup d'œil jeté sur le diagramme de la page 614
du second volume de l'*Explication de la Carte géologique
de la France*, et sur les considérations dont je l'ai accompa-

Ainsi que je l'ai dit ailleurs (1), je ne vois réellement aucun obstacle à ce que la dénomination d'*éocène* soit appliquée au terrain nummulitique du bassin de la Méditerranée; et il faut remarquer que cette dénomination pourrait être appliquée, à la rigueur, à une grande partie des terrains crétacés et jurassiques, s'il était vrai que certains foraminifères des terrains crétacés vivent encore dans la mer du Nord, et que la *Terebratula caput serpentis* est commune au terrain jurassique et aux mers actuelles. On aurait même pu l'étendre jusqu'au lias, si l'on avait continué à admettre que l'une des Pentacrinites trouvées à l'état fossile dans ce terrain est spécifiquement analogue au *Pentacrinites caput Medusæ* de la mer des Antilles.

Je crois seulement qu'en appliquant cette dénomination d'*éocène* au *terrain nummulitique méditerranéen*, on aurait dû craindre d'avoir l'air de l'identifier avec le *terrain nummulitique soissonnais*, qui est supérieur aux lignites de l'argile plastique, et qui forme la base du calcaire grossier parisien. Indé-

gné, fera comprendre comment il est *naturel* qu'un dépôt, exceptionnellement très épais dans une contrée, corresponde chronologiquement à une *lacune* dans la série des dépôts sédimentaires des contrées circonvoisines. Le *terrain houiller* si local et souvent si épais offre une illustration remarquable du même principe.

(1) *Bulletin de la Société géologique de France*, 2e série, t. V, p. 413 (1848).

pendamment des considérations stratigraphiques (Saint-Justin, etc.), je crois que les
considérations paléontologiques suivantes
suffisent pour rendre inadmissible l'iden-
tification dont il s'agit, et pour montrer
que, des *deux assises nummulitiques*, celle
du bassin de la Méditerranée est la plus
ancienne, ce que sir Roderick Murchison
lui-même ne conteste réellement pas.

1° Les mollusques fossiles du *terrain
nummulitique méditerranéen* se divisent en
trois groupes, dont le premier seulement se
retrouve dans le *terrain nummulitique soissonnais* (*postpyrénéen*), tandis que le second reste propre au *terrain nummulitique
méditerranéen* (*antépyrénéen*), et le troisième, composé de quinze à vingt espèces
au moins, se retrouve dans les terrains
crétacés proprement dits.

2° L'examen des Échinodermes fossiles a
conduit M. Agassiz à reconnaître une différence plus tranchée encore entre le *terrain
nummulitique méditerranéen* et le calcaire
grossier; car il indique quatre-vingt-treize
espèces d'Échinodermes dans le premier terrain, et quarante-six dans le second, et il ne
signale qu'une seule espèce commune entre
ces deux séries, l'*Echinopsis elegans* (1). Or,

(1) Agassiz et Desor, *Annales des sciences naturelles*, 3ᵉ série, *Zoologie*. t. VIII, p. 359.

quand même de nouvelles recherches et un nouvel examen multiplieraient les espèces communes entre les deux séries, ces deux séries ne pourraient jamais devenir identiques, et elles indiqueraient toujours deux terrains différents, quoique voisins.

3° Les poissons fossiles des schistes argileux de Glaris, immédiatement superposés aux couches nummulitiques, et du calcaire de Monte-Bolca, intimement lié à ces mêmes couches, sont tous ou presque tous différents de ceux trouvés dans l'argile de Londres de l'île de Sheppey et dans le calcaire grossier parisien.

4° Le *terrain nummulitique méditerranéen* renferme des débris assez délicats d'organisations terrestres. On a trouvé, dans le Vicentin, des feuilles d'arbres dicotylédones, et, dans les schistes de Glaris, le squelette d'un oiseau de la grandeur d'une Alouette et de la famille des Passereaux (1); mais jusqu'ici on n'y a signalé aucun débris de Mammifères : d'où il résulte que les Mammifères si nombreux et si caractéristiques du terrain parisien (*Paleotherium*, *Anoplotherium*, *Lophiodon*, etc.) et ceux même que M. Charles d'Orbigny a si heureusement découverts dans le conglomérat de l'argile

(1) Hermann von Meyer, *Jahrbuch de Leonhard et Bronn*.

39*

plastique, à Meudon, y sont encore in-
connus.

Si les couches fossilifères des deux terrains
nummulitiques sont réellement différentes,
es faits stratigraphiques qui conduisent à
regarder le *terrain nummulitique méditerranéen* comme le dernier des terrains fossilifères *antépyrénéens*, et le terrain parisien comme le premier des terrains fossilifères *postpyrénéens*, sont pleinement
d'accord avec les résultats paléontologiques.
Cet accord, qui existe toujours *lorsqu'une
question est résolue*, est la sanction la plus
certaine que puisse avoir l'exactitude d'une
classification géologique; et l'on y oppose
seulement des considérations vagues basées
sur la longueur du temps qui a été nécessaire
(*ainsi que je l'ai remarqué le premier* (1))
pour le dépôt de l'énorme épaisseur des grès
à fucoïdes dépourvus de fossiles animaux,
comme si les géologues en étaient réduits à
marchander sur le temps !

Les faits stratigraphiques qui conduisent
aux conclusions que je viens de rappeler,
et auxquels sir Roderick Murchison n'a fait
qu'ajouter la sanction de son talent d'observation si justement apprécié, sont seule-

(1) *Bulletin de la Société géologique de France*, 2ᵉ série,
t. IV, p. 567 et 568.

ment contraires à quelques unes des préoc
cupations d'après lesquelles on a proposé
d'appliquer la dénomination d'*éocène* au
terrain nummulitique méditerranéen, sans
remarquer que ce terrain diffère tout autant,
sous le rapport paléontologique, du terrain
éocène parisien, que celui-ci diffère lui-
même du terrain *miocène*. J'avoue sans
peine que l'étymologie des mots *éocène* et
miocène est ici fort incommode, en ce qu'elle
s'oppose à la création d'un *troisième nom*,
de forme analogue, pour désigner un *troisième terrain* égal en importance, mais
antérieur aux deux autres. Si cette difficulté grammaticale fait adopter généralement l'application du mot *éocène* au *terrain
nummulitique méditerranéen* (*épicrétacé* de
M. Leymerie), je m'empresserai de suivre
l'usage *quem penes arbitrium est, et jus et
norma loquendi;* mais ce ne sera pas sans
avoir fait observer que les embarras auxquels
cet usage pourra donner naissance seraient
plus propres à ébranler les bases d'une nomenclature systématique que les fondements
des Pyrénées.

Le sort réservé à cette nomenclature est
déjà facile à prévoir. Les *noms tertiaires* que
nos plus habiles conchyliologistes se sont
accordés, pendant plusieurs années, à donner aux fossiles du calcaire *pisolithique* des

environs de Paris, attestent d'avance que, lorsque la faune de cette période, reconnue crétacée, sera suffisamment connue, elle offrira de nombreux rapports, au moins dans la forme générale des coquilles, avec celle du terrain nummulitique, et elle comblera la lacune qui, comme je l'ai dit ailleurs (1), établit seule la ligne de démarcation qu'on suppose exister entre les fossiles crétacés et les fossiles tertiaires. L'emploi affecté de la terminaison *cène*, pour désigner les terrains postérieurs au *calcaire pisolithique*, demeurera, comme les *noms tertiaires* que je viens de rappeler, le témoignage historique d'une illusion momentanée.

Mais cette illusion n'aura pas été sans utilité pour la marche de la science ; car en s'accordant pour sanctionner nominalement, par l'emploi du mot *éocène*, l'existence d'une période conchyliologique dont *le milieu* correspond au soulèvement de l'un des Systèmes de montagnes les plus considérables de l'Europe, et dont le commencement ne répond à aucun accident stratigraphique très prononcé dans nos contrées, les adeptes exclusifs de la conchyliologie auront effacé eux-mêmes les derniers vestiges d'une opinion contre laquelle je me suis élevé depuis long-

(1) *Bulletin de la Société géologique de France*, 2ᵉ série t. IV, p. 564 (1847).

temps (2), « et qui regarderait chacune des
» révolutions de la surface du globe comme
» ayant déterminé, non seulement des dé-
» placements, mais encore un renouvellement
» complet des êtres vivants. » Ils rendront de
plus en plus probable l'opinion contraire
qui admet que, « lorsque les fossiles de tous
» les terrains seront complétement connus,
» ils formeront, dans leur ensemble, une
» série aussi continue que l'est aujourd'hui
» la série partielle des terrains jurassiques
» et crétacés ou celle des terrains paléozoï-
» ques (1) ; » et il en résultera que les géologues, sans cesser d'identifier les couches
d'après leurs fossiles, seront enfin ramenés à
baser surtout les divisions des terrains sur
leur gisement, ainsi qu'ils l'avaient fait
avec beaucoup de raison depuis Werner.

On discute depuis longues années sur la
question de savoir à quel point de la série
des terrains stratifiés doivent commencer
les terrains secondaires, et, pendant la discussion, les noms mêmes de *terrains secondaires* et de *terrains de transition* sont presque devenus surannés. On discute vive-
ment aujourd'hui sur la question de savoir
à quel point de la même série doivent se

(1) *Bull. de la Soc. géol.*, 1ʳᵉ série, t. IV, p. 384 (1834).
(2) Voyez *ibid.*, p. 504.

terminer les *terrains secondaires* et commencer les *terrains tertiaires*. Cette seconde discussion pourra bien avoir le même sort que la première , et conduire aussi à l'abandon du nom même de *terrains tertiaires* dont elle rend le sens incertain.

L'abandon des dénominations de *terrains de transition*, *terrains secondaires* et *terrains tertiaires* , aurait cependant quelque chose de regrettable, parce que ces dénominations générales sont souvent commodes dans la pratique.

On ne parviendra à les conserver qu'autant qu'on leur donnera un sens précis en rattachant leurs limites à des Systèmes de montagnes heureusement choisis.

Les bouleversements qui en Europe ont accompagné la naissance du *Système des Ballons* et du *Système des Pyrénées*, s'étant étendus, ainsi que nous le verrons bientôt, jusqu'aux États-Unis et jusque dans l'Inde, et traversant ainsi les régions qui seront pendant bien des années encore le théâtre principal des travaux des géologues , on conçoit qu'ils puissent fournir pour la classification générale des terrains des points de repère précieux , et que les divisions qu'ils déterminent puissent présenter une apparence de généralité qu'on ne retrouve

pas dans les autres. C'est cette considération qui m'a fait émettre depuis longtemps
le vœu qu'on s'accorde à y rattacher le
commencement et la fin de la période des
terrains secondaires (1).

Je persiste à croire, par des motifs déduits
du même ordre de considérations, que le
terrain nummulitique méditerranéen devrait être classé, d'après son gisement,
parmi les terrains secondaires, quand même
on le considérerait comme formant un
étage complétement distinct de tous les
étages crétacés (2). Mais je n'insisterai pas
davantage sur ce point, qui n'importe en
aucune manière à la détermination de
l'âge géologique du *Système des Pyrénées*,
lequel, dans tous les cas, est intermédiaire entre la période du *terrain nummulitique méditerranéen* et celle du *terrain tertiaire inférieur du bassin de Paris*. Les *disputes de mots* auxquelles je viens de faire
allusion, trop longuement peut-être, ne
peuvent avoir aucune influence sur ces
conclusions. Si la classification basée sur les
lacunes conchyliologiques transitoires dont

(1) Traduction française du *Manuel géologique* de M. de
la Bèche, p. 658 (1833).
(2) *Bulletin de la Société géologique de France*, 2ᵉ série,
t. IV, p. 569.

j'ai parlé passe dans la pratique, il existera une ressemblance de plus entre le *Système des Pyrénées*, soulevé au milieu de la période éocène, et le *Système des Ballons*, soulevé au milieu de la période carbonifère.

Je terminerai ce paragraphe en remarquant que le *Système des Pyrénées* approche d'être parallèle au *Système des Ballons*. Une parallèle au *grand cercle de comparaison du Système des Pyrénées*, menée par le Brocken, dans le Hartz, se dirige à l'O. 25° 58′ N. ; elle forme un angle de 6° 43′ seulement avec le *grand cercle de comparaison du Système des Ballons*, qui est orienté au Brocken à l'O. 19° 15′ N.

XV. Système des iles de Corse et de Sardaigne.

Les couches qu'on nomme tertiaires sont loin de former un tout continu. On y remarque plusieurs interruptions dont chacune pourrait avoir correspondu à un soulèvement de montagnes opéré dans des contrées plus ou moins voisines des nôtres. Un examen attentif de la nature et de la disposition géométrique des terrains tertiaires du nord et du midi de la France m'a conduit à les diviser en trois séries, dont l'inférieure, composée de l'argile plastique, du calcaire gros-

sier et de toute la formation gypseuse, y
compris les marnes marines supérieures, ne
s'avance guère au S. et au S.-O. des environs de Paris. La suivante, qui est la plus
complexe, est représentée, dans le N., par
le grès de Fontainebleau, le terrain d'eau
douce supérieur et les faluns de la Touraine : elle comprend, à peu d'exceptions
près, tous les dépôts tertiaires du midi de
la France et de la Suisse, et notamment les
dépôts de lignites de Fuveau, de Kœpfnach
et autres semblables. Le grès de Fontainebleau, superposé aux marnes de la formation gypseuse, est la première assise de ce
Système, de même que le grès du lias,
superposé aux marnes irisées, est la première assise du terrain jurassique. Le
grès de Fontainebleau est peut-être, par
rapport aux arkoses tertiaires de l'Auvergne, ce qu'est le grès inférieur du
lias, par rapport aux arkoses jurassiques d'Avallon. Ces deux séries tertiaires
ne sont pas moins distinctes par les débris de grands animaux qu'elles renferment que par leur gisement. Certaines
espèces d'Anoplothérium et de Paléothérium, trouvées à Montmartre, caractérisent
la première, tandis que d'autres espèces de
Paléothérium, presque toutes les espèces du

genre Lophiodon, tout le genre Anthraco-
thérium, et les espèces les plus anciennes
des genres Mastodonte, Rhinocéros, Hippo-
potame, Castor, etc., particularisent la seconde. Les dépôts marins des collines sub-
apennines et les dépôts lacustres de la Bresse
représenteraient la troisième période tertiaire
caractérisée par la présence des Éléphants,
de l'Ours et de l'Hyène des cavernes, etc.

C'est à la ligne de démarcation qui existe
entre la première et la seconde de ces trois
séries tertiaires que paraît avoir correspondu
le soulèvement du Système de montagnes
dont il s'agit ici, et dont la direction dominante est du N. au S.; les couches de cette
seconde série sont, en effet, les seules qui
soient venues en dessiner les contours.

Au nombre de ces accidents, dirigés du N.
au S., se trouvent les chaînes qui, comme
M. Dufrénoy l'a remarqué, bordent les hautes vallées de la Loire et de l'Allier, et dans
le sens desquelles se sont alignées plus tard,
près de Clermont, les masses volcaniques des
monts Dômes; c'est dans les larges sillons,
dirigés du N. au S., qui séparent ces chaînes,
que se sont déposés les terrains d'eau douce
de la Limagne d'Auvergne et de la haute
vallée de la Loire.

M. Antoine Passy m'a fait connaître der-

nièrement l'existence d'un relèvement jusqu'à présent inaperçu de la craie chloritée,
qui l'amène au jour, à Vernon, dans la vallée de la Seine. Ce relèvement de la craie
chloritée est dans le prolongement d'une
série de relèvements de la craie qui se montrent dans les départements de l'Eure, de
Seine-et-Oise et d'Eure-et-Loir, le long
d'une ligne N.-S., passant par Vernon.
D'après la belle carte géologique du département de Seine-et-Oise, exécutée par M. de
Sénarmont, ingénieur en chef des mines, les
couches du terrain tertiaire inférieur passent
sans s'interrompre sur cette ride saillante
de la craie, mais le grès de Fontainebleau
s'y arrête et ne paraît pas l'avoir dépassée.
Elle semble avoir formé la limite occidentale
du bassin où le grès de Fontainebleau s'est
déposé; d'où il résulterait que les accidents stratigraphiques N.-S., dont nous
nous occupons, sont d'une date intermédiaire entre le dépôt des gypses de Montmartre et celui du grès de Fontainebleau.

La vallée du Rhône qui, à partir de Lyon
se dirige du N. au S., comme celle de la
Loire et de l'Allier, a de même été comblée
jusqu'à un certain niveau par un dépôt
tertiaire dont les couches inférieures, très
analogues à celles de l'Auvergne, sont éga-

lement d'eau douce , mais dont les couches supérieures sont marines. Ici la régularité des couches tertiaires a été fortement altérée dans les révolutions liées aux soulèvements très récents des Alpes occidentales et de la chaîne principale des Alpes.

La même direction se retrouve dans quelques accidents stratigraphiques et orographiques des montagnees du Jura et de la Savoie, où le fond des vallées les plus profondes est comblé par l'étage tertiaire moyen; dans une partie de la crête des Alpes entre le Mont-Blanc et le mont Viso , et dans le groupe des îles de Corse et de Sardaigne , dont les côtes présentent des dépôts tertiaires miocènes en couches horizontales.

On retrouve encore cette direction avec les mêmes indices d'ancienneté dans quelques accidents du sol de l'Italie et de la Grèce , et même dans la chaîne du Liban.

Le groupe des îles de Corse et de Sardaigne, orienté précisément du nord au sud, étant, parmi tous ceux qui viennent d'être cités, celui où la direction qui nous occupe est le plus fortement et le plus nettement dessinée, on peut prendre pour *grand cercle de comparaison* de tout le Système l'un des méridiens de la Corse , par exemple, celui du cap Corse situé à 7_0 2' 40'' à l'E. du méridien de Paris.

Une parallèle menée par Corinthe (lat. 37° 54' 15'' N. , long. 20° 32' 45'' E. de Paris), au méridien du cap Corse, se dirige au N. 8° 23' 27'' E. Le *Système des îles de Corse et de Sardaigne* est représenté en Morée, d'après MM. Boblaye et Virlet (1), par la chaîne de Santa-Meri, orientée, suivant eux, au N. 3° à 4° E., orientation qui diffère de 4° ½ à 5° ½ de celle que le calcul nous indique. M. Viquesnel a cru reconnaître le même Système en Macédoine, dans une série de crêtes et de vallées telles que celles du Drin noir, dont la direction oscille entre le N. 7° E. et le N. 10° E. (2), moyenne N. 8° 30' E. C'est presque exactement la direction que le calcul nous indique pour Corinthe, et, à très peu près aussi, celle qu'il donnerait pour la Macédoine. M. Viquesnel pense qu'en Servie, la sortie du porphyre pétro-siliceux, quartzifère, et de certains trachytes, coïncide avec les soulèvements de cette époque.

(1) Boblaye et Virlet, *Expédition scientifique de Morée*, t. II, 2ᵉ partie, p. 34.

(2) Viquesnel, *Journal d'un voyage dans la Turquie d'Europe* (*Mémoires de la Société géologique de France*, 2ᵉ série. t. I, p. 299).

J'ai moi-même signalé depuis longtemps, comme se rapportant au *Système des îles de Corse et de Sardaigne*, différents accidents stratigraphiques et orographiques de la Hongrie et du Bannat, qui sont placés, à peu de chose près, dans le prolongement de ceux que M. Viquesnel a observés en Turquie.

« Les trachytes de la Hongrie avaient commencé à paraître à la surface du sol avant le dépôt des dernières couches tertiaires, puisque, dans les conglomérats formés de leurs débris transportés dans les plaines de la partie S.-E. du groupe trachytique de Schemnitz, entre Palojita et Prebeli, M. Beudant a signalé des coquilles marines de l'époque tertiaire (miocène ou pliocène?) (*Voyage minéralogique et géologique en Hongrie*, par M. Beudant, t. III, p. 439 et 510). » En d'autres points, les roches trachytiques sont d'ailleurs recouvertes par des mollasses (miocènes).

« En considérant avec attention la carte géologique de la Hongrie et de la Transylvanie, par M. Beudant, on ne peut manquer d'être frappé des alignements à peu près nord-sud qui, à côté de directions parallèles à celles dont je m'occupe principalement dans ce mémoire (Côte-d'Or, Pyrénées, Alpes occidentales, chaîne principale des Alpes), se manifestent dans la disposition de plusieurs des groupes trachytiques et des masses de roches métallifères dont ils sont accompagnés, aussi bien que dans la direction des gîtes métallifères de Schemnitz, Kremnitz, Szaszka, Oravicza, Dognaszka (*voyez* les plans joints à l'ouvrage de M. Boué, intitulé : *Geognostiches gemälde von Deutschland*, 1829). A 30 lieues au sud de Szaszka commence, au milieu de la Servie, près de Kruschevacz, la chaîne des monts Caponi, qui se prolonge, parallèlement au méridien, entre la Macédoine et la Thessalie d'une part, et l'Albanie de l'autre, en bordant à l'est les vallées du Drin noir et de l'Arta (1). » Les observations de M. Viquesnel tendent à confirmer ce premier aperçu dans ce qu'il avait d'essentiel.

Une parallèle au méridien du cap Corse menée par Beyruth, port de Syrie situé au pied du Liban (lat. 33° 49' 45" N., long. 33° 5' 43" E), se dirige au N. 15° 13' 27" E. Cette ligne, tracée avec soin sur une carte de Syrie, est très sensiblement parallèle à la direction générale de la côte, de Gaza à Alexandrette (Skanderun). Elle l'est aussi à peu près à la direction du golfe d'Akaba, à celle de la vallée du Jourdain, et à celle

(1) *Annales des sciences naturelles*, t. XVIII, p. 307, 1829.

des crêtes du Liban, et de quelques parties au moins, de l'anti-Liban. Prolongée vers le nord à travers l'Asie Mineure et la mer Noire, cette même ligne est très sensiblement parallèle à la longue portion du cours du Volga, qui s'étend de Kasan à Sarepta et qui est presque dans le prolongement du cours du Jourdain. Elle est parallèle aussi à la direction de quelques accidents stratigraphiques de l'Oural méridional.

D'après les savants voyageurs M. Botta et M. Russegger, les calcaires du Liban appartiennent, du moins en partie, au terrain crétacé, et d'après la belle carte géologique de la Syrie publiée par M. Russegger (1), et les coupes qui l'accompagnent, des couches tertiaires à lignites, probablement contemporaines de celles de la Provence, de la Suisse et de la Toscane, s'étendent horizontalement au pied même de la chaîne. D'après la carte, si souvent citée déjà, de MM. Murchison, de Verneuil et Keyserling, les terrains crétacés de la Russie centrale sont interrompus par la vallée du Volga, dans l'intervalle ci-dessus indiqué, et bordent souvent de leurs falaises le cours du fleuve, à l'est duquel s'étendent à perte de vue les terrains modernes des steppes de la

(1) J. Russegger, *Reisen in Europa, Asien und Afrika*, 1842.

mer Caspienne. Dans tout l'intervalle de Kasan à la mer Rouge, les terrains tertiaires moyens et supérieurs couvrent çà et là d'assez grands espaces, mais en gisements discontinus. Les terrains tertiaires de l'époque éocène *parisienne* y sont fort rares, si même ils y existent. Il me paraît, d'après cela, très admissible de supposer que la longue série d'accidents stratigraphiques que j'ai signalés de la mer Rouge à Kasan appartient, par son âge comme par sa direction, au *Système des îles de Corse et de Sardaigne.*

La direction du *Système des îles de Corse et de Sardaigne* est peu différente de celle du *Système du nord de l'Angleterre.* Une parallèle au méridien du cap Corse, menée par le point du Yoredale situé par 54° 15' de lat. N., et par 4° 15' de long O. de Paris, se dirige au N. 9° 12' 25'' O. Le grand cercle de comparaison du *Système du nord de l'Angleterre* est orienté au même point vers le N. 5° O. La différence est de 4° 12' 25''.

Le *Système des îles de Corse et de Sardaigne* me paraît avoir été suivi dans l'ordre chronologique, comme le *Système du nord de l'Angleterre* par un Système dont la direction est presque exactement perpendiculaire à la sienne.

XVI. Système de l'ile de Wight, du Tatra, du Rilo-Dagh et de l'Hæmus.

Il est assez curieux de remarquer que les directions du *Système du Pilas et de la Côte-d'Or*, du *Système des Pyrénées* et du *Système des îles de Corse et de Sardaigne*, sont respectivement presque parallèles à celles du *Système du Westmoreland et du Hundsrük*, du *Système des Ballons et des collines du Bocage*, et du *Système du nord de l'Angleterre*. Les directions correspondantes ne diffèrent que d'un petit nombre de degrés, et les Systèmes correspondants des deux séries se sont succédé dans le même ordre ; ce qui conduit à l'idée d'une sorte de récurrence périodique des mêmes directions de soulèvement ou de directions très voisines.

M. Conybeare, dans un article inséré dans le *Philosophical Magazine and Journal of science*, 3ᵉ série, 2ᵉ cahier, août 1832, p. 118, place immédiatement après la période du dépôt de l'argile de Londres l'époque du redressement des couches de l'ile de Wight et du district de Weymouth (Dorsetshire), dont il rapproche plusieurs autres lignes de dislocation, de même peu éloignées de la direction E.-O., qui s'observent en Angleterre.

Rien ne prouve cependant que le redressement des couches de l'argile de Londres, dans l'île de Wight, soit aussi ancien que M. Conybeare l'a supposé, car on ne voit nulle part les couches tertiaires subséquentes reposer sur les tranches de celles de l'argile de Londres ; les faits parlent même contre la supposition de M. Conybeare, les couches alternativement marines et fluviatiles d'Headen-Hill, présentant des traces de dérangement, soit dans leur disposition, soit dans leur hauteur absolue comparée à celle des couches correspondantes de la côte opposée du Hampshire. Toutefois il ne serait pas impossible qu'une partie des dislocations que M. Conybeare a rapprochées eussent été produites pendant la période tertiaire ; qu'elles correspondissent, par exemple, à la ligne de démarcation qui existe entre le grès de Fontainebleau et le calcaire d'eau douce supérieur des environs de Paris, ou à celle qui s'observe entre ce dernier calcaire et les faluns de la Touraine. Or, s'il en était ainsi, la direction des dislocations de l'île de Wight étant sensiblement parallèle à celle du Système des Pays-Bas et du sud du pays de Galles, on aurait un quatrième exemple du retour à de longs intervalles des mêmes directions de dislocation dans le même ordre.

480

Le Système des *Alpes occidentales*, comparé au *Systeme du Rhin* dont il partage la direction à quelques degrés près, ainsi que nous le verrons bientôt, pourrait fournir un cinquième terme à la série de rapprochements qui indique cette singulière périodicité dans les directions des dislocations.

Je m'étais arrêté là, dans l'extrait de mes recherches, inséré en 1833 dans la traduction française du *Manuel géologique* de M. de la Bèche; mais les progrès récents de la science me permettent de fixer aujourd'hui l'âge et la direction du Système de montagnes dont je ne faisais qu'entrevoir l'existence, lorsque j'écrivais ce premier aperçu.

Ce Système, ainsi qu'on va en voir les motifs, me paraît avoir pris naissance à la première des deux époques indiquées ci-dessus, c'est-à-dire entre la période du dépôt du grès de Fontainebleau et celle du dépôt des calcaires d'eau douce supérieurs des environs de Paris.

Sa direction, comme je l'ai annoncé de prime abord, me paraît s'éloigner peu de celle du *Système des Pays-Bas*.

Ce n'est pas dans la direction des accidents stratigraphiques de l'île de Wight, ni dans celle de la ligne d'élévation du Dorsetshire, étudiée avec tant de soin par MM. Buckland et de la Bèche (1) que je chercherai l'orientation du Système entier. J'ai déjà dit ci-dessus, p. 327 et 328, que la direction de la grande ligne de dislocation de l'île de Wight et du Dorsetshire me paraît n'être qu'une reproduction de la direction du *Système des Pays-Bas;* et il me paraît d'autant plus naturel d'y voir une direction d'emprunt qu'elle répète, je ne dirai pas les fautes, mais les déviations de l'original souterrain sur lequel elle paraît en quelque sorte *décalquée.* Toutefois l'ensemble rectiligne de la côte méridionale de la Grande-Bretagne, depuis le Pas-de-Calais jusqu'au Landsend, est un trait orographique tellement simple et tellement étendu, que s'il n'a pas exactement la direction du Système auquel il appartient par l'époque moderne à laquelle il s'est produit, on doit naturellement présumer qu'il ne s'en éloigne que fort peu. Voici par quelles considérations je crois être parvenu à fixer rigoureusement la direction propre de ce dernier.

J'ai remarqué ci-dessus, p. 327, que la perpendiculaire à la méridienne de Rothenburg, dont je me suis d'abord servi comme grand cercle de comparaison provisoire du

(1) *Transactions de la Société géologique de Londres,* 2ᵉ série, t. IV.

Système des Pays-Bas, passe à peu près par
Deal (Kent) et par Saint-Colomb-Minor (Cornouailles), et que sa direction représente,
aussi exactement que possible, la direction
générale de la côte méridionale de la Grande-
Bretagne qui, étant formée en partie de craie
et de dépôts tertiaires, ne peut avoir été
façonnée qu'à une époque postérieure de
beaucoup à la formation du *Système des
Pays-Bas*. D'après ce que nous venons de
dire, il s'agirait maintenant de découvrir sur
la surface de l'Europe un Système d'accidents
stratigraphiques et orographiques d'une date
postérieure au dépôt des terrains tertiaires
inférieurs et d'une direction peu différente
de celle du *Système des Pays-Bas*, mais en
même temps assez étendu et assez proéminent pour que sa direction ne puisse être
taxée de *direction d'emprunt*.

Pour y parvenir, je suis vers l'est la direction de la perpendiculaire à la méridienne
de Rothenburg que j'ai déjà tracée ci-dessus,
p. 295 et 296, à travers l'Europe presque
entière, jusqu'au méridien de Taganrog. En
construisant cette ligne sur la belle carte
géologique de l'Europe centrale par M. de
Dechen, je vois qu'elle traverse la Pologne
méridionale et que la partie de son cours
qui se trouve entre Varsovie et Cracovie

répond au massif montagneux du *Tatra*, situé au sud des Carpathes, dans le nord de la Hongrie, et est à peu près parallèle aux lignes les plus remarquables de ce massif, notamment à la direction générale des hautes vallées de la Czerni-Vag et de l'Hernad.

Il a paru à Berlin, il y a quelques années, chez Simon Schropp, une *Carte géologique de la chaîne du Tatra et des soulèvements parallèles*, dont l'auteur, en s'enveloppant du voile de l'anonyme, n'a pu empêcher qu'on ne devinât assez sûrement son nom, en vertu du vieil adage *ex ungue leonem*.

En examinant attentivement cette carte et en la comparant aux autres cartes de ces contrées, on voit qu'il existe, dans le N. de la Hongrie, plusieurs Systèmes bien distincts de lignes stratigraphiques ayant des directions très diverses ; notamment une ligne sensiblement parallèle au *Système du mont Viso* qui part des environs de Cisoviec, et qui n'affecte que les couches antérieures au terrain nummulitique méditerranéen, le Système des lignes pyrénéennes des Carpathes, celui des lignes presque N.-S. dont j'ai déjà parlé ci-dessus, et qui se dessinent particulièrement aux environs de Kremmitz, dans les méridiens de Mikolasz, de Pohoreta, de Dobszyna, de Podhradzie, de

Folkmar, et mieux encore dans le groupe du Tatra et dans ses prolongements au N. et au S. ; mais le mieux dessiné de tous, est celui des soulèvements parallèles du Tutra indiqué sur le titre même de la carte qui me sert de guide.

L'une des lignes les plus nettes du *Système du Tatra* est formée par les couches redressées du terrain nummulitique méditerranéen ; par conséquent l'époque du soulèvement de ce Système tombe dans les périodes tertiaires. Tout annonce qu'il est antérieur au dépôt des couches tertiaires miocènes ou pliocènes du centre de la Hongrie ; mais le dessin même de la carte conduit à supposer qu'il est postérieur au Système N.-S. du Tatra (*Système des iles de Corse et de Sardaigne*). Les lignes d'élévation étant d'ailleurs presque parallèles à la direction générale des hautes vallées de la Czerni-Vag et de l'Hernad, et, par conséquent, à la perpendiculaire à la méridienne de Rothenburg, on voit que, de toutes manières, elles répondent à ce que nous cherchons.

Les lignes stratigraphiques, très peu divergentes, que la main du maître a tracées dans le massif de Tatra, se dirigent moyennement à l'O. 4° 50' N. Je prendrai, en conséquence, pour *grand cercle de comparaison* du *Système du Tatra*, un grand cercle passant par le mont Lomnica, cime culminante du Tatra (8,012 pieds de Paris=2,602ᵐ au-dessus de la mer.; lat. 49° 11′ N., long. 17° 52′ 40″ E. de Paris), et orienté en ce point à l'O. 4⁰ 50′ N. En me servant de ce *grand cercle de comparaison*, j'examinerai rapidement le rôle que joue le *Système du Tatra*, dans l'Europe continentale d'abord, et ensuite dans l'Angleterre méridionale.

Je commence par la Turquie, et je remarque que M. Viquesnel a signalé, comme particulier à la Turquie, un Système qu'il a désigné sous le nom de *Système du Rilo-Dagh et de l'Hæmus*, et dont il observe que l'orientation O. 7° N. est parallèle, à 1 degré près, à celle du Système du Hainaut (*Système des Pays-Bas*), et offre un nouvel exemple de la récurrence à des époques très différentes de directions analogues. C'est bien encore là le Système que nous cherchons. D'après M. Viquesnel, ce soulèvement a fait surgir la crête dentelée du Rilo-Dagh, le mont Kognavo, les montagnes d'Egri-Palanka, dont les escarpements dominent d'un côté la plaine de Moustapha, etc.; de l'autre, la cavité de Ghioustendil, etc. Nous lui attribuons encore, ajoute M. Viquesnel, la chaîne

41*

de l'Hæmus qui, d'après M. Boué, court O. quelques degrés N. (1).

Les roches éruptives du Système sont, d'après M. Viquesnel, des trachytes amphibolifères dont les débris entrent dans la composition des couches de la mollasse. L'âge du soulèvement qui affecte les couches crétacées est probablement plus récent que le Système achaïque (*Système des Pyrénées*), et se trouve fixé, d'après M. Viquesnel, entre la fin de la période secondaire et le dépôt de l'étage tertiaire moyen. D'après ces données, M. Viquesnel considère le *Système du Rilo-Dagh et de l'Hæmus* comme immédiatement antérieur au *Système des îles de Corse et de Sardaigne*. On peut observer, toutefois, qu'il n'est pas prouvé que ce Système a été antérieur à la totalité de l'étage tertiaire moyen, mais seulement à l'étage des mollasses, et que, par conséquent, on peut le supposer postérieur au grès de Fontainebleau, dont le dépôt est postérieur lui-même à la formation du *Système des îles de Corse et de Sardaigne*.

D'après la carte de M. Viquesnel, dont le réseau géographique a été tracé avec beaucoup de soin par M. le colonel Lapie, le point

(1) A. Viquesnel, *Journal d'un voyage dans la Turquie d'Europe* (*Mémoires de la Société géologique de France*, 2e série, t. 1, p. 298).

culminant du Rilo-Dagh est situé à peu près par 42° 7′ 30″ de lat. N., et par 21° 13′ de long. È. de Paris. Une parallèle au *grand cercle de comparaison du Système du Tatra*, menée par ce point, court à l'O. 7° 25′ N. Elle fait un angle de 25 *minutes* avec l'orientation indiquée par M. Viquesnel.

Cet habile géologue a indiqué l'orientation en degrés seulement, et il est certain qu'en pareille matière l'emploi des minutes est une sorte de luxe, lorsqu'elles ne sont pas données par la moyenne d'un grand nombre de relèvements. Ainsi la coïncidence ne pouvait être plus exacte, et cette coïncidence est d'autant plus remarquable que, d'après les dates mêmes des publications, il serait impossible de supposer que M. Viquesnel et le savant auteur de la carte du Tatra n'aient par déterminé leurs orientations d'une manière absolument indépendante.

En résumé, il me paraît évident que le *Système du Tatra* et le *Système du Rilo-Dagh et de l'Hœmus* sont un seul et même Système que je nommerai dans la suite *Système du Tatra, du Rilo-Dagh et de l'Hœmus*.

On devra probablement rapporter au *Système du Rilo-Dagh et de l'Hœmus*, ainsi que l'a indiqué M. Viquesnel, plusieurs des

lignes de dislocation de la Grèce méridionale, que MM. Boblaye et Virlet ont classées
avec doute dans leur *Système argolique*, et
dont ils ont dit : « Les grandes fractures de
» la côte de l'Achaïe et de la Mégaride ap-
» partiendraient-elles à une époque anté-
» rieure (à celle de la chaîne principale des
» Alpes)? Les résultats que nous avons pu
» constater sont le soulèvement des pou-
» dingues jusqu'à la hauteur de 1,800
» mètres sur tout le versant achaïque dans
» la direction E.-O., et la position horizon-
» tale du terrain subapenniu au pied des
» plus grands escarpements de ce même
» Système (1). »

La direction générale de l'île de Candie
est très sensiblement parallèle à celle du
Système du Rilo-Dagh et de l'Hœmus.

En poursuivant la direction du Rilo-Dagh
vers l'O. jusqu'aux rivages de l'Adriatique,
on arrive à la partie méridionale des côtes
de la Dalmatie, et l'on voit les îles de Meleda,
de Corzola, de Lissa et de Lesina se détacher
de celles qui s'étendent au N.-O., pour dessiner avec une netteté remarquable l'orientation du *Système du Rilo-Dagh et de
l'Hœmus.*

(1) Boblaye et Virlet, *Expédition scientifique de Morée*,
t. II, 2ᵉ partie, p. 33.

La direction de ce groupe d'îles, prolongée à travers l'Italie, passerait très près de l'île d'Elbe, dans une direction à peu près E.-O., c'est-à-dire parallèlement à son axe longitudinal. Il est probable qu'on pourra y rattacher l'origine de l'un des accidents stratigraphiques post pyrénéens, qui se sont superposés pour former la charpente compliquée de cette île célèbre à tant de titres divers. Je regrette de ne pouvoir compléter cette recherche pour le moment. La direction de l'île d'Elbe, prolongée à l'O., coupe l'île de Corse à l'entrée du golfe de Saint-Florent, détachant ainsi du reste de l'île la crête étroite dirigée N.-S., qui se termine au cap Corse. Les îles del Giglio et de Monte-Cristo s'alignent de l'E. à l'O., parallèlement à l'axe de l'île d'Elbe. Entre les deux lignes se trouve l'*Isola Pianosa*, formée de couches de mollasse miocène dont son nom même indique l'horizontalité.

Plus au N., la même direction se dessine beaucoup plus en grand dans une partie considérable des Alpes et du Jura.

Afin de pouvoir la reconnaître d'abord dans les Alpes orientales, je mène par Villach, en Carynthie (lat. 46° 36' 50" N., long. 11° 30' 31" O. de Paris), une parallèle au *grand cercle de comparaison du Système*

du Tatra, du Rilo-Dagh et de l'Hœmus, qui
est orienté, au mont Lomnica, à l'O. 4°50'N.
Je trouve qu'à Villach, cette parallèle est
orientée à l'O. 0°9' S., ou, en d'autres termes, à très peu près de l'E. à l'O.

Cette direction n'est certainement pas
celle des accidents orographiques et stratigraphiques les plus largement dessinés des
Alpes orientales. Ces accidents de premier
ordre sont d'une part les lignes pyrénéennes
des Alpes Juliennes dirigées vers l'E.-S.-E.,
et de l'autre la grande bande calcaire septentrionale qui s'avance à l'E., quelques
degrés N. vers Vien-Neustadt. Mais entre
ces deux directions divergentes il existe
une direction intermédiaire que M. Léopold
de Buch a signalée depuis longtemps, direction qui, sans être aussi nettement dessinée que les deux autres, pourrait être
regardée comme la plus fondamentale. C'est
la direction de l'axe de roches primitives qui
s'avance du Brenner vers Graetz, et qui
comprend les cimes les plus élevées de ces
contrées, le gros Glockner, le Wenedi-
ger, etc. Cette direction court presque
exactement de l'O. à l'E.; par conséquent,
elle est sensiblement parallèle à celle
du *Système du Tatra, du Rilo-Dagh et de
l'Hœmus,* et l'on pourrait même être tenté

de la considérer comme étant en Europe le
type principal de ce système.

Cette même direction se retrouve dans
une foule d'accidents orographiques et de
lignes remarquables des Alpes autrichiennes, bavaroises, suisses et italiennes. Je
ne puis en citer ici que quelques exemples.

On peut remarquer d'abord que la ligne
E.-O. menée par Villach même représente
très bien la direction générale de la vallée
de la Drave, de Villach à Marburg, et
qu'elle est très sensiblement parallèle à
la vallée de Pusterthal, de Brunecken
à Lienz, à la haute vallée de l'Adige, de
Glurns à Meran, à la haute vallée de la
Salza, à une partie de la vallée de l'Inn
aux environs d'Innspruck, au passage de
l'Arlberg et à une partie de la vallée de
Klosterle qui en descend; on la retrouve
même dans la partie inférieure de la Val-
teline, au-dessous de Tirano, dans une
partie de la vallée d'Aoste, dans quelques
parties du Valais, etc., etc.

Cette direction s'observe également dans
une partie des crêtes qui bordent ou qui
avoisinent les grandes vallées dont je viens
de parler. C'est la direction d'une série de
crêtes qui, commençant au Bacher, près de

Marburg, s'étend par le Terglou jusqu'au
delà du Tagliamento. C'est une des directions
qui se dessinent le plus nettement dans les
montagnes dolomitiques si justement célèbres qui dominent les vallées de Fassa et
de Saint-Cassian (Marmolade, Sasso Ver-
nale, montagnes du Seisser-Alp, etc.). C'est
celle suivant laquelle se raccordent les
masses énormes qui bordent au nord la
haute vallée de l'Adige, entre le passage de
Brenner et celui de Heiden. C'est la direction des accidents stratigraphiques et des
crêtes principales du massif calcaire qui
domine Innspruck vers le nord (Solstein,
Speckkor, etc.).

Je dois abréger cette liste dont il me
serait facile de couvrir des pages entières.
J'ajouterai seulement que l'origine de ces
accidents orographiques est évidemment
postérieure à toute la série des couches alpines jusqu'au terrain nummulitique méditerranéen, avec le flysh inclusivement,
mais antérieure à toute la série des mollasses
miocènes.

Je passe au Jura, où le *Système du Tatra,
du Rilo-Dagh et de l'Hœmus* se dessine très
nettement dans la chaîne du Lomont, qui
nous conduira à jeter encore un coup d'œil
sur les Alpes de la Suisse.

La chaîne du Lomont et l'ensemble des chaînes qui lui sont parallèles dans le Jura septentrional, entre Regensperg et Baume-les-Dames d'une part, Delemont et Ferette de l'autre, ont une direction très sensiblement parallèle à une ligne tirée de Regensperg à Courtavant, sur la route de Porrentruy à Bâle, ou à une ligne parallèle à la première, tirée d'Auenstein, près d'Arau, à Baume-les-Dames (Doubs).

La direction commune de ces deux lignes court à très peu de chose près de l'E. 5° N. à l'O. 5° S. de la projection de Cassini; le centre de l'espace que je viens d'indiquer dans la partie septentrionale du Jura se trouve à peu près, à Porrentruy, par 47° 22' N. et par 4° 45' de lat. E. de Paris. Une parallèle au *grand cercle de comparaison du Système du Tatra, du Rilo-Dagh et de l'Hæmus*, menée par Porrentruy, court en ce point à l'O. 5° 12' S. du monde. Les lignes horizontales de la projection de Cassini étant orientées à Porrentruy à l'O. 3° 29' 34" N. du monde, il en résulte que la parallèle au *Système du Tatra, du Rilo-Dagh et de l'Hæmus*, menée par Porrentruy, se dirige à l'O. 8° 40' S. de Cassini, et qu'elle fait avec la direction de la chaîne du Lomont un angle de 3° 40'. Cette différence

42

est inférieure à la divergence des lignes dont il faut prendre séparément la moyenne pour avoir la direction soit du Tatra , soit du Lomont, et elle n'est guère plus grande que celle qui existe à Porrentruy, entre l'orientation astronomique et l'orientation de Cassini. Elle disparaîtrait presque si l'on faisait abstraction de cette dernière. Elle ne devra pas toujours être négligée, et elle jouera le rôle qui lui appartient lorsqu'on appliquera les méthodes indiquées au commencement de cet article à la fixation définitive du *grand cercle de comparaison du Système du Tatra, du Rilo-Dagh et de l'Hœmus ;* mais je crois que pour le moment on peut en faire abstraction.

Le Lomont et les chaînons qui lui sont sensiblement parallèles sont évidemment antérieurs au dépôt du terrain d'eau douce de couleurs bariolées (miocène, mollasse d'eau douce inférieure) qui remplit le bassin de Delemont. Les traces de dérangement que présente ce dépôt miocène et la hauteur à laquelle il se trouve porté s'expliquent naturellement par les accidents stratigraphiques d'une date postérieure (Alpes occidentales , chaîne principale des Alpes) qui sont venus croiser le Lomont dans le nord du massif du Jura.

Ce fait assujetit l'âge relatif du Lomont et des soulèvements parallèles à ne pas être plus moderne que les premières couches du terrain des mollasses miocènes ; condition un peu plus précise que celles trouvées pour le Tatra et le Rilo-Dagh, auquel le Lomont est sensiblement parallèle, parce que les mollasses de la Suisse sont plus épaisses et mieux connues que celles de la Hongrie et de la Turquie.

Les crêtes du Lomont ne traversent en aucun point les mollasses de la Suisse; elles en sont enveloppées, et leurs dislocations propres n'y pénètrent pas, du moins en général. Mais au-delà de la grande vallée subalpine et subjurassique, dont les mollasses et le nagelfluhe ont rempli le fond, on retrouve la direction du Lomont, c'est-à-dire la direction du *Système du Tatra, du Rilo-Dagh et de l'Hœmus*, dans plusieurs accidents stratigraphiques remarquables du versant nord des Alpes ; notamment au midi du lac Léman, dans le massif des dents d'Oche et des rochers de Meillerie; au midi de Berne, dans le massif du Stockhorn, entre les bains du Gurnigel, Gruyère et Erlenbach ; au midi de Lucerne, dans le flanc nord du mont Pilate ; et au midi du lac de Zurich, dans la ligne qui sépare les mollasses du

terrain nummulitique épicrétacé et du
flysh (C² de la *Carte géologique de la France*),
entre le lac d'Egeri et Vesen.

Le massif du Gurnigel et du Stockhorn, est
situé à environ 15′ à l'E. du méridien de Porrentruy ; une parallèle au *Système du Tatra*,
menée par son centre, se dirigerait à peu
près à l'O. 5° S. du monde. Or, si par le
Schwefelberg-Bad, on trace, sur la carte des
Alpes suisses occidentales par M. Studer,
une ligne dirigée à l'O. 5° S., on verra
qu'elle est parallèle à la direction générale
de la vallée de la Kalte-Sense, à celle de
la crête de l'Arnisch ; et en faisant abstraction de quelques accidents parallèles au Système de la chaîne principale des Alpes, on
concevra qu'elle représente assez bien la
direction qui devait caractériser le petit
groupe du Gurnigel, lorsque le dépôt des
mollasses miocènes est venu entourer sa
base.

Ainsi qu'on peut le voir sur la carte géologique de la France, toutes les lignes que
je viens de citer en Suisse, orientées entre
l'O. et l'E. 10° S. de la projection de Cassini, et par conséquent très peu éloignées
de la direction du *Système du Tatra*, *du
Rilo-Dagh et de l'Hæmus*, se distinguent très
nettement de celles qui appartiennent au

Système de la chaîne principale des Alpes. Celles-ci sont représentées dans le Jura par une ligne tirée de Salins à Baden, et au pied nord des Alpes par la grande faille, si longtemps problématique, qui court de Fitznau à Naefels, et qui reporte le terrain nummulitique méditerranéen sur le nagelfluhe du Righi. Bien différentes de ces dernières, les lignes qui appartiennent au *Système du Tatra*, *du Rilo-Dagh et de l'Hœmus* s'arrêtent généralement à la rencontre du terrain de mollasse et de nagelfluhe; elles sont donc évidemment plus anciennes.

On peut suivre ces lignes dans les Alpes autrichiennes et bavaroises où elles vont se rattacher à celles que j'ai déjà signalées dans le Vorarlberg, le Tyrol et la Carynthie.

Le *Système du Tatra*, *du Rilo-Dagh et de l'Hœmus* joue donc, comme le *Système des Pyrénées* et plusieurs autres des Systèmes dont nous nous sommes déjà occupé, un rôle important dans la structure des Alpes. Peut-être existe-t-il aussi, en Piémont et en Provence (ligne de Savone à Orange, orientée à l'O. 7° S. de Cassini), dans les Corbières (Aude) et dans quelques parties du versant N. des Pyrénées (Rimont, Bagnères-de-Bigorre, Pic du Midi, ligne de Peyrehorade à Bayonne, qui est pres-

42*

que le prolongement exact de la ligne de
Savone à Orange, Chalosse), ainsi que
dans le prolongement de cette chaîne vers
les Asturies. Peut-être doit-on rapporter
à ce *Système* certaines lignes de direction
orientées un peu au S. de l'O. que M. Bo-
chet, ingénieur des mines, a signalées, dans
un mémoire inédit sur la structure des
Pyrénées. Il est toutefois évident que le
Système du Tatra, de même que le *Système
des îles de Corse et de Sardaigne*, ne doit
jouer, dans toute la Gascogne, qu'un rôle
extrêmement limité, puisque les couches de
l'étage éocène parisien et celles de l'étage
miocène y sont assez sensiblement concordantes pour qu'il soit souvent difficile de
tracer leur limite commune.

Le prolongement occidental de quelques
unes des lignes du *Système du Tatra* que j'ai
signalées en Suisse passe très près des tertres
balsatiques de Drevin, au nord du Creusot (Saône-et-Loire), et les alignements à
peu près E.-O. que M. Rozet a signalés
dans les masses basaltiques, disséminées sur
la surface de l'Auvergne, pourraient peut-
être aussi être attribués à l'existence de
fentes parallèles au *Système du Tatra*, dont
la formation a précédé les éruptions basaltiques de cette contrée. Mais je me hâte

de revenir à la partie méridionale de l'Angleterre.

Une parallèle au grand cercle de comparaison du *Système du Tatra*, *du Rilo-Dagh et de l'Hœmus*, menée par le point où la perpendiculaire à la méridienne de Rothenburg, coupe le méridien d'East-Cowes (lat. 50° 55′ 20″ N., long. 3° 36′ 30″ O. de Paris), se dirige à l'O. 11° 23′ S. du monde. Elle forme, avec la direction en ce point de la perpendiculaire à la méridienne de Rothenburg indiquée ci-dessus, p. 296, un angle de 1° 12′ 33″. Cet angle est à peu près négligeable; par conséquent on peut dire que la parallèle au *Système du Tatra* représente la direction générale de la côte méridionale de l'Angleterre presque aussi bien que la perpendiculaire à la méridienne de Rothenburg. L'angle formé par les directions du *Système des Pays-Bas* et du *Système du Tatra* est si peu considérable, qu'il est très difficile de décider si une ligne géologique donnée appartient à l'un plutôt qu'à l'autre. Par conséquent, le *Système du Tatra* offre bien réellement, comme nous l'avions soupçonné dès l'abord, un nouvel exemple de la récurrence des mêmes directions à diverses époques, et même un exemple plus net qu'aucun de ceux déjà cités.

Par la même raison, il devient difficile de décider définitivement si la ligne de dislocation de l'île de Wight et du Dorsetshire appartient, comme direction d'emprunt, au *Système des Pays-Bas*, ou si elle appartient purement et simplement, par sa direction comme par son âge, au *Système du Tatra;* mais cette question cesse en même temps d'avoir aucune importance : elle s'évanouit pour ainsi dire. Le *Système des Pays-Bas* a été en quelque sorte reproduit en masse à l'époque beaucoup plus moderne de l'apparition du *Système du Tatra*, et chacun de ses accidents a pu être reproduit ou continué, même dans ses détails et ses déviations.

Mais le *Système du Tatra* n'est peut-être pas le seul dont l'apparition ait rouvert et amplifié les dislocations du *Système des Pays-Bas*. Quoique le *Système des Pyrénées* forme avec le *Système des Pays-Bas* un angle de plus de 26°, il ne serait pas impossible qu'il eût produit un effet semblable ; nous avons déjà admis ci-dessus que le *Système de la Côte-d'Or* a produit un effet analogue sur les accidents préexistants du *Système du Rhin* avec la direction desquels il forme un angle d'environ 30°.

On pourrait admettre d'après cela que dans les lignes d'élévation de la région

wealdienne, que M. Hopkins, ainsi que je
l'ai déjà remarqué, a figurées sur sa carte du
S.-E. de l'Angleterre (1) par des *lignes brisées* plutôt que par des lignes courbes, les
parties dirigées à l'O., ou à l'O. quelques
dégrés S., sont des déviations de la direction pyrénéenne, suivant la direction propre ou suivant des directions accidentelles
du *Système des Pays-Bas.* Mais toutes les
lignes d'élévation O. un peu S. de M. Hopkins ne sont pas dans ce cas. Toutes ne
sont pas de l'âge du *Système des Pyrénées.*
Quelques unes sont, comme la grande ligne
de dislocation de l'île de Wigth et du Dorsetshire, de l'âge du *Système du Tatra,* et elles
se rapprochent beaucoup en même temps
de la direction propre à ce système.

Je m'attacherai principalement à l'une
d'elles pour laquelle cette conclusion me
paraît surtout évidente.

Parmi toutes les lignes d'élévation de la
région wealdienne que M. Hopkins a figurées
sur sa carte déjà citée, celle qui se prête le
moins bien à son Système général d'explication, est la ligne [*anticlinale* dans une
partie au moins de sa longueur (p. 22)] qui,
passant au pied du Hogsback, s'étend de
Farnham à Seal. Cette ligne d'élévation

(1) *Transact. of the geol. Soc. of London,* 2ᵉ série, t. VII.

présente une courbure légère, mais *opposée*
à celles des lignes correspondantes du diagramme théorique de la page 40 du mémoire de M. Hopkins. Je la remplace non par
une ligne d'une courbure contraire, mais
par une simple ligne droite tirée de l'une
à l'autre de ses deux extrémités (ce qui est
lui faire subir une modification *moitié moindre*), et je remarque que cette ligne de Farnham à Seal, prolongée vers l'est, va traverser le relèvement de la craie qui forme
l'île de Thanet à l'extrémité méridionale de
l'embouchure de la Tamise, entre Ramsgate
et Margate. Cela me confirme d'abord dans
la pensée que M. Hopkins a eu parfaitement
raison de ne pas figurer sur sa carte la ligne
anticlinale de Seal comme tournant vers l'E.
S.-E., au pied des North-Downs, et me prouve
que cette ligne poursuit son cours dans
une direction à peu près rectiligne à l'E.
N.-E., en dehors de la région wealdienne
proprement dite. Dans une direction opposée, je vois que M. de la Bèche a tracé sur
les feuilles 19, 20 et 21 de la carte géologique de l'ordonnance, entre Froome, Mere,
Milverton et la baie de Bridgewater, au midi
des Mendips-Hills, plusieurs failles dirigées à l'O. ou à l'O. un peu S. de la carte
de l'ordonnance, qui affectent toutes les cou-

ches triasiques , oolithiques et crétacées qui se rencontrent sur leur passage.

A Wanstrow, existe une faille dirigée à l'O. 12° $\frac{1}{2}$ S. de la carte de l'ordonnance. Son prolongement passe un peu au sud de Glastonbury-tor. Le côté nord est abaissé.

A l'O.-N.-O. de Taunton , un peu au nord de Wiveliscombe et de Milverton, une faille dirigée à l'O. 5° S. de la carte de l'ordonnance coupe le nouveau grès rouge (*Geological Survey*, feuille 21).

A Mere existe une faille dirigée à peu près à l'O. 13° S. de la carte de l'ordonnance (*Geological Survey*, feuille 19), qui élève l'argile de Kimmeridge , située au sud, au niveau de la craie située au nord.

La faille de Mere me paraît être la plus favorablement placée pour représenter approximativement le prolongement O.-S.-O. de la ligne d'élévation de Seal à Farnham. En effet, si je tire sur la carte de M. Greenough une ligne de Mere à Margate, je vois que cette ligne passe juste à Farnham, qu'elle suit exactement le pied septentrional de la crête du *Hogs-Back* en laissant au nord les coteaux tertiaires d'Epsom , et qu'elle finit par raser dans toute leur longueur les falaises d'argile de Londres et de craie de Chute-Cliff et de Margate, dont elle dessine exactement la direction jusqu'au Foreness, qui termine au sud l'embouchure de la Tamise. Près de cette ligne, à une petite distance au nord, les sources minérales de Jessop-Well et d'Epsom, au sud celle de Whitstable, attestent qu'elle marque la direction de dislocations assez anciennes. Je crois, en somme totale, qu'elle représente la direction de la ligne d'élévation dont une partie a été dessinée par M. Hopkins, de Farnham à Seal, mieux que ne pourrait le faire une rectification quelconque de la ligne légèrement sinueuse qu'il a tracée.

Cette ligne de Margate à Mere, et à Taunton, est accompagnée au sud et au nord d'autres accidents stratigraphiques parallèles déjà indiqués, ainsi que je l'ai rappelé ci-dessus, par M. Conybeare, et dessinés, ou cités en partie par M. Hopkins.

Au nord surtout, on doit remarquer la ligne anticlinale exactement parallèle à celle de Mere à Margate, qui s'étend de Steeple-Ashton à Shalbourne, en relevant avec la craie les lambeaux d'argile de Londres, du Great-Betwin et de l'Inkpen-Beacon.

Entre les deux s'étend, de Shalbourne à Bassingstoke, une ligne de collines crayeuses dessinées d'une manière proéminente sur la belle carte de M. Greenough, ligne sur la-

quelle sont venues éclore quelques unes des
vallées d'élévation de M. Buckland (mémoire déjà cité). La ligne de Shalbourne à
Basingstoke n'est autre chose que la prolongation de l'axe pyrénéen des Wealds, qui
est *croisé* par les lignes anticlinales de Seal
et de Steeple-Ashton, et qui a été accidenté,
postérieurement à son origine première, par
la formation des vallées d'élévation. L'axe
pyrénéen des Wealds est antérieur au dépôt
de l'argile plastique et de l'argile de Londres ; les lignes anticlinales de Seal (Hogs-
Back) et de Steeple-Ashton lui sont postérieures, de même que les vallées d'élévation. Un coup d'œil jeté sur la belle carte
de M. Greenough, qui offre un si excellent
tableau de la structure géologique et orographique de l'Angleterre, montre, plus
clairement qu'aucune description ne pourrait le faire, comment deux systèmes d'âges
différents et de directions différentes se
croisent sans se confondre, tout en se sou-
dant et s'anastomosant, pour ainsi dire, à
leurs points de rencontre. C'est ce qui arrive
aussi pour les lignes d'élévation du Jura
français et suisse, dont on a souvent dit
qu'elles s'infléchissent, parce qu'on n'a pas
cherché ou qu'on n'a pas su trouver leurs
prolongations rectilignes : et je rappellerai

à cette occasion ce que M. Scipion Gras a si bien dit des montagnes du département de la Drôme, « que, dans un groupe de montagnes, quelque compliqué qu'il soit, les chaînes qui ne sont pas parallèles se croisent sans se confondre, et qu'il peut résulter de ces croisements que des sommités soient alignées, quoique les directions de leurs couches ne soient pas les mêmes (1). »

Le groupe de lignes stratigraphiques dont nous nous occupons joue dans le midi de l'Angleterre un rôle capital. La ligne de dislocation de l'île de Wight est en rapport, comme je l'ai déjà fait observer, avec la direction, rectiligne dans son ensemble, de la côte méridionale de l'Angleterre, du Pas-de-Calais au Landsend. La ligne d'élévation de Seal avec son cortége de lignes parallèles correspond à l'étranglement si remarquable que présente l'Angleterre entre l'embouchure de la Tamise et celle de la Saverne.

Mais les lignes que nous considérons ne sont pas seulement des lignes britanniques ; ces lignes sont au nombre des plus remarquables dans la charpente de l'Europe entière. Pour le constater je reviens à leur direction.

La ligne de Margate à Farnham, à Mere et à Taunton, coupe le méridien de Green-

(1) S. Gras, *Statistique minér. du dép. de la Drôme,* p. 19.

wich sous un angle de 82° et à 11′½ au midi de cet observatoire célèbre, c'est-à-dire par 51° 15′ 10″ de lat. N. Elle se dirige en ce point de l'E. 8° N. à l'O. 8° S. du monde.

Une parallèle au grand cercle de comparaison du *Système du Tatra*, menée par ce point d'intersection, qui tombe sur la carte de M. Greenough, un peu au nord de Botley-Hill, court à l'E. 10° 27′ N. Elle forme avec la ligne de Mere à Margate un angle de 2° 27′. Cet angle surpasse un peu celui que nous avons trouvé à l'île de Wight, entre la parallèle au *Système du Tatra* et la direction générale de la côte méridionale de l'Angleterre ; il est un peu plus petit que celui que nous avons trouvé dans le Jura, entre la parallèle au *Système du Tatra* et la direction du *Lomont*; mais ce qui doit être surtout remarqué, c'est que les trois différences sont comptées dans le même sens, d'où il résulte que les trois directions de Lomont, de la côte méridionale de l'Angleterre, et de la ligne de Margate à Farnham et à Mere, approchent encore plus d'être parallèles entre elles qu'elles n'approchent de l'être au *grand cercle de comparaison du Système du Tatra*, tel que nous l'avons adopté *provisoirement*.

Quoi qu'il en soit, cette différence de

2" 27' me paraît assez petite pour pouvoir être négligée dans le tâtonnement actuel. Afin que ce tâtonnement repose sur une base uniforme, je substitue à la ligne de Mere à Margate une parallèle au *grand cercle de comparaison du Système du Tatra*, menée par le point d'intersection de cette même ligne avec le méridien de Greenwich (lat. 51° 15'10" N. long 2" 20' 24" O. de Paris), et je prolonge la parallèle vers l'est, comme un arc de grand cercle.

La résolution d'un simple triangle rectangle montre que cet arc du grand cercle coupe perpendiculairement, par 52° 0' 4" de lat. N., le méridien situé à 10° 57' 54" à l'E. de celui de Paris. Le point d'intersection tombe à 29' 35" au sud et à 5' 36" à l'ouest de Berlin.

Notre ligne prolongée est très facile à construire, d'après ces données, sur la belle carte géologique de l'Europe centrale par M. de Dechen. On voit alors qu'elle passe un peu au nord des collines de sables tertiaires de Berg-op-Zoom et de Gertruyden-berg, si analogues à celles de Bagshot-Heath. Plus à l'est, elle traverse les collines crétacées des environs e Munster parallèlement à la bande presque rectiligne de terrain crétacé qui, au nord de Dortmund, se

termine à peu près à la ligne tirée de Vesel
à Paderborn. Plus à l'est encore, notre ligne
traverse la vallée d'élévation au fond de laquelle surgissent les célèbres eaux minérales
de Pyrmont, ce qui établit une sorte de
lien stratigraphique, peut-être assez inatten-
du, entre ces eaux et celles d'Epsom, et entre
la vallée de Pyrmont elle-même et les vallées d'élévation du midi de l'Angleterre.

En suivant, plus à l'est encore, le cours de
cette même ligne, on la voit passer au pied
nord du Hartz, traverser l'Elbe un peu au
sud de Magdebourg, puis s'étendre dans la
plaine erratique immense de la Prusse et de
la Pologne, dont elle côtoie à peu de distance
la limite méridionale. Les protubérances de
roches solides inférieures deviennent des
raretés au nord de cette ligne; mais ce qui
est bien digne de remarque, c'est que leur
influence se faisant probablement sentir à
travers le manteau erratique qui les dérobe
à la vue, la direction de notre ligne se retrouve d'une manière frappante dans celles
de plusieurs grandes portions de rivières : la
Sprée et la Havel, près de Berlin; l'Elbe
entre Wittemberg et Dessau; l'Oder, dans
une partie de son cours, entre Glogau et
Frankfort; la Warte et la Bzura, dans leurs
principaux tronçons; le Bug et la Vistule, de

43*

Brzesk-Litewsk à Polk. Le cours de toutes
ces portions de rivières est parallèle à notre
ligne, comme le cours de la Tamise elle-
même dans sa partie inférieure.

Prolongé plus à l'est encore, le même
arc de grand cercle coupe le méridien de
Kiev (28° 13' 21" à l'O. de Paris) par
50° 42' 47" de lat. N. , c'est-à-dire à 15'
44" au nord de cette capitale de l'Ukraine,
et sous un angle de 76° 29' 10", en se
dirigeant à l'E. 13° 30' 50" S. Construite
sur la belle carte géologique de la Russie , publiée par MM. Murchison , de
Verneuil et Keyserling , cette ligne passe
un peu au sud de la rivière Narine, à laquelle elle est parallèle. Elle est parallèle
aussi , à peu de chose près , à la direction
générale des rivières Pripet et Sem qu'elle
laisse au nord, et à celle de Douetz, qu'elle
laisse un peu au sud. Elle laisse au nord
les célèbres marais de Pinsk, dont les eaux,
incertaines de leurs cours , se partagent
entre la mer Baltique et la mer Noire, et
elle traverse le Dnieper près du point où,
après avoir reçu une grande partie des eaux
du midi de la Pologne et de la Russie, il
s'engouffre dans les gorges pittoresques qui
le conduisent à la mer Noire. Notre ligne
marque donc à peu près le bord septen-

trional de cette longue protubérance d'une faible saillie, mais d'une influence bien marquée sur les directions des rivières, qui forme, en quelque sorte, le seuil de la Russie méridionale.

On voit ainsi que notre ligne forme la limite septentrionale, non seulement de l'Angleterre méridionale, mais *de l'Europe méridionale tout entière.* Elle laisse au nord les comtés d'Essex, de Suffolk, de Norfolk, le bassin peu profond de la mer du Nord, les plaines du Hanovre et l'immense étendue des plaines baltiques, sarmates et russes.

Cette même ligne passe à environ vingt-cinq lieues vers le nord des cataractes du Dnieper. L'intervalle est un peu plus grand que celui qui la sépare en Angleterre de la ligne de dislocation de l'île de Wight, dont la direction prolongée jusqu'en Ukraine passerait par conséquent un peu au nord, mais à une assez petite distance de ces cataractes célèbres.

Une telle réunion de circonstances montre, si je ne me trompe, que le groupe de lignes stratigraphiques du midi de l'Angleterre, dans lequel j'avais entrevu originairement, ainsi que je l'ai rappelé en commençant, un premier rudiment du système dont nous nous occupons, forme en effet un des traits les plus remarquables de ce système, que je propose de nommer en conséquence *Système de l'île de Wight, du Tatra, du Rilo-Dagh et de l'Hæmus.*

L'âge relatif de ce système me paraît être intermédiaire entre l'époque du grès de Fontainebleau et celle des mollasses d'eau douce inférieures de l'étage miocène, qui correspondent au calcaire d'eau douce supérieur et aux meulières supérieures du bassin de Paris. Il est d'abord évident, d'après les faits que j'ai brièvement rappelés ci-dessus, que ce système est postérieur à toutes les couches de l'étage tertiaire inférieur qui existent dans le midi de l'Angleterre, et l'on peut assez naturellement en conclure qu'il est postérieur à tout l'étage tertiaire inférieur.

Depuis le Rilo-Dagh jusqu'au Lomont, les rides produites par ce même système ont servi d'assiette à tout le terrain des mollasses miocènes qui se sont moulées sur leurs contours avec une exactitude remarquable, ce qui porte naturellement à penser qu'il leur est antérieur. Je crois même qu'il leur est immédiatement antérieur, car le grès de Fontainebleau ne montre pas cette disposition toute spéciale à se modeler sur les contours que ce système a déterminés. Il est vrai que jusqu'à présent le grès de Fontainebleau n'est bien positivement connu que dans le bassin de Paris; mais ce fait négatif vient lui-même à l'appui de la remarque précédente. Dans le bassin de Paris les grès et sables de Fontainebleau ne montrent aucune tendance à se rapprocher des rides de notre système, tandis que le grand dépôt d'argiles bariolées, de sable granitique et de silex qui forme la base du sol des plaines de la haute Normandie, et qui se rattache aux meulières supérieures des environs de Paris, s'étend jusqu'au haut des falaises du pays de Caux, et s'approche par conséquent aussi près que possible de la ligne saillante des côtes méridionales de l'Angleterre, qu'il ne paraît pas avoir dépassée et qui a probablement formé sa limite originaire. L'influence de cette ligne sur le dépôt de toutes les assises supérieures de grand étage miocène est tellement marquée, que depuis l'île de Wight jusqu'à l'Ukraine on n'en trouve plus au nord que des lambeaux peu étendus, tels que le crag inférieur du Suffolk, tandis qu'au sud elles couvrent de très vastes espaces.

L'influence du *Système du Tatra* sur toutes les assises supérieures de l'étage miocène n'est pas moins marquée que celle du

Système des Pyrénées sur l'étage éocène parisien.

Sir Roderick Murchison remarque , dans son dernier mémoire déjà cité plus haut , qu'au pied des Alpes la grande solution de continuité dans la série des couches sédimentaires modernes, le *grand hiatus*, suivant sa propre expression (228 et 308), se trouve entre les couches à fucoïdes (macigno, flysh) et les mollasses miocènes. Le *hiatus* est en effet très grand, car il correspond à tout l'intervalle de temps qui s'est écoulé entre la formation du *Système des Pyrénées* et celle du *Système du Tatra*. Il est supérieur en étendue , mais assez analogue à celui qui existe entre le calcaire carbonifère et le terrain permien qui, dans les plaines de la Russie, sont superposés l'un à l'autre en stratification presque concordante, et ne peuvent être distingués d'une manière certaine que par des différences paléontologiques. Ces différences sont à peu près du même ordre que celles qui permettent de distinguer le terrain miocène du terrain nummulitique méditerranéen, auquel il est superposé parallèlement dans les provinces vénitiennes , au pied des crêtes pyrénéennes des Alpes Juliennes. L'existence bien avérée de pareilles *lacunes* (*hiatus*, si l'on trouve le mot plus élégant) m'a fait suspecter un moment la continuité que j'avais remarquée en Savoie entre les couches crétacées et les couches nummulitiques. Les faits constatés par sir Roderick Murchison tendent à prouver que j'avais fait trop bon marché de mes propres observations à cet égard ; mais ils n'infirment pas l'existence de la *lacune* (ou *hiatus*) que j'ai signalée aux environs de Paris entre la la craie et l'argile plastique, lacune qui n'est que très imparfaitement remplie par le calcaire pisolithique.

Lorsqu'on borne ses observations à un seul pays, une répugnance involontaire, une sorte d'*horreur du vide* éloigne l'idée de longues lacunes chronologiques entre des couches qui s'appliquent l'une sur l'autre, et dont la supérieure a souvent emprunté quelques uns de ses éléments et même sa couleur à celle qui la supporte ; mais quand on vient à embrassser un horizon plus étendu, on voit que cette répugnance n'est qu'un *préjugé local*, et l'on arrive à concevoir que lorsque toutes les lacunes du même genre auront été reconnues et comblées, la série zoologique de la paléontologie prendra une continuité et une régularité bien différentes de la forme saccadée qu'on lui a attribuée pendant longtemps, et pour le maintien de laquelle l'existence des *Systèmes de montagnes* ne fournit aucun argument solide.

Un fait remarquable à noter encore relativement au *Système du Tatra*, c'est que sa direction, qui est parallèle à celle de l'ensemble du massif du Caucase, joue un rôle important au pied méridional de l'Ural. Une parallèle au grand cercle de comparaison de ce système, menée par Uralsk sur la rivière Ural (lat. 51° 11' 23" N., long. 49° 2' 22" E. de Paris), se dirige à l'E. 27° 35' S. Construite sur la belle carte géologique de la Russie d'Europe, publiée par MM. Murchison, de Verneuil et Keyserling, carte qui m'a déjà fourni tant de rapprochements curieux, cette ligne coupe l'Ural au Pic figuré au sud du mont Airuk, et elle représente *aussi exactement que possible* la direction *générale* de la bande de terrain crétacé que les savants auteurs ont figurée au sud d'Orenburg, et qui forme la limite nord de la grande steppe des Kirghis, dont le sol est généralement formé par des terrains tertiaires récents.

Cette steppe immense, considérée dans ses traits les plus généraux, présente vers le N.-O., près de Volsk, une terminaison presque rectangulaire due à la rencontre à peu près orthogonale de la ligne que je

viens de citer avec les falaises de la rive
droite du Volga, qui appartiennent, par
leur direction, au *Système des îles de Corse
et de Sardaigne.*

La cause de cette rectangularité est la
même que celle qui fait que la direction de
l'île d'Elbe est perpendiculaire à celle de
la crête étroite du cap Corse. C'est que les
deux systèmes des *îles de Corse et de Sardaigne* et *du Tatra* sont orientés suivant des
directions à peu près perpendiculaires entre
elles.

Il est facile de calculer, en effet, que le
grand cercle de comparaison du *Système du
Tatra*, orienté au mont Lomnica, à l'O.
4° 50' N., coupe le méridien du cap Corse
au milieu de l'Allemagne, au S.-O. de
Wurtzburg, sous un angle de 86° 37' 07".
Il ne s'en faut donc que de 3° 22' 53",
qu'il ne lui soit perpendiculaire.

Si j'avais pris pour *grand cercle de comparaison du Système du Tatra* un grand
cercle orienté au mont Lomnica vers l'O.
8° 14' 25" N., la perpendicularité aurait
été rigoureusement exacte. Dans cette hypothèse, la différence trouvée pour la direction
de Lomont aurait été complétement insignifiante (15' 35"). Celles relatives à la côte
méridionale de la Grande-Bretagne et à la

*   44

ligne de Mere à Margate auraient été très petites aussi (2' 11' et 57'), mais dans un sens inverse de celui dans lequel étaient comptées les différences que nous avons trouvées précédemment. Les prolongements de ces lignes vers l'Ukraine auraient cadré, d'une manière peut-être plus frappante encore, avec les grandes lignes de cette contrée.

De son côté, le *grand cercle de comparaison du Système des îles de Corse et de Sardaigne* aura probablement à subir ultérieurement quelque modification. Il me paraît très vraisemblable que lorsque les deux grands cercles de comparaison seront rigoureusement déterminés, ils seront exactement perpendiculaires entre eux. Mais cette détermination rigoureuse exigera maintenant d'assez longues recherches et des calculs fastidieux.

C'est surtout par leur *petitesse* que les incertitudes qui affectent encore les directions du *Système des îles de Corse et de Sardaigne* et du *Système du Tatra* me paraissent mériter l'attention de ceux qui seraient tentés de croire que les *Systèmes de montagnes* n'existent que dans quelques imaginations prévenues.

Les rencontres curieuses auxquelles donn

lieu la prolongation , jusqu'au Caucase et à
l'Ural, des lignes de dislocation du midi de
l'Angleterre, me paraissent mériter aussi
l'attention des personnes qui penseraient que
la tendance *générale* des lignes d'élévation
est de s'infléchir suivant des *courbes conti-
nues* (comme l'a si ingénieusement expliqué
M. le professeur Hopkins , et comme il en
existe sans doute quelques exemples locaux), plutôt que de prolonger leur cours en
ligne droite, ou de dévier brusquement suivant des lignes de fracture préexistantes.

J'ajouterai en terminant que les motifs
qui me font considérer le *Système du Tatra*
comme plus récent que le *Système des îles
de Corse et de Sardaigne* laissent encore à
mes yeux quelque chose à désirer. Je suis
convaincu que le second est plus récent que
le premier, et que le grès de Fontainebleau
s'est déposé entre les époques de leurs formations respectives ; mais le peu d'extension
de ce grès rend peut-être la démonstration
trop peu concluante : elle n'établit pas encore suffisamment que l'ordre d'apparition
des deux Systèmes n'ait pas été inverse de
celui que j'ai indiqué, ni même qu'ils n'aient
pas été contemporains l'un de l'autre. Je
ferai au reste remarquer, sous ce dernier
rapport, que deux Systèmes dont les direc-

tions sont *perpendiculaires entre elles* ont
entre eux par cela même une relation de
direction très simple, et que s'ils étaient
reconnus contemporains (ainsi que M. Hopkins en a parfaitement fait comprendre la
possibilité pour des phénomènes opérés sur
une petite échelle), le principe des directions
en recevrait une atteinte beaucoup moins
grande que si l'on parvenait à établir la
contemporanéité de deux Systèmes dont les
relations de direction seraient moins di-
rectes. Mais comme il doit y avoir eu deux
révolutions considérables sur la surface de
l'Europe, l'une immédiatement avant,
l'autre immédiatement après le dépôt du
grès de Fontainebleau, il y a, je crois, bien
peu de chances pour que les deux Systèmes
dont je viens de parler soient reconnus
contemporains. Quant à la question de savoir quel est celui des deux Systèmes qui
est le plus ancien, des observations nouvelles achèveront probablement de la résoudre dans un avenir peu éloigné.

XVII. Système de l'Erymanthe et du Sancerrois.

MM. Boblaye et Virlet ont signalé en
Grèce neuf Systèmes de dislocations, à l'un
desquels ils ont imposé le nom de *Système*

de l'Erymanthe (1). La direction de ce Système, qu'on peut supposer rapportée à Corinthe, est, d'après MM. Boblaye et Virlet, N. 68° à 70° E., ou, ce qui revient au même, E. 20° à 22° N.

Ce système ne correspond en Grèce qu'à d'assez faibles accidents orographiques. Les savants observateurs qui l'ont signalé les premiers annoncent qu'il a laissé dans la Morée encore moins de traces que le *Système achaïque.*

« Son soulèvement, disent encore MM. Bo-
» blaye et Virlet, nous paraît avoir eu lieu
» entre le dépôt des Gompholites et le ter-
» rain tertiaire subapennin, c'est-à-dire
» entre le premier et le second étage du
» terrain tertiaire ; mais nous n'émettons
» cette opinion qu'avec doute, attendu
» qu'elle ne se fonde que sur peu d'obser-
» vations, et que nous avons à placer dans
» le même intervalle le soulèvement E. O.,
» dont les effets et l'époque sont incontes-
» tables. Nous reconnaissons le Système de
» l'Érymanthe dans la vallée et la haute
» chaîne qui lui donnent son nom ; dans la
» chaîne des monts Gavrias et Vezitza, dont
» la direction se retrouve sur la côte N.-O.

(1) Boblaye et Virlet, *Expédition de Morée*, t. II, 2ᵉ partie, p. 31.

» de l'isthme de Corinthe, à partir du cap
» Saint-Nicolas jusqu'au cap Olmiæ; dans
» les montagnes d'Argos, de Sophico au
» S.-E. de Corinthe, de la côte S.-E. de
» l'île Koulouri, de la vallée principale et
» de la chaîne calcaire d'Égine. Cette di-
» rection est encore très remarquable dans
» les îles d'Hydra, de Sikina, de Nicaria,
» d'Amorgos et de Cos, et dans plusieurs
» dentelures des côtes de l'Asie Mineure, et
» enfin dans les fameux monts Pangées en
» Macédoine. L'île d'Hydra peut d'autant
» mieux servir à déterminer cette direction
» de soulèvement, qu'elle ne paraît avoir
» éprouvé aucune autre dislocation.

» Le petit nombre d'observations qui
» établissent la postériorité de ce Système
» au dépôt des Gompholites est limité aux
» chaînes comprises entre le lac Stymphale
» et la plaine de Phlionte. Dans toute cette
» région, les couches inclinées des Gompho-
» lites sont parallèles aux faîtes du Gavrias et
» du Vezitza, et le terrain subapennin con-
» serve son horizontalité et son niveau peu
» élevé à la rencontre du même Système.
» Quelques observations sur la première ap-
» parition des Trachytes viendront peut-
» être à l'appui de cette opinion. Nous pla-
» çons, en effet, ce phénomène avant le

» dépôt du terrain subapennin, et il est à
» remarquer que dans l'île d'Égine, comme
» à Méthana, le soulèvement qu'il a produit
» a redressé les couches calcaires dans la
» direction exacte du *Système de l'Éry-*
» *manthe.*

» L'île de Skyros a donné lieu à la même
» observation. Les trachytes, en s'y intro-
» duisant au milieu des schistes, ont coupé
» l'île en deux parties et soulevé le terrain
» secondaire dans cette même direction E.-
» N.-E., qui se prolonge à travers l'Eubée,
» les sources thermales de Chalcis et la
» grande vallée de la Béotie. Nous avons
» cru devoir exposer ces conjonctures,
» quoique l'apparition des trachytes ne nous
» ait pas semblé, dans l'Archipel, suscep-
» tible d'être liée dans sa généralité à au-
» cune direction particulière de soulève-
» ment. »

Dans un *Mémoire sur la constitution géo-*
logique du Sancerrois qu'il a présenté à
l'Académie des Sciences en 1846, et sur lequel M. Cordier a fait un rapport le 19 avril
1847 (1), M. Victor Raulin, professeur de
géologie à la Faculté des Sciences de Bordeaux, a établi que « les différentes couches

(1) *Comptes rendus hebdomadaires des séances de l'Aca-*
démie des Sciences, XXIV. p 670.

» qui composent le Sancerrois y éprouvent
» un relèvement assez considérable, semi-
» elliptique, dont la ligne anticlinale, c'est-
» à-dire celle suivant laquelle se fait la
» flexion des couches, court de l'est 26°
» nord à l'ouest 26° sud, de Sancerre vers
» Barmont près de Mehun-sur-Yèvre. Le
» point central, celui où les couches les plus
» anciennes atteignent la plus grande alti-
» tude, est situé à 2 kilom. au sud-ouest
» de Sancerre, sur la route de cette ville à
» Bourges. »

D'après M. Raulin, « le relèvement du
» Sancerrois serait à peu près parallèle à la
» limite septentrionale du plateau central
» de la France, de Sancoins (Cher) à l'île
» Jourdain (Vienne), ainsi qu'à la direction
» moyenne de la Loire, à partir de Blois et
» même d'Orléans jusqu'au confluent de la
» Vienne, etc. »

« Ce relèvement est à pentes extrêmement
faibles, un peu plus rapides cependant sur
le flanc S.-E. Il a porté les couches à plus
de 150 mètres au-dessus du niveau qu'elles
devraient avoir... L'étage jurassique moyen
atteint 282^m sur la ligne anticlinale du
Sancerrois, et l'étage jurassique supérieur
369^m. A partir de cette ligne, ils s'abaissent
au S.-S.-E. par une pente de 1° 29' ou $\frac{1}{3?}$,

et au N.-N.-O. par une pente de 0" 58' ou $\frac{1}{60}$ seulement. »

« Le calcaire néocomien s'élève à 365^m et les deux autres étages du terrain crétacé atteignent 410^m à la Motte d'Humbligny. Le terrain crétacé n'existe que sur la pente N.-O. du Sancerrois, et son ancienne limite ne dépassait guère la crête. En s'éloignant de celle-ci vers le N.-N.-O., ce terrain augmente d'épaisseur, et il en résulte que la pente de sa surface est encore plus faible que celle de la surface du terrain jurassique ; elle n'est que de 0° 31' ou $\frac{1}{111}$. »

« Les sables à silex forment, sur la craie, une nappe d'une épaisseur assez uniforme, qui atteint 434^m à la Motte d'Humbligny. La pente de leur surface est la même que celle de la craie. Les calcaires d'eau douce forment, de divers côtés, de petits bassins isolés à la base du Sancerrois.

» Les argiles de la Sologne n'entrent pas dans la composition du Sancerrois ; elles l'entourent à l'est, au nord et à l'ouest en atteignant 203^m au N. de Sancerre, et 140^m seulement au N. de Vierzon, par suite d'un abaissement général du pays vers l'ouest. »

Le relèvement du Sancerrois est terminé à l'E., d'après M. Raulin, par une faille contemporaine de sa formation et d'une di-

rection à peu près perpendiculaire à la
sienne. Je me bornerai à renvoyer, pour ce
qui concerne cette faille transversale, si
réellement elle est contemporaine du Système entier, à ce que j'ai déjà dit ci-dessus
(p. 402 et 520) sur des sujets analogues, et
je ne m'occuperai ici que de la direction
principale.

Si l'on prend pour grand cercle de comparaison du *Système de l'Érymanthe* un
grand cercle orienté à Corinthe à l'E. 20° ou
22° N., et qu'on lui mène une parallèle
par Sancerre (lat. 47° 19′ 52″ N., long. 0°
30′ 7″ E. de Paris), cette parallèle sera
orientée à Sancerre à l'E. 32° 37′ à 34°
37′ N. Elle formera, par conséquent, avec
la direction E. 26° N., que M. Raulin a
assignée à la ligne anticlinale du Sancerrois,
un angle de 6° 37′ à 8° 37′.

Il est aisé de s'assurer, en menant par
Sancerre des parallèles aux grands cercles
de comparaison du *Système du mont Viso* et
du *Système des Pyrénées*, que la direction
E. 26° N. rapportée à Sancerre est, en
nombre rond de degrés, celle qui approche
le plus d'être perpendiculaire au *Système du
mont Viso*, et de faire un angle de 45° avec
le *Système des Pyrénées*. Elle satisfait à
chacune de ces deux conditions, à moins

d'un demi-degré près, or celte circonstance est d'autant plus particulière, que
la faiblesse des pentes qui existent des deux
côtés de la ligue anticlinale du Sancerrois
la rend assez difficile à déterminer rigoureusement. Jusqu'ici nous n'avons trouvé que
bien rarement, entre les orientations des
différents Systèmes, des rapports aussi précis, et je doute que celui-ci subsistât sans
altération, si la direction du *Système du
Sancerrois* venait à être déterminée par la
moyenne de plusieurs observations faites
sur des lignes bien dessinées et d'une certaine étendue. S'il subsistait exactement tel
qu'il est, ce qui, relativement à l'ensemble
des idées que je professe depuis longtemps
dans mes cours, serait, pour ainsi dire, *trop
heureux*, il y aurait peut-être lieu de
discuter les observations d'après lesquelles
MM. Boblaye et Virlet ont fixé en Grèce la
direction du *Système de l'Érymanthe*, et de
chercher quelle serait la meilleure position
à donner au *grand cercle de comparaison*
de ce Système. Mais, quant à présent, je ne
crois pas devoir attacher beaucoup d'importance à la différence de 6° 37' à 8° 37',
qui existe entre la ligne anticlinale du
Sancerrois et la parallèle au *Système de
l'Érymanthe* menée par Sancerre, et je re-

garderai les deux systèmes comme pouvant être identifiés provisoirement sous le rapport des directions. Ils me paraissent susceptibles de l'être aussi sous le rapport de leur âge.

M. Raulin regarde le *Système du Sancerrois* comme étant d'un âge intermédiaire entre le calcaire d'eau douce supérieur du bassin de Paris et les argiles de la Sologne, contemporaines des faluns de la Touraine. « Quant à savoir si ce relèvement a affecté » les calcaires d'eau douce, il est douteux, » dit M. Raulin, que le Sancerrois présente » des faits suffisants pour résoudre cette » question. Cependant, comme, d'une part, » ces calcaires d'eau douce se lient aux sa- » bles à silex et à leurs brèches, et que, » d'une autre part, ils se séparent nette- » ment des argiles quartzifères de la So- » logne, qui reposent indistinctement sur » eux et sur les sables à silex, on doit être » porté à admettre que les calcaires d'eau » douce appartiennent à la même période » géologique que les sables à silex, et que » les argiles de la Sologne sont tout à fait in- » dépendantes de ces deux dépôts. L'éléva- » tion du Sancerrois, alors, se serait produite » avant le dépôt des argiles de la Sologne » et après celui des calcaires d'eau douce. »

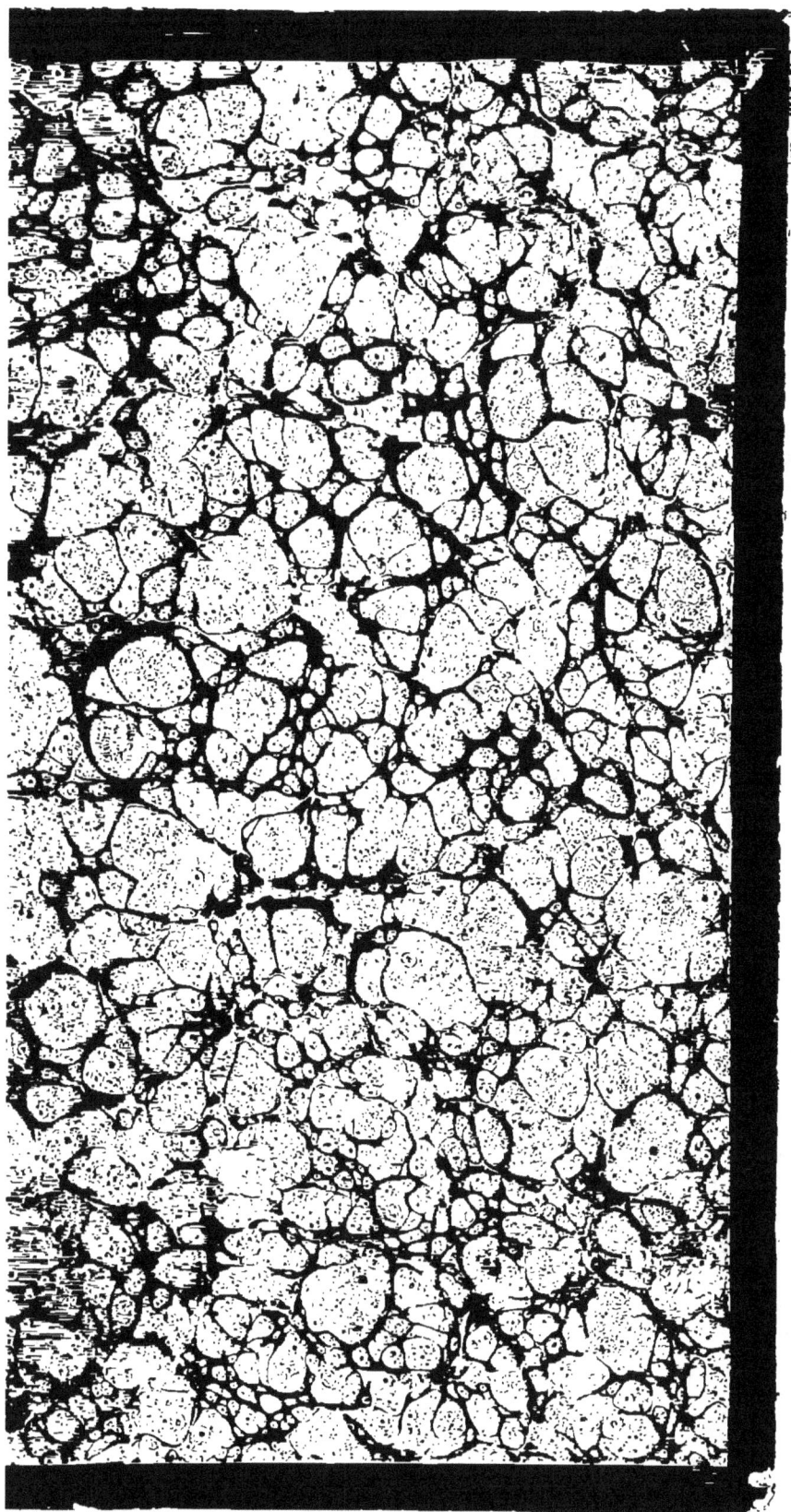

www.ingramcontent.com/pod-product-compliance
Lightning Source LLC
Chambersburg PA
CBHW061954220326
41599CB00019BA/2763